Human Evolution
멸종하거나, 진화하거나

멸종하거나,
진화하거나

로빈 던바가 들려주는 인간 진화 오디세이

로빈 던바 지음 · 김학영 옮김

반니

● 이 책에 실린 지도들과 그림 1.1, 1.2, 6.5는 엘리 피어스(Ellie Pearce)가 제공했다. 익살맞은 그림들은 애런 던바(Arran Dunbar)의 작품이다.

Human Evolution

차례

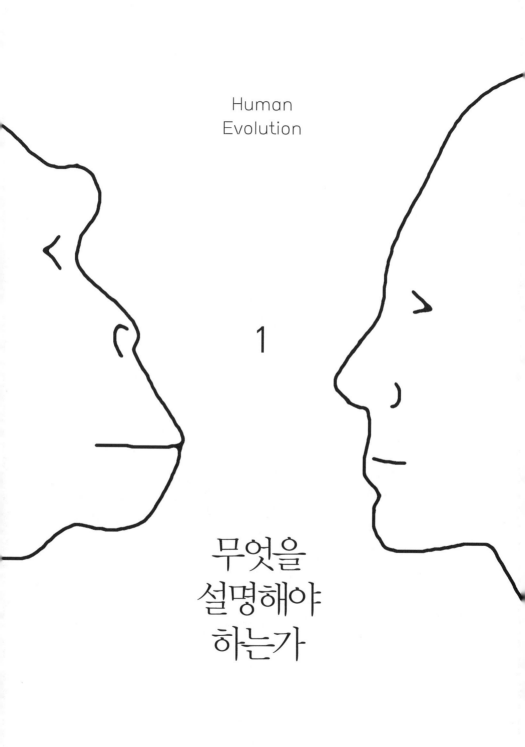

Human
Evolution

1

무엇을
설명해야
하는가

인간의 진화를 다룬 이야기는 언제 들어도 흥미롭다. 우리가 누구인지 또 어디서 왔는지, 이런 의문에 대해 우리는 정말 탐욕스러울 만큼 호기심이 강한 듯하다. 상투적이지만, 지금까지는 이런 이야기를 고고학적 기록이 되는 뼈와 돌이—이것들이 그나마 우리가 확실하게 아는 전부이기 때문에 어쩔 수 없지만—들려주었다. 지난 반세기 동안 고고학자들은 사변적이라는 비난을 피하기 위해 바로 그 '딱딱한 증거들'에서 멀어지는 것을 몹시 꺼려했다. 하지만 이 뼈와 돌은 인간 진화의 진짜 이야기, 더 정확히 말하면 현생인류를 낳은 점진적이고 불확실한 사회적, 인지적 변화를 솔직하고 명쾌하게 보여주지 않는다. 바로 여기에 정말 중대한 질문들이 있다. 어떤 종이 (유인원이 아니라) 인간이 되었는가? 그리고 우리는 어떻게 그 길로 접어들었는가?

대형 유인원(great ape) 과(科)에 속한 종들과 생물적, 유전적, 생태적인 특징들을 대부분 공유한다는 점에서, 우리는 대형 유인원이 '분명'하다. 현재까지 합의된 견해에 따르면, 우리를 제외한 대형 유인원 과는 두 종(種)의 〔생물학적 혈통 또는 팬(Pan)이라는 속(屬)의〕 침팬지와 두 종(어쩌면 네 종)의 고릴라(고릴라 속) 그리고 두 종(어쩌면 세 종)의 오랑우탄(성성이 속)으로 분류된다. 이 중에서 유일하게 오랑우탄만 아프리카 이외의 지역에 서식한다. 오랑우탄은 약 1만 년 전 마지막 빙하기가 끝날 무렵까지는 인도차이나 반도와 중국 본토의 남쪽 지역에 널리 퍼져 있었지만, 현재는 아시아 남동부의 보르네오 제도와 수마트라에만 제한적으로 서식한다.

1980년 즈음까지는, 우리가 대형 유인원 가족의 일원이지만, 우리와 우리의 조상 종은 다른 유인원에서 떨어져 나와 하나의 아과(亞科)를 형성했다는 견해를 의심 없이 받아들였다. 그 이유는 매우 실질적인 측면에서 우리가 그들과 다르기 때문이었다. 우리는 똑바로 서서 두 발로 걷고, 그들은 네 발로 땅을 딛는다. 그들도 평균적인 영장류보다는 큰 뇌를 가지고 있지만, 우리 뇌는 그들보다 여전히 훨씬 크다. 우리는 문화를 가지고 있지만, 그들은 오로지 습성만 가진다. 이 그림만으로도 유인원 혈통에서 현생인류와 그 외의 모든 대형 유인원으로 이어지는 혈통의 분기가 꽤 일찍 일어난 것처럼 보였다. 화석에 기록된 오랑우탄 혈통이 약 1600만 년 전까지 거슬러 올라간다는 점으로 미루어보아, 유인원과 우리의 공통 조상도 최소한 그만큼 오래된 것이 분명하다.

하지만 1980년대에 이야기는 극적 반전을 맞았다. 서로 다른 종들 사이의 (단순한 해부학적 유사성이 아니라) 유전적인 유사성들을 관찰하는 것이 가능해졌기 때문이다. 인간과의 유사성에서 침팬지가 순식간에 다른 대형 유인원들을 제치고 1위로 등극했고, 고릴라는 2위로 밀려났다. 오히려 약 1600만 년 전 오랑우탄은 아시아에 고립된 외톨이였다. 아프리카에 서식하는 몇몇 대형 유인원 종들은(인간, 고릴라, 침팬지) 하나의 혈통에서, 아무리 짧게 잡아도 600만 년에서 800만 년 전까지는 분기되지 않았다(그림 1.1). 우리는 대형 유인원 과에서 분리된 아과에 속했던 것이 아니라, 아프리카 대형 유인원이라는 아과에 속했던 것이다. 우리와 조상이 같다는 점에서, 침팬지는(마이오세 초기의 대형 유인원을 포괄하는 그 침팬지가 아니다) 인간 계통을 견주어 볼 수 있는 훌륭한 비교 대상일 뿐만 아니라 여러 가지 측면에서 인간 계통의 초기 구성원(오스트랄로피테쿠스 속과 그 직계 조상)에 대한 단서를 알려줄 최고의 모델인 셈이다.

이 이야기의 배경을 이해하기 위해, 아프리카 대형 유인원 가족의 진화 역사와 그 안에서 우리의 자리가 어디쯤인지 간략하게 살펴보자. 이 개괄적인 줄거리를 바탕으로, 아프리카 대형 유인원에서 분기한 이후 우리 혈통의 특징을 형성한 진화상의 다섯 가지 주요한 단계를 설명할 것이다. 이 다섯 단계 또는 전환점이 이 책의 중요한 틀이다. 이 틀을 기반으로 인간 진화에 대한 나의 이야기를 펼쳐볼 것이다.

지금까지의 이야기 ──

현존하는 (오랑우탄을 포함한) 대형 유인원은 약 2000만 년 전 마이오세 초기, 처음에는 아프리카에서 나중에는 유럽과 아시아에서 폭발적으로 번성했던 한 유인원 종의 후손이다(그림 1.1). 약 1000만 년 전, 기후가 지속적으로 건조해지면서 한때 다양한 유인원들이 북적거렸

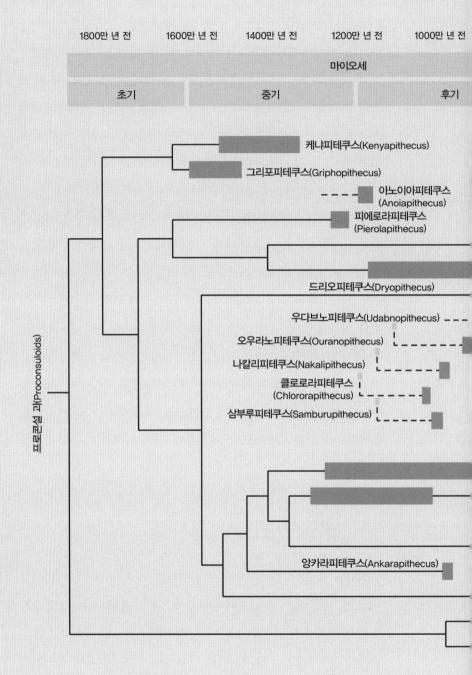

그림 1.1
유인원과의 혈통도. 각각의 속이 살았던 지질시대에 따른 그림이다. 마이오세는 아프리카와 유럽에서 (프로콘설 속과 그 후손이) 매우 번성했던 시기다. 하지만 그중 대부분이 마이오세 말기에 열대의 거대한 숲들이 줄어들면서 멸종했다. 검은색 네모는 현존하는 속이고, 회색 네모는

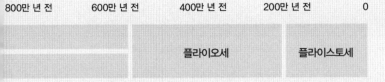

800만 년 전   600만 년 전   400만 년 전   200만 년 전   0

플라이오세   플라이스토세

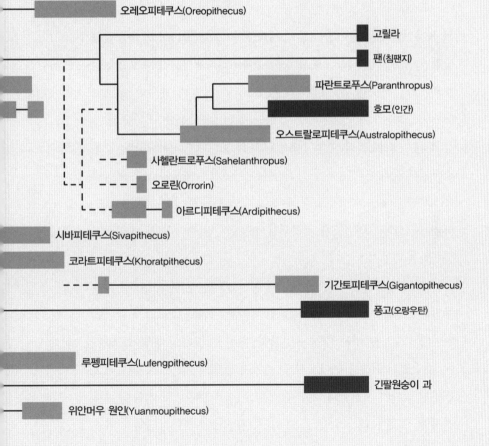

멸종한 속이다. 가장 초기 호미닌인 사헬란트로푸스, 오로린, 아르디피테쿠스의 위치를 점선으로
표시한 까닭은 그 관계가 불확실하기 때문이다. After Harrison(2010)

던 거대한 열대 숲들이 급속도로 줄어들었다. 수십 종의 유인원이 멸종했고, 그때까지 아프리카와 아시아의 영장류 무대에서 단역배우에 지나지 않았던 원숭이가 달라진 환경에 빠르게 적응하며 그 자리를 대신했다. 다행히 아프리카 유인원 한 종이 살아남아, 현재 아프리카에 서식하는 대형 유인원의 공통 조상이 되었다. 그때가 약 800만 년 전이었고, 거기서 갈라져 나온 한 종이 고릴라 혈통을 이루었다. 200만 년쯤 지나 현생인류를 탄생시킨 [흔히 마지막 공통 조상 또는 LCA(Last Common Ancestor)라고 알려진] 혈통이 인간-침팬지 조상에서 갈라져 나와 독자적인 진화의 여정을 밟기 시작했다. 그 뒤로 다시 시간이 한참 흘러 약 200만 년 전쯤—호모 속이 동아프리카에서 최초로 출현했던 것과 대략 비슷한 시기에—침팬지도 일반적인 침팬지와 보노보 [bonobo, 또는 피그미침팬지(pygmy chimpanzee)]로 갈라졌다. 관습상 분류학자는 (인간을 포함한) 대형 유인원 과를 호미니드(hominid)로, 공통 조상에서 갈라져 나온 후에 현생인류로 이어지는 혈통의 모든 구성원을 호미닌(hominin)으로 부른다. 더 오래된 문헌은 호머노이드(homonoid)와 호미니드를 구분해서 사용했지만, 이 책에서는 현재의 분류법을 따르기로 한다.

한편, 별로 내세울 것 없는 혈통에서 약 600만 년 전에 갈라져 나온 우리의 혈통은—이때까지도 여전히 특별한 야심도 없고 그저 간단한 일이나 좀 할 줄 아는 대형 유인원에 지나지 않았고—중앙아프리카에 남아 있던 거대한 마이오세 숲 변두리의 육상 환경으로 차츰 서식지를 넓혀가기 시작했다. 유인원도 때로는 육상에서 먼 거리를 이동하지만, 그들은 태생적으로 모두 교목성(喬木性)이어서, 숲의 커다란 나무를 잽싸게 타고 올라 숲 바닥보다 훨씬 높은 가지 사이를 누비고 (때로는 가지를 붙잡고 몸을 흔들어 휙휙 옮겨) 다니는 습성에 익숙했다. 우리 혈통의 경계를 정해준 특징—두 발 보행(bipedalism)—은 침팬지와 갈라진 직후, 추측건대 커다란 삼림수가 드물고 시야가 더 넓게 트인 서식지에서 도보 이동의 편의를 위해 채택한 듯하다.

우리는 두 발 보행 유인원이다. 화석인류학자가 우리의 최초 조상을 확인할 때도 두 발 보행을 해부학적 표식으로 이용한다. 현재까지 밝혀진 최초의 화석 호미닌은 사헬란트로푸스 차덴시스(Sahelanthropus tchadensis)다. 물론 그것이 정말 호미닌인지 아니면 '또 다른 유인원'에 불과한지는 여전히 논란이 계속되고 있다. 이 화석의—현재 서아프리카 차드의 사하라 사막 남쪽 가장자리 주랍(Djurab) 사막에서 발견된 거의 완벽한 두개골—발견은 그 연대도 놀랍지만(약 700만 년 전으로 추정되는데, 이는 공통 조상과 매우 근접한 시기다), 동아프리카의 다른 초기 호미닌 화석과는 수천 km 이상 떨어져 있는데 반해, 그 무렵 유인원 집단의 서아프리카 서식지 북쪽과는 인접해 있다는 점에서 더욱 주목할 만하다(이는 숲과 삼림지대가 한때는 현재의 사하라 사막 북쪽까지 더 넓게 이어져 있었음을 가리킨다). 유인원 화석이라고 주장하는 화석인류학자도 많지만, 화석의 대후두공(foramen magnum, 두개골에 뚫린 구멍으로, 척수가 지나는 통로) 위치가 두 발 보행 자세를 가리키므로 호미닌으로 분류해야 한다는 주장도 만만치 않다. 당연히, 아니 어쩌면, 유인원과 호미닌의 분기가 일어난 시점과 가까운 화석 표본은 양쪽 모두로 해석이 가능할 테니, 어떤 주장이 맞는지 섣불리 예단할 수는 없다.

그다음을 잇는 호미닌 화석은 오로린 투게넨시스(Orrorin tugenensis)

다. 이 화석의 연대는 약 600만 년 전으로 추정되며, 동아프리카 케냐의 투겐 힐즈(Tugen Hills)에서 발견되었다. 오로린의 화석은 사헬란트로푸스와는 대조적으로 주로 팔다리뼈와 턱뼈 그리고 몇 개의 치아 조각으로 구성되어 있었다. 대퇴부와 고관절의 각도로 보면[1], 오로린이 나무에 기어오르는 능력도 뛰어났을 테지만 무엇보다도 두 발 보행을 했다는 사실에도 반박의 여지가 없다. 이 점에서 오로린은 그보다 100만 년 후에 아프리카 동부와 남부에 번성했던 오스트랄로피테쿠스와 꽤 많이 닮아 보인다. 물론 초기 호미닌의 후보로 보기에도 전혀 손색없다. 약 450만 년 전 어느 시점부터 화석의 숫자가 급격하게 증가하기 시작하는데, 이는 그때부터 호미닌 혈통이 더 많은 수의 새로운 종들로 연거푸 분기했음을 방증한다. 엄밀한 의미의 오스트랄로피테쿠스 속 역시 이때 출현했다. 지역은 각기 달랐지만 아프리카 대륙 안에서 여섯 종 정도의 오스트랄로피테쿠스가 동시에 생존했던 시기도 있었을 것이다(그림 1.2).

오스트랄로피테쿠스는 사하라 사막 이남 아프리카 거의 전역에 걸쳐 대단히 성공적으로 세를 넓혔다. 그 존재가 발견되자마자 일찌감치 우리 조상으로서 한 자리를 차지했지만, 그래도 어쨌든 오스트랄로피테쿠스는 여전히 두 발로 걷는 유인원에 머물러 있었다. 뇌 크기도 오늘날의 침팬지와 비슷했고, 침팬지처럼 과일을 주식으로 먹고 가끔 기회가 생기면 약간의 고기도 섭취했다. 오스트랄로피테쿠스가 후기에는 석기를 발달시켰을 가능성도 있지만(오스트랄로피테쿠스 화석군 중에서 후기의 변이로 간주되는 '손 재주꾼'이라는 별칭을 가진 호모 하빌리스의 작품으로 보이는), 그 석기들은 아무리 잘 봐줘도 원시적인―오늘날 서아프리카의 침팬지가 이용하는 돌망치와 매우 비슷한—수준을 벗어나지 못했다.

약 180만 년 전부터 그 후 150만 년 동안은 호모 에렉투스 한 종이 득세한 세상이었다. 어쩌면 이들이 호미닌 전체를 통틀어 가장 오랫동안 생존한 종일 것이다. 엄밀히 말해서, 생물학자들이 직계후손종(chronospecies)이라고 부르는 종이 바로 호모 에렉투스다. 직계후손종이란 시대에 따라 형태가 변하는 종을 가리키는데, 이례적으로 긴 호모 에렉투스의 생존 기간을 생각하면 당연한 호칭인지도 모른다. 호모 에렉투스는 아프리카를 거의 벗어나지 않았던 초기 단계(호모 에르가스테르와 그 동료)와 뇌 용적이 더 크고 주로 유라시아를 활보했던 후기 단계(엄밀한 의미에서의 호모 에렉투스)로 나뉜다. 호미닌 진화에서 이 단계는 최초로 아프리카를 벗어나 (아마 150만 년 전 또는 그보다 훨씬 일찍) 유라시아에 진출하고, 최초로 가공한 도구〔1895년에 최초로 발견된 프랑스 북부의 생 이슐(Saint-Acheul)에서 이름을 딴 아슐리안 주먹도끼를 말한다〕가 등장했던 시기로 주목받는다. 이 시기의 특징은 안정성이다. 150만 년에 가까운 시간 동안 뇌 용적만 서서히 증가했을 뿐, 외모와 석기의 형태에는 거의 변화가 없었다. 아마 호미닌 역사를 통틀어 이런 안정성을 보인 시기는 전무후무할 것이다.

곧이어 50만 년 전쯤 어느 시점에 아프리카의 에르가스테르/에렉투스 무리에서 신예로 등장한 호미닌 종이 마침내 최초의 고인류로서 형태를 잡아가기 시작했다. 호모 하이델베르겐시스가 그들이다. 이들은 뇌 용적과 물질문명의 다양성 면에서 괄목할 만한 진전을 보였다. 물론 이번에도 호모 에르가스테르와 하이델베르겐시스 사이를 잇는

600만 년 전　　　**500만 년 전**　　　**400만 년 전**

플라이오세

아르디피테쿠스 라미두스
(Ardipithecus ramidus)

오로린 투게넨시스(Orrorin tugenensis)

오스트랄로피테쿠스 바렐그하자리(A. bahrelghazali)

오스트랄로피테쿠스 아나멘시스(A. anamensis)

케냔트로푸스 플라티오프스(Kenyanthropus platyops)

그림 1.2
600만 년에 걸친 인간 진화 과정을 크게 세 시기로 나누고 주요 종을 표시한 그림이다. 우리
의 진화 역사 전반에 걸쳐 몇몇 종은 동시대를 살았다. 가장 초기 종은 모두 오스트랄로피테쿠
스 속이었는데, 약 200만 년 전에 강건형 오스트랄로피테쿠스와 현생인류로 이어진 연약형 오
스트랄로피테쿠스로 갈라진다.

200만 년 전　　　　　100만 년 전　　　　　0

플라이스토세

파란트로푸스 보이세이(Paranthropus boisei)(동아프리카)

파란트로푸스 아에티오피쿠스(P. aethiopicus)

파란트로푸스 로부스투스(P. robustus)(남아프리카)

아르디피테쿠스 아프리카누스(A. africanus)(남아프리카)

오스트랄로피테쿠스 아파렌시스(Australopithecus afarensis)(동아프리카)

오스트랄로피테쿠스 가르히(A. garhi)

호모 네안데르탈렌시스
(Homo neanderthalensis)

호모 (?) 하빌리스
(Homo habils)

호모 하이델베르겐시스
(Homo heidelbergensis)

호모 사피엔스(Homo sapiens)

? 호모 안테세소르(Homo antecessor)(유럽)
? 호모 에르가스테르(Homo ergaster)(아프리카)

호모 (?)
루돌펜시스
(Homo rudolfensis)

호모 에렉투스
(Homo erectus)(아시아)

중간 집단이 존재했으나, 세세하게 열거할 만큼 중요한 의미를 갖지는 않는다. 아프리카와 유럽의 에르가스테르 집단은 고인류가 그 자리를 대신하면서 점차 사라졌다. 하지만 동아시아의 에렉투스 집단은 6만 년 전까지도 생존했고, 인도네시아 제도의 일부 섬에서는 약간 덩치가 작은 형태로[소위 호빗이라고 부르는 호모 플로레시엔시스(Homo floresiensis)] 1만 2000년 전—지질학적 시간 규모로 따지면 불과 어제—까지도 생존했다.

가장 주목해야 할 점은 고인류가 유럽과 서아시아에 진출하면서 인간 진화에 두 번째로 중대한 파장을 미쳤다는 사실이다. 이들의 진출은 전형적인 유럽 전문가, 즉 네안데르탈인(호모 네안데르탈렌시스)의 탄생을 불러왔다. 네안데르탈인은 고위도 환경에 보다 더 적합한 신체 형태를 발달시켰는데, 그 덕분에 이들은 빙하기가 맹렬한 기세를 몰아 유럽과 아시아 북부를 집어삼킨 혹독한 추위에도 거뜬하게 적응할 수 있었다. 짧은 팔다리, 그에 비해 육중한 체격은—몸의 말단에서 열 손실을 최소화하기 위한 전략— 오늘날 북극 지방 전문가들인 이누이트(Inuit) 족(또는 에스키모인)과 별로 다르지 않다. 그러나 이누이트 족과 시베리아 지역의 동료는 비교적 최근에야 이런 혹독한 환경에 정착한 데 반해, 네안데르탈인은 이런 전략들로 자연의 한계를 극복하면서 무려 25만 년 이상을 빙하기 유라시아의 맹주로 군림했다.

한편, 약 20만 년 전 유라시아에서 한참 아래에 있던 아프리카의 고인류는 또 다른 변화를 겪으면서 바로 우리의 종, 즉 해부학적 현생인류(anatomically modern human, AMH)를 낳았다. 이들은 또다시 우리를 지칭하는 독특한 과학적 명칭인 호모 사피엔스라는 이름을 획득했다. 해부학적 현생인류는 호리호리한(민첩한) 몸매에 뇌의 크기가 더욱 커졌다는 점에서도 그들의 원시적 사촌과는 매우 달랐다. 현대 유전학이 선사한 일명 분자시계(molecular clock) 기법을 이용해 어떤 한 혈통이 진화하기까지 걸린 시간을 계산할 수 있다. 분자시계는 두 집단 또는 종의 DNA 배열에서 나타나는 차이의 개수를, 자연적으로 일어난 돌연변이 속도와 대조하여 두 집단의 종이 분기한 시점을 계산하는 기법이다. 게놈 중에서 자연선택의 영향을 받지 않는 부분에 초점을 맞추기 때문에 이 시계는 '일정한' 속도로 작동하는데, 바로 DNA가 자연적으로 변이를 일으키는 속도다. 이 속도가 중요한 까닭은 우리의 DNA에서 신체적 특질을 직접 결정하는 부분이 자연선택이라는 필터를 통하면 훨씬 더 빠르게 유전적 변화를 겪을 수 있기 때문이다. 미토콘드리아 DNA(mtDNA)[2]를 이용한 유전적 증거가 암시하는 해부학적 현생인류의 기원은 약 20만 년 전에 살았던 5,000여 명에 이르는 비교적 소규모의 생식 여성 집단이다. 당시 전체 인구가 5,000여 명의 여성뿐이었다는 의미가 아니라, 이 여성들이 현존하는 모든 인간의 유전적 구성 요소를 제공했다는 뜻이다.

새로운 진화를 추동한 원인이 무엇인지는 불분명하다. 일반적으로 (조상 집단으로부터 새로운 종이 출현하는 과정을 뜻하는) 종 분화의 주된 동인으로 기후 변화를 꼽는데, 호모 사피엔스의 출현도 이와 관련이 있을 것이다. 어쨌든 우리 종은 고인류를 신속하게 대체하면서 아프리카 전역으로 꽤 빠르게 퍼져나간 것처럼 보인다. 호모 사피엔스가 대체 왜 그리고 무슨 수로 그토록 빠르게 고인류 집단을 대체했는지는 여전히 의문이다. 게다가 현생인류가 출현할 시점까지 최소한 30만 년 동안 고인류가 아프리카를 성공적으로 점유하고 있었다는 사실을 고려하면, 호모 사피엔스의 번성은 더욱 큰 미스터리다.

그러고 나서 약 10만 년 전, 아프리카 북동부에 거주하던 현생인류의 한 혈통이 급속하게 인구학적 팽창을 겪기 시작했다. 그들은 7만 년 전쯤에는 아프리카를 벗어나 홍해를 건너 아시아의 남쪽 해안지대로 영역을 넓혔으며, 최소한 4만 년 전에는 오스트레일리아까지 이르렀다.[3] 오스트레일리아에 도착했다는 것은 그 자체로도 중대한 성과였다. 그러기 위해서는 (오늘날 인도네시아와 보르네오 지역의) 순다 대륙붕 섬들 사이로 90km가량 펼쳐진 깊고 너른 바다와 (뉴기니와 오스트레일리아 본토를 연결하는) 사훌 대륙붕 섬들 사이의 바다를 건너야 했기 때문이다.[4] 따라서 추측건대, 그들이 상당한 크기의 배를 제작했던 것이 분명하다.

해부학적 현생인류가 우리의 이야기에 중대한 전환점을 가져왔다고 말하는 까닭은 이들이 전례 없는 방식으로 문화를 도입했기 때문이다. 약 5만 년 전부터 시작된 이 시기에는 무기와 도구, 장신구와 각종 예술품의 양과 질 모두에서 글자 그대로 상전벽해와 같은 변화가 있었을 뿐만 아니라, 움막은 말할 것도 없고 램프와 배를 포함하여 더 튼튼하고 정교한 장비가 대거 등장했다. 현생인류가 네안데르탈인과 처음으로 만난 곳은 아프리카에서 아시아로 넘어가는 길목의 레반트(Levant)였다. 실제로 레반트에 거주하던 네안데르탈인 때문에 현생인류가 유럽으로 진출하는 대신 아라비아 반도 남부 해안을 따라 동쪽의 아시아로 방향을 바꿨을지도 모른다. 현생인류가 동아시아에 남아 있던 호모 에렉투스와 접촉했을 가능성도 있다. 또 다른 고인류 종인 데니소바인(Denisovan)과 만났을 가능성은 훨씬 더 큰데, 그 이유는 이들이 데니소바인과 이종교배를 했던 것처럼 보이기 때문이다. 데니소바인은 시베리아 남부 알타이 산의 한 동굴에서 발견된 4만 1000년 전 것으로 추정되는 소량의 뼈로만 그 존재가 알려졌다. 네안데르탈인과 현생인류도 각기 다른 시기에 이 동굴을 점유하고 흔적을 남겼다. 게놈 유전자 배열로 짐작해보면, 데니소바인은 네안데르탈인과 같은 조상에서 갈라져 나왔고, 네안데르탈인보다 앞서서 비교적 초기에 동쪽으로 세를 넓힌 고인류 집단의 마지막 무리였을 것이다.

한편 유럽의 고인류 집단은 북쪽의 추운 기후에 더 잘 적응하면서 네안데르탈인으로 진화했다. 현생인류가 출현한 4만 년 전까지, 네안데르탈인은 유럽에서 무려 25만 년 동안 부동의 맹주였다. 역사상 모든 침입자처럼, 현생인류는 러시아 대초원에서 유럽의 동쪽 변경을 넘보다가 불과 3만 2000년 전에야 서부 유럽으로 들어섰다. 이 두 종은 마지막 네안데르탈인 집단이 이베리아 반도에서 멸종했던 약 2만 8000년 전까지 공존했다. 네안데르탈인은 아마도 인간 진화의 대표적인 미스터리일 것이다. 유전적으로나 시간상으로 우리와 너무 가까운 데다 비교적 최근에 멸종했기 때문이다. 그래서인지 우리는 늘 그들에게 묘한 매력을 느낀다. 그들은 왜 사라졌을까? 북쪽의 기후에도 훌륭하게 적응한 것이 분명하고, 특히 유럽에서는 해부학적 현생인류보다 훨씬 더 긴 세월을 생존했는데 말이다. 이 질문에 대해서는 이 책 후반부에서 다시 살펴보기로 하자.

우리는 왜 단순한 대형 유인원이 아닐까——

이 책의 핵심 질문을 다시 짚어보자. 우리는 다른 대형 유인원과 오랜 역사를 공유하고 있을 뿐만 아니라 유전적 공통분모도 매우 많으며 생리학적으로도 유사하다. 그뿐 아니라 생존을 위한 방편으로 수렵과 채집을 했다는 점과 문화적으로 학습하고 교환하는 행위를 할 만큼 발달한 인지 능력을 갖추고 있다는 점에서도 닮았다. 그런데도 우리 는 단순한 대형 유인원이 아니다. 여기에는 몇 가지 근본적인 차이점 이 있는데, 그중에서 가장 사소하다고 할 만한 것은—물론 거의 모든 사람이 이 차이를 가장 중요하게 여기지만—해부학적인 차이점이다. 특히 우리가 두 발로 똑바로 선 자세를 갖는다는 점이다. 실제로 이 자세에서 파생된 특질은 대부분 초기에 보강된 것인데, 어쨌든 도보 여행자 모드로 전환하게 함으로써 현생인류에게는 기후가 악화되고 열대의 숲이 퇴각한 마이오세의 멸종을 모면할 수 있는 결정적인 열 쇠가 되었다. 나머지 논쟁의 많은 부분은 도구의 제작 및 사용 등과 같은 기계적 행동들과 관련이 있다. 하지만 사실 인지적인 측면에서 그런 행동들은—심지어 침팬지 뇌와 비교도 안 될 만큼 작은 뇌를 가 진 까마귀도 도구를 만들고 사용하므로—그다지 주목할 만하지 않 다. 실질적인 차이는 우리의 인지 능력 안에서, 다시 말해 우리가 '마 음속으로 하는 일'에 있다. 바로 그것 때문에 우리는 문학과 예술을 생산하게 만든 대문자 'C'로 시작하는 문화(Culture)를 갖게 되었다.

최근 20여 년에 걸쳐 동물, 특히 대형 유인원에서 발견되는 문화의 사례를 증명하기 위한 수많은 연구가 이루어졌고, 그와 관련된 기사가 각종 학술지의 지면을 장식했다. 심지어 이런 사례들만 전문적으로 다루는 분야가 새로 만들어지기도 했다. 문화인류학의 침팬지 버전인 팬스로폴로지(panthropology, 침팬지학)가 그것이다.[5] 우리와 가장 가까운 일부 친척이 현생인류의 특징이라 할 만한 습성과 인지 능력을 갖춘 것은 지극히 당연한 일이다. 본질적으로 진화 과정에서는 완전히 새로운 형질이 불쑥 등장하는 일은 좀처럼 일어나지 않는다. 새로운 형질은 대부분 기존의 형질이 새로운 선택적 압력의 영향을 받아서 더 강화되거나 아니면 아예 수정된, 일종의 '적응'이다. 이 점에 대해서는 나중에 다시 살펴볼 것이다. 침팬지를 비롯한 다른 대형 유인원이 문화를 가지고 있을 뿐만 아니라 인간처럼 문화적 학습을 통해서 행동 패턴을 사회적으로 확산하는 능력을 갖추었다는 주장도 일견 타당하다. 하지만 지금 우리가 중요하게 여겨야 할 점은 침팬지가 문화적 능력을 통해 하는 일은, 인간이 문화를 통해 하는 일과 비교했을 때 사실상 거의 무의미하고 하찮은 수준이라는 것이다. 이것은 원숭이와 유인원의 행동을 과소평가하려는 것도 아니고, 인간이 그냥 몇 수 위가 아니라 엄청난 승률로 게임의 패권을 쥐었다는 사실을 떠벌이거나 자축하기 위함도 아니다. 침팬지와 인간의 차이에 흥분하고 환호하는 와중에 간과된 실질적인 질문들, 바로 이 질문들을 확인하기 위해서다. 인간이 어떻게 그 일을 해냈을까? 그리고 왜 그래야 했을까?

여러 가지 문화적 행위 중에서 인간을 독보적인 존재로 만들어주는 예를 들라면, 두 가지로 집약할 수 있다. 바로 종교와 스토리텔링이다. 원숭이가 됐든 까마귀가 됐든, 이 두 문화 행위를 수행하는 동물은 없다. 전적으로 그리고 순전히 인간만이 이 문화 행위를 수행한다. 이 두 행위가 인간만이 갖는 독특한 문화가 틀림없는 까닭은 이것을 수행하고 전달하는 데 필수인 언어를, 그것도 이 두 문화적 행위를 수행하기에 '충분한 품질'의 언어를 인간만 가지고 있기 때문이다. 역으로 종교와 스토리텔링이 가상의 세계, 더 구체적으로 정신 속에 존재하는 가상의 세계에서 생명을 얻기 위해서는 반드시 '우리'가 필요하다. 종교와 스토리텔링 두 문화 행위를 수행하기 위해서 우리는 우리가 매일 경험하는 세계와 차원이 다른, 또 하나의 세계를 상상할 수 있어야 한다. 현실 세계에서 우리 자신을 떼어놓을 수 있어야 하며, 정신적으로도 한 걸음 물러설 수 있어야 한다. 그것이 가능하기 때문에, 우리는 이 세상이 지금처럼 작동할 수밖에 없는 이유를 궁금하게 여기거나 혹은 존재할지도 모를 또 다른 세상을 상상한다. 또 그런 세상이 단지 스토리텔링이 만들어낸 가상의 세계인지 아니면 가상을 초월한 정신의 세계인지를 알고 싶어 한다.[6] 이런 독특한 인지활동은 진화에서 우연히 파생된 사소한 부산물이 아니다. 오히려 인간의 진화에서 근본적인 역할을 하는—그리고 과거에도 해왔던—재능이자 능력이다. 그 까닭은 나중에 다시 살펴보기로 하자.

이외에도 인간의 문화에는 중요성을 되새겨 보아야 할 다른 측면이 있다. 그중 하나가 사회적 음악 행위다. 가장 잘 알려져 있기로는 명금류나 고래들이 있지만, 어쨌든 많은 종이 음악을 생산한다. 하지만 하나의 '사회적' 행위로서 음악에 참여하는 종은 인간이 유일하다. 새들은 대개 짝짓기를 위한 과시용 수단으로 음악을 이용하는 것처럼 보인다. 인간은 공동체의 결속을 유지하는 방편으로 음악을 이용하는

데, 그 이용 방식이 매우 독창적이다. 현대 사회에서는 콘서트홀에 앉아서 품위 있게 음악을 듣는 경우가 많지만, 전통 사회에서는 음악을 연주하고 노래하고 춤추는 행위에 명확한 경계가 없을 뿐만 아니라 이런 종합적 행위가 사회 결속에 매우 중요한 역할을 한다. 여기에 대한 자세한 설명도 일단은 다음으로 미루겠다.

이 모든 문화적 행위의 바탕에는 당연히 우리의 큰 뇌가 있다. 무엇이 우리를 다른 대형 유인원과 구별 짓느냐고 묻는다면 그 최종적인 대답도 아마 큰 뇌일 것이다. 이 책의 기본 틀을 확인하는 의미에서 주요한 호미닌 종들의 화석으로 본 뇌의 용적을(그림 1.3) 살펴보자.[7] 지난 600만 년이라는 거대한 시간 규모 속에서 보면, 호미닌의 뇌 크기는 꾸준히 증가했다. 유인원과 닮은 오스트랄로피테쿠스 속의 초기 호미닌에서 현생인류까지, 뇌는 약 세 배가 커졌다. 이런 사실로 보건대, 시간이 흐르면서 뇌를 점점 더 키우는 모종의 압력을 지속해서 받았던 것이 분명하다. 하지만 그렇다고 더 큰 뇌에 대한 선택적 압력이 일정한 속도로 증가했다는 의미로 해석하는 것은 무리다. 실제로 지질 연대를 거치면서 지속적으로 뇌의 크기가 증가했다는 것은 서로 다른 종이 뒤섞인 표본이 만들어낸 착시다. 종을 분리해서 보면 단속평형(혹은 중단평형)에 가까운 패턴을 얻을 수 있다. 즉 새로운 종은 처음 출현했을 때만 뇌 크기에서 급속한 증가 또는 위상변이를 보이고, 시간이 지나는 동안 그 크기를 안정적으로 유지한다.

앞으로 이어지는 장에서 나는 인간 진화 과정에 나타났던 주요한 다섯 번의 전환점(또는 단계)을 살펴볼 것이다. 이 전환점들이 지금부터 우리가 탐구해야 할 인간 진화 과정을 안내하는 로드맵이 되어줄

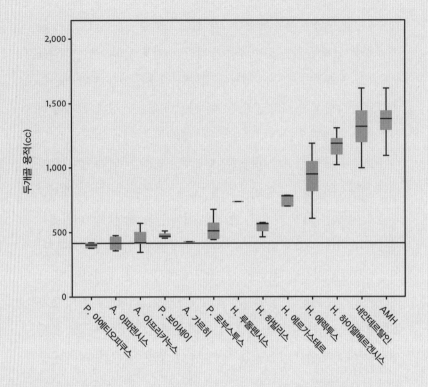

그림 1.3
주요 호미닌 종의 평균 두개골 용적. 회색 기둥은 각 종들의 두개골 용적 값의 50%에 해당하는 범위를 나타낸 것이다. 각 종의 최하위 값은 종 전체의 95% 범위의 뇌 용적 값이다. 가로로 그은 선은 현존하는 침팬지의 평균 뇌 용적 값이다. De Miguel and Heneberg(2001)

것이다. 다섯 전환점은 각각 뇌 크기 또는 생태 환경에서 일어난 주요한 변화에 바탕을 두고 있다. 그 첫 번째 전환점은 유인원에서 오스트랄로피테쿠스로의 전환이다. 이 단계는 주로 생태적이고 해부학적인 변화와 관련이 있을 뿐, 뇌 크기나 인지 능력에서 유의미한 변화가 있었다는 증거는 없다. 그다음에는 약 200만 년 전부터 세 단계에 걸쳐 일어난 뇌의 진화다. 그중 첫 단계는 약 180만 년 전에 호모 속의 출현과 함께 뇌 크기에서 일어난 비약적 발전이다(비록 이 비약이 (오스트랄로피테쿠스 화석군의) 호모 하빌리스들 사이에서 어쩌면 과도기적으로 나타난 조금 더 작은 뇌 때문에 예견된 발전이지만 말이다). 둘째 단계는 약 50만 년 전에 출현한 고인류, 호모 하이델베르겐시스와 관련이 있다. 마지막 단계는 약 20만 년 전 우리 종, 즉 해부학적 현생인류(호모 사피엔스)의 출현과 함께 뇌 크기에서 더욱 급속한 증가를 한 것과 관련이 있다. 원시적인 기준치에 비하면 같은 기간에 네안데르탈인 혈통의 뇌 크기도 유사한 비율로 증가했는데, 이에 대해서는 6장에서 좀 더 자세히 살펴보자. 뇌 크기의 발전 단계마다 해당 종은 두 가지의 문제를 해결해야 했다. 뇌는 사용하는 에너지 비용이 유달리 큰 기관이라는 점에서, 각 종은 더 커진 뇌가 요구하는 초과 비용을 어떻게 충당했을까? 큰 뇌 때문에 점점 더 규모가 커진 사회적 공동체를 어떻게 결속했을까? 분주한 일상에서 시간을 확보하는 일은 모든 종에게 그 역량을 시험하는 일종의 시험대였다. 시간 예산 분배 문제에 대해 참신한 해결책을 찾지 못했다면 각 단계를 대표하는 공동체 규모를 유지하지 못했을 것이다.

이 기본적인 네 단계의 전환점에 더하여, 나는 사실상 뇌의 크기에서 일어난 변화와는 관련이 없는 다섯 번째 전환점을 추가하고자 한다. 약 1만 2000년 전에서 8000년 전 사이 근동에서 일어난 신석기 혁명이다. 신석기시대가 특별히 매력적인 까닭은 이전에 있던 모든 것을 반전시켰기 때문이다. 신석기시대는 주요한 두 가지 혁명으로 특징지어진다. 하나는 유목생활에서 정착생활로의 전환이고, 또 하나는 농업 혁명이다. 지금까지는 농업 혁명이 신석기시대를 대표하며 주목받아왔지만, 사실 농업은 목적을 위한 수단에 지나지 않았다. 진짜 혁명은 '정착생활을 할 능력'을 갖게 되었다는 것이다. 일정한 거주지에 공동체가 모인 까닭이 무엇이었든 간에, 그렇게 모임으로써 사회적 스트레스가 생겨났다. 당연히 신석기시대 이전이라면 모르고 넘어갔을 그 스트레스를 어떻게든 해결해야만 했다. 하지만 일단 스트레스 문제를 해결하면, 훨씬 더 큰 공동체가 등장할 가능성이 열렸다. 그때부터 도시 형태의 공동체와 올망졸망한 왕국이 등장했고, 결국에는 현대 국가 형태의 방대한 공동체를 태어나게 한 전반적인 역사적 진보가 뒤따랐다. 우리가 이 전환점을 어떻게 다루느냐, 그것이 우리가 지금부터 시작할 여행의 핵심이다.

앞에 놓인 길 ——

이 장을 시작하면서 밝혔지만, 고고학자의 주 무기는 석기와 화석 뼈를 조합하고 여기에 약간의 지질학적 자료를 더한 것이다. 하지만 '돌과 뼈'로 조합된 상투적인 무기만 휘두르다 보면 인간 진화의 사회적 측면은 놓치기 쉽다. 사회적 측면을 지탱하는 인지적 토대는 탐구 대상에서 아예 제외되고 만다. 기나긴 시간의 기록 속에서 간헐적이고 간접적일 수밖에 없는 단편적 증거만으로 인간 종의 사회적 행위를 예단하는 것은 너무 안일하다는 고고학자의 걱정도 이해가 된다. 하지만 구불구불하고 흐릿한 길일망정, 600만 년에서 800만 년 전 마지막 공통 조상으로부터 현재의 우리로 대표되는 현생인류까지 이어진 길을 낸 것도 다름 아닌 우리의 생물학적 특징의 일부인 사회적이고 인지적인 측면이다. 애매하고 불분명한 사회적 변화에 대한 문제를 해결하지 않으면, 인간 종이 걸어온 궤적을 제대로 이해할 수 없다. 물론 쉽지는 않을 것이다.

오늘날 인간을 포함한 영장류 집단에서 '사회적 공동체'는 혈연과 우정과 의무를 통해 서로 긴밀하게 연결된 개체들의 매우 조직적인 관계망이다. 이런 관계망들의 구조와 분포 패턴은 각 관계망 내의 개체들이 유사시에 서로에게 도움을 요청하기 쉬울 뿐 아니라 관계망 전체의 응집력과 지속성을 잘 유지하는 데 초점이 맞춰져 있다.

영장류의 사회적 행동과 생태학에 대해 전례 없이 많은 지식을 축적한 바로 지금이 우리가 이런 문제를 고민해야 할 시점이다. 축적된 지식은 지금까지 화석 호미닌 종들의 행동을 재구축하려는 노력을 수포로 만들었던 집요한 문제를 가뿐하게 넘어설 수 있게 할 것이다. 우리가 시도해왔던 기본적인 접근법은 특정한 화석 호미닌과 몇 가지 중요한 특질을 공유하고 있다고 여겨지는 현존하는 종을 찾아내, 그것을 기반으로 화석 호미닌의 생태학이나 사회의 구조를 역추적 하는 수준이었다. 침팬지와 고릴라, 보노보, 사자, 하이에나 심지어 아프리카의 야생 개도 초기 호미닌의 '모델'로 삼을 만한 특징을 가진 경우가 가끔 있다. 최고의 화석 사냥꾼인 루이스 리키(Louis Leakey)가 제인 구달

(Jane Goodal)과 다이엔 포시(Dian Fossey)를 중앙아프리카 숲속으로 파견하여 침팬지와 고릴라를 연구하도록 한 까닭도 그 때문이었다. 그는 두 사람이 화석 호미닌의 습성에 대해 얼마간의 정보를 알아낼 수 있으리라고 기대했다. 이런 '아날로그' 모델은[8] 현존하는 종과 화석 종이 갖는―현존하는 종이 사회라는 시스템을 갖게 된 이유와 관련이 있을 수도 있고 또는 실질적으로 아무런 관련이 없을 수도 있는―단 하나의 유사성에만 바탕을 두는 맹점이 있었다. 또한 이 방식에서는 각각의 종이 특정한 행동 '양식'을 가진다고 가정한다. 아주 폭넓은 견해에서는 이것이 사실이지만, 우리가 지난 반세기 동안 영장류를 연구하는 현장에서 터득한 한 가지 사실은 대부분 종이 행동학적으로나 생태학적으로 적응력이 매우 뛰어나다는 점이다.

지금 내가 시도하려는 접근법은 그것과는 상당히 다르다. 앞서 말한 축적된 지식을 활용하여, 영장류가 특정한 서식지에서 생존하는 데 결정적인 역할을 한 다양하고 중요한 행위(섭식, 이동, 휴식, 사회적 유대 형성)에 시간을 분배한 방식을 살펴보는 것이다. 이 접근법은 우리가 다수의 원숭이와 유인원 종에서 발견한 일련의 시간 예산 분배 모델에 바탕을 두고 있다. 이 모델을 이용하면 특정한 서식지에서 한 동물이 각각의 중요한 행위에 어느 정도의 시간을 분배하는지 정확하게 예측할 수 있다. 여기서 핵심은 활동 시간이 제한되어 있다는 점이다(우리 모두는 밤이면 잠을 자야 하기 때문이다). 따라서 중요한 행위는 모두 활동 시간 내에 이루어져야 한다. 생물학적 시스템을 다룬다는 것이 사실 우리에게는 매우 중대한 이점일 수 있다. 생물학적 시스템 안에서 일어난 어떤 구성 요소의 변화는 시스템 전반에 걸쳐 연쇄적인 반응을 일으킬 수밖에 없기 때문이다. 한 종의 뇌나 체격이 커지려면 반드시 섭식에 투자하는 시간에도 변화가 있어야 한다. 또한 섭식에 분배하는 시간에 변화가 있으려면 마찬가지로 또 다른 중요한 행위, 이를테면 이동이나 사회화와 같은 행위에 투자하는 시간도 달라질 수밖에 없다. 간단히 말해 모든 활동에 분배하는 시간의 총합은 항상 일정하다. 변화하는 환경에 대응하는 한 종의 행동을 탐구하는 데 이것만큼 강력한 도구는 없다.

우리의 탐구를 위한 두 번째 주요한 토대는 '사회적 뇌' 가설이다. 사실 이 가설은 시간 분배 분석을 효과적으로 보강해줄 지렛대다. 본래 이 가설은 심리학자 앤디 화이튼(Andy Whiten)과 딕 번(Dick Byrne)이 영장류가 다른 포유류보다 체격 대비 더 큰 뇌를 가지고 있다는 사실을 설명하기 위해 제안했다. 그 후 인지 능력과 사회성 면에서 영장류 종들 '사이에서' 나타나는 차이점을 설명하는 용도로 쓰이고 있다. 이 가설의 중요한 강점은 뇌 크기와 사회적 집단 규모의 관계를 결정하는 정량적인 공식을 제공한다는 점이다. 실제로 뇌 크기와 사회적 집단 규모는 매우 밀접하게 관련되어 있으며, 이 둘의 관계는 우리가 화석 종들의 전형적인 사회적 집단 규모를 예측할 때 이용하는 생태학적 요인으로부터 '직접적인' 영향을 거의 받지 않는다. 이 가설은 시간 분배에 대해서 두 가지 중요한 통찰을 제공한다. 하나는 뇌 크기가 집단의 규모를 예시하므로 더 큰 집단으로 결속하는 데 얼마의 시간이 더 필요한지 계산할 수 있다는 점이다. 또 하나는 뇌 크기의 증가는 식량 채집과 섭식 시간의 증가를 전제로 한다는 점이다. 각각의 종에 대해서 우리가 해답을 찾아야 하는 질문은 간단하다. 각각의 종은 추가로 요구되는 시간을 어떻게 변통했을까? 그리고 시간 예산이 한계에 다다른 상황에서 필요한 여분의 시간을 만들기 위해 그들은 어떤 참신한 해결책을 동원했을까?

우리가 설명해야 하는 것 ─

그렇다면 어떻게 아프리카의 대형 유인원 가운데 단 하나의 혈통만이 독보적인 진화의 여정을 걷게 되었을까? 그 전에 초기 호미닌 가운데 특정한 하나의 하위 집단은 어떻게 식민지 쟁탈전을 벌이던 오스트랄로피테쿠스 속에서 두각을 보여 구세계 전역으로 퍼져나갔고, 결국 플라이스토세 말기의 기후 변화에 적응하여 살아남았을까? 그리고 플라이스토세 중기에 출현한 호모 속의 매우 유망한 혈통끼리의 일대 접전에서 어떻게 단 하나의 혈통만이─우리 종만이─살아남아 현재에 이르렀을까?

600만 년에서 800만 년에 걸쳐 우리의 계보를 결정한 도정은 넓은 의미에서 뇌 크기와 조직화에서 일어난 극적인 변화를 그대로 보여준다. 앞으로 우리가 나눌 이야기를 구성하는 일련의 사건─호미닌 진화의 시간표를 복잡하게 만들고 있는 종 분화, 이동, 멸종 그리고 문화적 혁신─도 바로 뇌 크기와 조직화에서 일어난 극적인 변화의 흔적이다. 뇌 크기에서 일어난 변화에 따른 핵심 특질은 여러 가지가 있는데, 그중에는 고고학적 기록에서 추론할 수 있는 특질도 있지만 반대로 현대 인간과 비교해야만 알 수 있는 것도 있다. 이 부분에 대해서는 크게 네 가지 표제로 구분하여 표1.1에서 간략하게 요약했다. 해부학적 특질, 행동학적인 특질 또 인지적 특질도 있지만, 모두가 뇌의 크기(그리고 그에 따른 집단의 규모)와 시간의 제약이라는 두 조건과 일련의 인과를 형성하며 아귀가 맞아떨어져야 한다. 물론 고고학적 기록과도 어긋나서는 안 된다. 지금부터 우리가 할 작업도 바로 이 상이한 정보 조각을 삼각 측량법을 이용해 조립하는 것이다. 그럼으로써 지금까지 해왔던 것보다 추론적 오류를 범할 여지를 줄일 수 있을 것이다. 우리는 표1.1에 있는 퍼즐 조각을 임의적인 순서로 조립할 수 없고, 단순히 우리가 선호하는 패턴만을 골라 이야기를 그럴싸하게 꾸며낼 수도 없다. 대신 우리의 접근법은 '특정한' 순서로 조각을 조립해도 괜찮은 원칙적인 근거를 제공하는 것이다. 그것도 안 되면 최소한 그런 순서를 가능하게 해줄 한정된 대안에 이르게 할 것이다.

표1.1에서 제시한 특질 중 몇 가지는 화석인류학자에게는 매우 익숙한 것이고, 인간 진화를 설명하는 전통적인 방식에는 빵과 버터만큼이나 필수적인 것이다. 여기에는 두 발 보행, 골반 구조 변화, 편평한 발바닥의 획득[9], 송곳니 상실, (호리호리한 몸매를 갖게 한) 현생인류의 뼈 중량 감소, 뇌 크기의 점진적 증가, (어금니 맹출 지연으로 나타난) 성숙 지연과 조숙아(早熟兒) 출산에 따른 현생인류의 생활사 패턴을 비롯하여 도구의 복잡성, 사냥, 예술까지 포함된다. 그 밖의 특질(이합집산 사회성, 노동의 분화, 할머니 양육, 폐경기, 요리, 종교 그리고 남녀 한 쌍 짝짓기 등)도 인간 진화의 인류학적 논의에서 중요한 역할을 하지만, 대개 이런 것은 믿을 만한 고고학적 서명을 가지고 있지 않다. 화석 기록에서 그 흔적을 찾을 수 없다는 말이다. 하지만 인간 진화의 맥락에서 한 번도 진

해부학적 표식	고고학적 표식	행동 표식	인지적 표식
두 발 보행	불	이합집산 사회성	마음이론(심리화)
똑바른 걸음걸이	화덕	웃음	높은 층위의 의도성
편평한 발바닥 획득	도구 양식의 변화	식단 변화(땅속 저장 기관)	
골반 구조 변화	장식용 예술/장신구	육식	
뇌 크기 증가	가정 기반	요리	
송곳니 상실		사냥	
지연된 치아 발달		할머니 양육	
현생인류 생활사		언어	
잘 쓰는 손 (왼손 또는 오른손잡이)		(로맨틱한) 남녀 한 쌍 짝짓기	
뼈 중량 감소		이계 부모의 양육(양친 양육)	
폐경기		노동의 분화	
조숙아		스토리텔링	
		음악과 춤	
		종교	

표 1.1
유인원과 우리를 구별 짓는 현생인류의 특질들.
우리의 임무는 이러한 특질을 획득하게 된 순서를 밝히는 것이다.

지하게 고려된 적 없는 아주 참신한 특질도 있다. 흔히 마음이론이나 심리화로 알려진 사회적 인지 능력의 표현인 음악과 춤, 스토리텔링, 종교가 그것이다. 웃음도 그중 하나다. 차차 논의할 테지만, 이런 표현 형식은 인간 진화 이야기에서 매우 중대한 역할을 수행했다. 우리가 앞으로 할일은 이런 표현 형식의 변화가 왜 일어났는지, 왜 특정한 시기에 특정한 장소에서 일어났는지를 설명하는 것이다.

지금부터는 본격적인 탐정 게임이다. 우리 앞에 놓인 고고학적 기록이 범죄 현장이다. 모든 범죄 현장이 다 그렇듯, 이곳 역시 가닥이 잡힐 듯 말 듯 감질나고 불충분한 증거뿐이다. 이제 우리는 이 감질 나는 증거만으로 언제, 어디서, 왜, 무슨 일이 벌어졌는지 추측해야 한다. 사회적 뇌 가설과 시간 예산 분배 모델이 우리에게 법의학적 도구를 제공할 테니, 우리는 앞으로 전개될 이야기의 단계마다 그 도구를 엄격하게 적용하면 된다. 일류 탐정처럼, 우리도 퍼즐 조각을 하나씩 끼워 맞추는 식으로 사건을 해결할 것이다. 우리의 법의학적 도구는 (시간 예산 분배 모델에서는 모든 숫자의 총합이 일정하고) 정량적이므로, 대충 모양만 맞는다고 마음대로 조각을 끼워 맞출 수 없다. 그랬다가는 진실과 상관없는 단순히 우리가 좋아하는 그림이 될 수 있다. 시간이 좀 걸려도, 각 종을 궁지로 몰았던 새로운 위기를 그 선배 종의 경험에 비추어 하나씩 하나씩 확인하고 짜 맞추면서 그림을 완성해야 한다. 이런 식으로 차근차근 진행하다 보면, 틀림없이 지금까지 해왔던 것보

다 더욱 조밀하고 일관성 있는 그림을 완성할 수 있을 것이다.

혹시나 하는 마음에서 하는 말인데, 우리에게는 두 가지 경계해야 할 점이 있다.

하나는 화석인류학자 중 상당수가 이런 계획 자체를 진저리나게 싫어한다는 점이다. 그들에게 돌과 뼈는 거의 성배나 마찬가지다. 그들이 새로운 접근법과 새로운 기술을 불신한 것은 비단 어제오늘 일이 아니다. 1980년대에 분자유전학이 호미니드(즉 유인원과 사람을 포함한 '사람 과')의 분류법을 완전히 뒤집었을 때도 많은 화석인류학자가 노골적으로 불신감을 드러냈다. 새로운 접근법을 의혹의 눈초리로 바라보기보다는, 어떻게 하면 그 방법을 잘 활용해서 단편적일 수밖에 없는 고고학적 기록을 더 잘 이해할 수 있는지를 고민하는 것이 윤리적으로도 옳다. 과학은 한 방에 해답을 찾아서 발전하는 학문이 아니라 우리로 하여금 더 많은 질문을 던지게 함으로써 발전하는 학문이다. 이 책에서 나는 인간 진화 이야기에 대해 완전히 새로운 질문을 던질 것이다. 그뿐 아니라 철저히 새로운 접근법으로 그 해답을 찾아갈 것이다. 확신하지만, 새로운 화석이 발견되고 새로운 기술적 지식이 쌓인다면 이 책에서 전개한 이야기의 세부적인 사항도 고쳐 써야 할 것이다. 새로운 화석이 발견될 때마다 인간 진화 이야기를 고쳐 써야 하는 것은 이 분야의 불문율이다. 중요한 점은 우리가 고고학적 기록을 제대로 추궁하기 위한 참신한 질문을 던질 수 있느냐는 것이다.

둘째로 우리가 경계해야 할 점은 서로 다른 호미닌 화석의 정확한 분류학적 지위다. 분류학은 지난 한 세기 동안 인간의 진화를 논의하는 중심에 있었고, 이에 대한 저술과 논문도 넘쳐난다. 분류학이란 주제에 대해 나까지 거들고 나설 이유도 없지만, 나의 이런 태도를 못마 땅해 할 사람도 적지 않을 것이다. 그렇다고 분류학이 중요하지 않다는 말이 아니다. 다만 나는 우리가 좀 더 정제된 분석을 하기에는 아직 세부적인 사항에 대한 이해가 충분하지 않기 때문에 기존의 분류법을 잠시 접어놓고 싶을 뿐이다. 세부적인 부분을 생략하는 대신, 큰 그림에 집중하고자 한다. 호미닌 종들이 어디서 어떻게 생존했고, 왜 결국 대부분 멸종에 이르게 되었는지에 초점을 맞출 것이다. 이 문제가 어느 정도 성공을 거두어야만 개별 집단을 더 심도 있게 조사할 명분이 생길 것이다. 그리고 그 지점에 이르면 분류학의 세세한 부분이 당연히 진가를 발휘할 것이다. 왜냐하면 그때는 개별 집단이 정확히 누구였는지를 밝혀야 하기 때문이다.

어쨌든 이쯤에서 우리 이야기의 토대를 이룰 두 가지 핵심 원칙(또는 이론)을 밝혀야겠다. 다음 장에서 설명할 영장류의 사회적 진화의 중요한 원칙은 우리가 활용할 접근법의 굵직한 틀이 될 것이다. 사실 이 원칙은 뒤에 이어지는 대부분의 논의를 뒷받침하는 근거이기도 하다. 호미닌 종은 영장류이기 때문에 그 틀에서 벗어날 수가 없었다. 만약 그 틀을 벗어났다면, 최소한 우리는 그들이 어떻게, 왜, 언제 그 틀을 벗어났는지를 증명해야 한다. 다음 장에서는 두 가지 중요한 이론에 대해 자세히 살펴볼 것이다. 이 책의 나머지 내용을 담을 일종의 그릇이라고 봐도 좋다. 바로 이 두 이론의 규모에 따라 인간 진화에 대한 우리의 탐험 범위가 결정될 것이다.

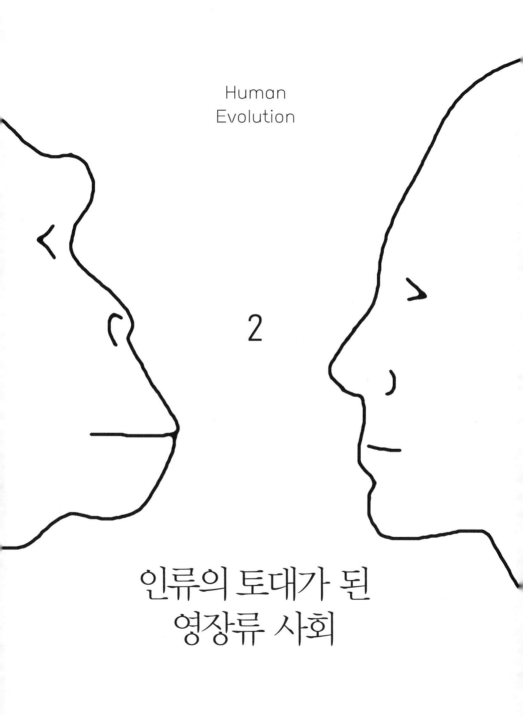

Human
Evolution

2

인류의 토대가 된
영장류 사회

다른 무엇보다 영장류는 대단히 사회적이다. 영장류는 특별하게 결합된 관계들을 바탕으로 시간이 지나면서 더 안정적이고 긴밀한 집단을 형성한다. 영장류가 집단생활을 하는 주된 목적은 포식자에 대한 방어다. 동물이 포식자에게 먹힐 위험은 육상생활을 할수록, 또 은신처를 제공해줄 숲이 거의 없는 트인 서식지에서 살수록 더 크다. 이런 환경에서 집단의 규모가 커진다면, 그 규모를 지탱하기 위해서라도 사회적 관계는 더욱더 공고해질 수밖에 없다. 추측건대, 그 이유는 집단 내 개체들이 더 조밀하게 뭉쳐서 유사시엔 언제나 서로의 도움을 받도록 하기 위해서일 것이다.

다른 개체와 아주 근접해서 살면 이점도 있지만 그에 따른 비용도 발생한다. 비용은 크게 세 가지 측면에서 발생하는데, 직접비용과 간접비용 그리고 무임승객으로 인한 비용이다. 직접비용은 집단 내부의 갈등에서 발생하는 비용이다. 즉 식량과 더 안전한 보금자리를 놓고 개체들 사이에서 벌어지는 갈등을 의미하는데, 집단의 규모가 커질수록 이 갈등은 빈도가 잦아질 수밖에 없다. 간접비용은 제한된 활동 시간에서 이동 시간이 늘어나는 경우에 발생한다. 집단의 규모가 커지면, 구성원 모두의 영양 요구량을 충족시킬 만큼 식량이 풍부한 곳으로 이동해야 한다. 달리 말하면, 다른 활동에 분해할 시간이 상대적으로 줄어든다는 의미다. 더욱이 이동에는 에너지가 필요하므로 섭식 시간도 길어지고, 이를 충당하려면 채집 시간까지 길어지는 연쇄 반응을 피할 길이 없다. 그뿐 아니라 이동에는 맹수를 맞닥뜨릴 추가적인 위험도 따른다. 마지막으로, 무임승객으로 인한 비용도 절대 무시할 수 없다. 영장류 집단은 (포식자 문제에 대한 집단적 해결책으로서) 일종의 사회적 계약을 맺는다. 하지만 이런 사회적 계약은 언제나 무임승객으로 인해—이들은 계약의 이점만을 취하고 비용은 내지 않기 때문에 다른 개체보다 두 배의 이득을 갈취하는 셈이다—파기되기 쉽다. 무임승객이 얻는 이득은 포식자로부터의 집단적 보호다. 이런 식으로 집단 내의 다른 성원을 이용하는 개체는 결과적으로 동료에게 자신의 짐을 강제로 떠안기는 셈이다. 다른 비용도 그렇지만, 이처럼 악용당할 위험 부담은 집단의 규모가 클수록 더 심각해진다.

영장류 집단에서 직접비용은 대개 암컷들에게 부과되는데, 그 까닭은 집단을 이루며 사는 데 따르는 스트레스—갑갑한 환경에서 시시때때로 발생하는 자리싸움, 식량이나 안전한 은신처를 놓고 벌이는 우발적인 싸움—때문에 암컷 개체의 내분비학적 기능이 떨어져 불임으로까지 이어질 수 있기 때문이다. 이런 스트레스는 집단 내의 낮은 서열에 더 많이 누적되는 경향이 있다. 낮은 서열일수록 개체가 많아서 경쟁이 더 치열하다. 암컷 개체는 스트레스가 쌓이면 정상적인 월경 호르몬 분비가 중단되면서 무배란 월경주기가 된다. 이는 임신 기회를 잃을 수도 있다는 뜻이다. 이런 일이 반복될 때마다 암컷 개체의 생애 생식량은 조금씩 감소한다(물론 건강도 악화된다). 이처럼 낮은 서열에 일시적 불임이 누적되는 비율이 매우 높으면, 일부 종에서 집단 내 서열이 열 번째쯤에 해당하는 암컷 개체는 완전히 불임이 될 수도 있다. 집단 규모와 비례하여 이런 스트레스가 증가하면 암컷 개체는 더 작은 집단에서 살기를 원할 것이다. 따라서 암컷 개체의 이런 생식 전략은 고삐 풀린 듯 커지는 집단 규모에 제동을 거는 중대한 자연 요인이다. 포식자의 압력이 집단 규모의 성장을 부추길 때, 영장류는 이 압력을 누그러뜨려야만 한다. 그렇지 않으면 집단은 해체가 불가피할 것이고 큰 집단 내에서의 삶은 불가능해질 것이다. 영장류 집단이 이 문제를 어떻게 해결했는지 살펴보자.

집단생활의 스트레스 줄이기 ──

원숭이와 유인원은 구성원들 사이의 괴롭힘에 대한 완충장치로 '동맹'을 형성한다. 이런 식의 동맹은 구성원 간에 강력한 유대감으로 연결된 '관계'에 바탕을 둔다. 유대감으로 연결된 관계는 또다시 두 가지 중요한 상호작용을 통해 형성되는데, 그 하나는 그루밍(구체적으로는 social grooming, 발이나 부리가 닿지 않는 피부, 깃털, 털 등을 서로 손질하거나 청소해주는 행위, 흔히 '털고르기'라는 용어로 쓰이지만 이 책에서는 털 고르기뿐 아니라 다양한 사회적 교류 행위를 언급하고 있으므로 '그루밍'으로 통칭한다─옮긴이)으로 촉발되는 강력한 감정적 메커니즘이다. 이 그루밍에 대해서는 케임브리지의 신경과학자 배리 케번(Barry Keverne)과 그의 동료가 몇 년 전 실험을 통해 매우 명쾌하게 증명했다. 그들은 그루밍이 관계 형성에 효과가 있는 까닭이 바로 뇌에서 엔도르핀 (endorphin) 분비를 촉진하기 때문이라고 했다. 서로의 털을 손질해주는 두 동물은 충분한 시간을 곁에 머물게 되는데, 이때 구축되는 신뢰와 의무 관계가 2차적인 인지요소를 형성한다. 긴밀한 상호작용을 하는 동안에는 소위 '사랑의 호르몬'이라는 옥시토신(oxytocin)과 같은 신경전달물질이 분비되기도 하고 기타 신경 내분비 작용에도 관여한다. 이것들 역시 사회성 유지에 중요한 역할을 하지만, 유인원 영장류의 돈독한 관계를 유지하는 데는 엔도르핀이 매우 독특한 역할을 한다. 그루밍과 (쓰다듬기, 껴안기와 같은) 가벼운 신체접촉은 특정한 일련의 뉴런(구체적으로는 무수초 구심 C-촉각 섬유들)을 활성화한다. 이 뉴런은 피부를 통한 가벼운 접촉에 민감하게 반응하고 이 감각을 뇌로 곧장 전달한다. 영장류의 경우에도, 그루밍에 대한 반응으로 이 뉴런들이 엔도르핀을 활성화하는지는 아직 밝혀지지 않았다. 하지만 최근에 인간을 대상으로 한 PET(양전자 방사 단층촬영) 검사 결과에 따르면, 로맨틱한 커플이 가벼운 신체접촉을 하는 동안 엔도르핀 반응이 촉발되었다. 심리학적으로 엔도르핀 분비는 아편을 섞은 약한 마취제를 투여했을 때처럼 가벼운 무통각증과 쾌감, 진정효과를 낸다. 유인원 영장류(물론 우리도 포함하여) 사이에서 '강한 애착'을 형성할 때도 이 효과가 직접 관련되는 듯하다.

동맹을 형성하고 유지하는 데 그루밍이 중요한 역할을 한다는 점에서, 구세계의 원숭이와 유인원의 사회적 집단 규모가 그루밍 시간과 관련이 있는 것은 어쩌면 너무 당연하다(지금까지 알려진 바로는 신세계의 원숭이나 갈라고, 여우원숭이와 같은 원원류 영장류에서는 이런 관계가 발견되지 않았다)(그림 2.1).[1] 하지만 그렇다고 해서 동물의 그루밍이 규모가 큰 집단에서만 나타난다는 의미는 아니다. 실제로 사회성이 가장 큰 영장류는 집단의 규모가 크고 그루밍 시간이 길수록 오히려 그루밍에 참여하는 동물 수는 적다. 종들 간이나 한 종의 내집단 모두 집단의 규모가 클수록 '그루밍 파벌' 형성(이를테면 한 집단 내에서도 그루밍 빈도가 높은 소규모의 반독립적인 파벌이 생기는 현상)이 더 흔하다. 집단의 규모가 커질수록 스트레스가 커지는 상황에서, 무작위적인 그루밍에 시간을 쏟기보다 가장 중요한 사회적 파트너와 파벌을 형성하여 노력을 집중하는 것이 집단의 유대를 공고하게 다지는 데 더욱 효과적이기 때문인 듯하다. 특히 새끼의 요구를 채워주느라 시간적인 압박을 받는 어미 원숭이는 비정기적인 개체와의 관계를 끊고 자신에게 정말 중요한 개체를 위한 그루밍에 최대한 집중한다.

영장류 사회성의 여러 측면 중에서 여전히 미해결로 남은 대표적인 문제는 이런 사회적 동맹이 실질적으로 무엇과 관련이 있느냐는 것이다. 인간을 예로 들면, 주로 감정과 관련이 있는 듯한데, 어쩌면 그래서 명확히 밝혀내기가 지독히 어려운지도 모른다. 왜냐하면 인간은 감정적 느낌을 잘 표현할 수 없을 뿐만 아니라(신경학적 관점에서 아주 단순하게 생각하면, 언어 기능은 좌뇌의 영역이고 감정적 기분을 처리하는 영역은 우뇌이기 때문이다), 원숭이나 유인원은 고사하고 인간관계의 본질적인 차이를 측정할 '척도'도 개발하기 어렵기 때문이다. 그렇기 때문에 동맹관계의 본질을 연구하는 것은 거의 불가능하다. 하지만 우리는 관찰과 경험을 통해 최소한 직관적으로는 유대가 강한 동맹과 약한 동맹을 구분할 수 있다. 다시 말해, 비록 정확한 이유를 대진

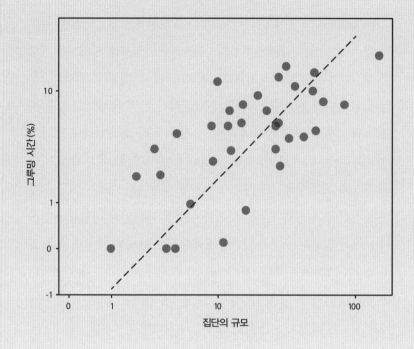

그림 2.1
구세계 원숭이와 유인원 집단에서 집단 규모와 하루 활동 시간 중 그루밍에 투자하는 평균 시간의 관계. Lehmann et al.(2007)

못하더라도 어떤 관계가 더 강력한지는 알 수 있다는 말이다.

　다소 허술하긴 해도, 원숭이뿐 아니라 우리가 맺고 있는 관계를 측정하는 한 가지 방법은 각자의 친구와 보내는 시간을 측정하는 것이다. 대면 상호작용에 보내는 시간이 관계의 질을 유지하는 데 중요하다는 사실은 이미 여러 연구에서 밝혀졌다. 일례로 1점에서 10점까지로 관계에 점수를 매겨보라고 했을 때('다소 무심한' 관계에는 1점을, '끔찍이 사랑하는' 관계에는 10점을 주도록 했다), 관계 점수는 상호작용의 빈도와 매우 강력한 상관관계가 있었다. 실제로 (가족 구성원과의 관계에서는 전혀 그렇지 않지만) 우정이라는 감정적 관계 점수는 서로 더 이상 만나지 않는 친구일 때 급격히 낮아졌다.

　이런 결과는 관계에 대한 사회심리학적 개념으로 가장 널리 인정받고 있는 로버트 스턴버그(Robert Sternberg)의 '사랑의 삼각형 이론(tripartite theory of love)'과도 일치한다. 스턴버그는 사랑을 세 가지 측면에서 정의했는데, 친밀감과 열정 그리고 헌신이다. 로맨틱한 관계에서만 나타나는 특별한 속성인 열정을 제외하더라도, 관계가 성립하기 위해서는 두 가지 핵심 요소가 필요하다는 것을 알 수 있다. 바로 '물리적 가까움'과 '감정적 가까움'이다. 이 두 요소는 영장류의 동맹 관계에서 우리가 가정한 모델의 두 가지 요소와 아주 절묘하게 일치한다. 즉 '물리적 가까움'은 영장류의 관계에서 그루밍이라는 요소(신체적으로 가까워야 한다는 필요와 그루밍이 일으키는 감정적 애착)를 반영하고, '감정적 가까움'은 사실 매우 모호한 개념이긴 하지만 어쨌든 인지적 요소(상대를 위해서라면 무슨 일이든 기꺼이 하려는 의도를 말하는데, 여기에는 실질적으로 도움이 되려는 태도나 사회적 동맹을 형성하는 데 없어서는 안 될 신뢰감과 의무감도 포함된다)를 반영한다고 볼 수 있다.

인지 능력은 어떻게 사회성을 뒷받침할까——

'감정적 가까움'이라는 감각의 토대인 인지 능력은 사실 너무나 모호하다. 하지만 비교심리학자와 발달심리학자가 동의하는 한 가지는 이 감각이 '사회적 인지 능력'과 모종의 관련이 있다는 점이다. 지금 할 수 있는 가장 최선의 추측은 이 감각이 독심술 또는 심리화를 이론적으로 좀 더 발전시킨 '마음이론'을 수반한다는 것이다. 마음이론은 개개인이 '마음이론을 가지는 상태'를—즉 '심리(心理)'를 갖는 것이 무엇인지 이해하고 믿는 능력을—뜻하는 데서 그 이름이 탄생했다. 간단히 말하면, 상대방도 나와 비슷한 심리를 가진다는 사실을 인식한다는 의미다. 학계에서 말하는 심리화란 '믿다', '추측하다', '상상하다', '원하다', '이해하다', '생각하다', '의도하다'와 같은 단어를 사용할 수 있는 능력과 관련 있다. 마음을 연구하는 철학자들은 이런 단어들을 '의도성(intentionality)'이라는 일반 용어로 나타내는데, 의도적인 태도나 관점을 취하는 능력을 의미한다.

이런 의미에서 의도성은 자연스럽게 정신 상태의 점층적 층위로 나타나는데, 이를 '의도성 층위(orders of intentionality)'라고 한다. 의식을 갖는 모든 유기체는 자신의 심리를 알고 있는데, 이렇게 자신의 심리를 이해하는 능력을 의도성의 제1층위라고 본다. 공식적인 마음이론(다른 누군가의 심리에 대한 의견을 갖는 능력)에서 말하는 제2층위에는 '나의 심리'와 '상대방의 심리'라는 두 마음 상태가 포함된다. 이런 식

'내 생각에, 그가 정말
지루해하는 것 같아!'

'저 여자는 나한테 완전히
반한 게 분명해'

'저 자식, 내 아내가 자기와
도망치고 싶다고 생각한다고
착각하고 있군!'

아내

낯선 남자

남편

그림 2.2
심리화는 자신과 타인의 생각/소망/의도에 대한 마음 상태가 재귀적으로 연결된다. 왼쪽부터
세 사람이 의도성의 제1, 제2, 제3층위를 차례로 보여준다. © 2014 Arran Dunbar

으로 제3, 제4, 제5 등 의도성 층위가 점층적으로 형성되면서, 나의 심리에 대한 상대방의 의견에 대한 나의 의견 또는 제3자의 의견에 대한 상대방의 의견에 대한 나의 의견까지도 아우를 수 있다(그림 2.2).

인간은 자아인식(의도성 제1층위) 단계에 쉽게 이르는 듯하지만, 태어날 때부터 마음이론을 갖는 것은 아니다. 5세 무렵이 되면 마음이론을 충분히 익힐 수 있고, 그때부터 각 층위의 단계를 점진적으로 습득하여 10대의 어느 시점이 되면 의도성 제5층위에까지 이르면서 정상적인 성인의 역량을 발휘할 수 있다. 이 수준이 되면 인간은 '내 생각에, 너는 에드워드가 뭘 원하는지 수잔이 알아주기를 피터가 바랄 거라고 추측하는 것 같다'는 식의 문장을 구사할 수 있다. 정상적인 성인에 대한 그동안의 연구를 보면 이 수준에도 약간의 차이가 있는데(성인 대부분은 제4층위와 제6층위 사이의 능력을 갖는다), 평균적으로 제5층위에 머무는 것으로 알려졌다. 약 20%만이 제5층위 이상의 의도성을 갖는다.

뇌 영상법은 심리화가 '마음이론 네트워크'로 알려진 뇌의 매우 특정한 영역에서 일어난다는 사실을 보여주었다. 이 네트워크에는 전전두피질 일부와(전전두피질에서도 정확히 어떤 부분인지는 의견이 조금씩 엇갈린다) 측두엽의 두 부분(구체적으로는 측두엽과 두정엽이 만나는 측두두정 접합 부위와 전두극)이 포함된다(그림 2.3 참고). 반응시간 테스트와 뇌 영상 촬영 기법을 모두 동원하여 확인한 바에 따르면, 실제로 심리화는 '기억 작업'보다 부담이 훨씬 더 큰 작업이다. 또한 심리화 네트워크의 중요 부위에서 일어나는 신경 활동과 피험자의 의도성 층위 수준에도 상관관계가 있다. 어떤 작업이 요구하는 의도성 층위가 높을수

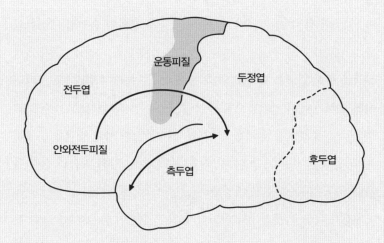

그림 2.3
인간 뇌의 주요한 엽(葉)의 위치. 화살표는 안와전두피질과 측두엽 사이에서 일어나는 심리화 회로를 표시한 것이다. 후두엽은 거의 시각에만 관여한다. 운동피질에서 어둡게 칠한 부분은 (얼굴 표정을 포함하여) 자발적 운동의 계획과 통제, 실행을 담당하며, 두정엽과 전두엽을 가르는 중앙의 열구 바로 앞에 위치한다.

록 그 작업을 올바르게 해결하는 데 요구되는 뉴런의 양은 더 많다. 더욱더 중요한 사실은 의도성 층위가 높은 작업을 수행할 수 있는 사람은 전전두피질의 안와전두 영역(눈동자 후면 바로 윗부분)이 더 넓다는 점이다. 사회적 뇌는 정말, 진짜로 사치스럽다. 의도성을 발휘하는 데 동원되는 신경물질의 부피가 어떤 한 개체가 갖는 의도성 층위와 정비례하므로, 더 높은 의도성 층위에서 정신활동을 해야 하는 종들의 뇌는 더 클 수밖에 없다. 물론 뇌의 전두 부위가 유인원 영장류의 뇌에서도 가장 최근에 진화한 부분이고, 이 부위가 가장 큰 종이 가장 복잡한 사회 집단을 이루고 있다는 사실도 주목해야 한다. 또한 뇌의 여러 부위 중에서 마지막으로 미엘린 구조(뉴런이 효과적으로 작동하도록 해주는 지방질 피막)를 획득한 부위로, 이는 복잡한 사회 집단을 운용하는 데 필요한 기술을 연마하기 위해서는 엄청난 양의 학습과 신경 적응이 요구된다는 사실을 반영한다.

우리가 나눌 이야기에서 의도성 층위의 수준이 특히 더 중요한 까닭은 이것이 현생인류와 다른 영장류의 인지 능력 차이를 정량적으로 보여주는 지표이기 때문이다. 사실, 우리가 인지 능력 측면에서 심리화를 정확히 이해하느냐 아니냐는 별로 중요하지 않다. 중요한 것은 심리화 또는 의도성 층위가 인지적 복잡성의 수준을 간단하면서도 신뢰할 만하게 보여준다는 사실이다.

모두 다는 아니지만, 포유류 대부분이 (원숭이 대부분도 분명히) 제1층위의 의도성을 갖는다는 데에는 거의 이견이 없다. 원숭이는 자기 심리를 이해하고, 자신이 세상에 대한 견해를 가지고 있다는 사실을 자각한다. 대형 유인원(특히 오랑우탄과 침팬지)이 제2층위 의도성을 처리

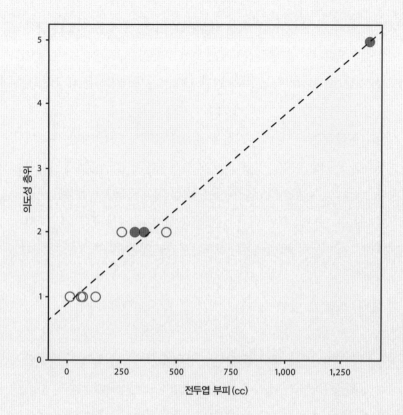

그림 2.4
구세계 원숭이와 유인원의 심리화 역량(최대로 획득한 의도성 층위를 표시한 것이다)과 전두엽 부피와
의 관계. 원숭이는 일반적으로 제1층위만을 갖는다고 추정되며, 침팬지와 오랑우탄이 제2층위
의 의도성을 갖는다는 사실을 보여주는 실험도 있다. 인간 성인은 대체로 제5층위 의도성을
갖는다.

● 실험으로 심리화 역량을 측정한 종을 나타낸다. 왼쪽부터, 침팬지, 오랑우탄, 인간 순이다.

○ 실험으로 입증되지는 않았으나, 분류학상 같은 과의 종과 심리화 역량이 비슷할 것으로 추
   정되는 원숭이와 유인원 종을 나타낸다. 실험으로 측정된 종의 심리화 역량과 이들의 추정
   치가 대체로 비슷하다는 점을 주목하자.

Redrawn from Dunbar(2009)

할 수 있다는 사실을 보여주는 실험적 증거도 있다. 물론 이들이 다섯 살짜리 어린이 수준만큼 잘하지는 못했지만(물론 인간 어린이는 쉽게 테스트를 통과했다), 이제 막 자기 의견을 형성하기 시작하는 네 살짜리 어린이만큼은 해낸다. 우리가 가진 자료에 따르면, 인지적 복잡성 수준의 최극단은 제5층위 의도성을 갖는 평균적인 인간 성인이다. 이 결과를 전두엽 부피와 비교하면, 매우 정확한 선형적 관계가 나타난다(그림 2.4). 이 부위의 뇌신경 용량이 심리화 능력과 직접적인 관련이 있음을 나타낼 뿐만 아니라, 우리가 성인 뇌 영상 촬영 연구에서 발견한 것처럼 한 종 안에서의 상관관계와도 일치한다.

영장류의 사회적 진화——

우리가 마지막으로 해야 할 일은 영장류의 사회적 진화의 바탕에 깔린 교훈을 확인하는 것이다. 아주 최근까지도 영장류의 사회적 진화를 재구성하는 일은 대부분 추측에 근거한 일종의 모험이었다. 조상 영장류가 덩치가 작고 야행성이었으며, 여기저기 분산된 반(半)고립적 집단 안에서 살았다는 데는 거의 모두가 동의한다. 또한 이 반고립적 집단에서도 암컷 개체(그리고 그 새끼)는 서로 겹치는 부분을 최소화하며 개별적인 소규모 활동 영역 안에서 먹이를 찾아다닌 반면, 수컷 개체는 (짝짓기를 할 때만 접근하는) 몇몇 암컷 개체의 영역과 중첩되는 커다란 영토 안에서 생활했다. 지금도 갈라고와 쥐여우원숭이처럼 몸집이 작은 야행성 원원류에서는 이런 형태의 사회구조가 관찰된다. 개체를 중심으로 형성된 이런 소규모 집단이 융합하여 점차 영구적인 집단으로 자리 잡고, 집단의 규모가 사회의 구조적 형태를 결정했다. 한 가지 분명한 사실은 수컷 개체가 자신의 영토 내 암컷 중 하나와 밀접한 관계를 맺기 시작하면서 일부일처 쌍을 형성하는 행보를 시작했다는 점이다. 만약 다른 암컷 개체가 일부일처 혼을 이룬 쌍과 어울리기 원한다면, 수컷 한 마리와 여러 암컷으로 이루어진 하렘(harem)을 형성할 수도 있다. 그 상태에서 이 무리의 암컷에 끌린 다른 수컷까지 합류하면, 결국 복수의 수컷/복수의 암컷으로 구성된 더 큰 집단을 형성할 것이다. 지금까지는 이것이 사회적 진화를 설명하는 표준 모델이었다. 모든 교과서가 이 모델을 표준으로 채택하고 있으며, 이를 '사회 생태학적 모델'이라고 명명한다. 다시 말하면, 한 종의 사회 구조는 인구학적 조정의 결과에 불과하며, 궁극적으로는 그 종의 수렵-채집 생태에 따른 결과였다는 것이다.

하지만 최근의 두 연구에서 이 모델이 명백하게 틀렸다는 사실이 제기되었다. 수잔 슐츠(Susanne Shultz)와 키트 오피(Kit Opie)는 매우 정교하게 발전한 통계학적 기법을 이용하여 조상들이 처했던 상황을 추측하고, 사회 조직화와 다른 선택압들 사이의 역사적 상관관계를 다룬 가설들을 검증했다.[2] 이들의 분석에 따르면, 조상들은 각기 분산된 개체별 영역 안에서 고립적 수렵-채집을 하던 상황에서 일부일처 혼 단계를 거치지 않고 곧바로 복수의 수컷과 복수의 암컷으로 이루어진 군거성 사회를 형성했을 가능성이 훨씬 더 크다. 쉽게 말해서 개체별로 독립적 영역 생활을 하다가 곧바로 집단의 형태로 모였을 가능성이 더 크다는 것이다. 추측건대, 이는 점점 더 (야행성에서 주행성 생활방식으로 전환됨에 따라) 증가한 포식 위협에 대한 반응이었을 것이다. 복수의 수컷과 복수의 암컷으로 구성된 초기의 군거성 집단에서 벗어나는 방법은 두 가지였을 것으로 보인다. 하나는 하렘 형태의 집단을 형성하는 것이고, 또 하나는 일부일처 혼을 택하는 것이다. 하렘 기반의 집단을 형성했다가 다시 일부일처 혼을 택하는 2차 탈출 경로도 생각해볼 수 있다. 한 종이 일단 군거성 집단을 형성한 후에는 반고립적 상태로 회귀할 수는 없었지만, (사회 생태학적 모델이 추측하는 것과 마찬가지로) 하렘과 복수의 수컷 상태 사이에서는 수시로 전환이 일어났다.

하지만 정말 중대한 발견은 일부일처 혼이 '막다른 골목'이었다는 사실이다. 일부일처 혼에 적응한 후에는 어떤 종이든 그 형식에서 절대 벗어나지 못한 듯하다. 사실 인구학적인 면에서도 그렇지만 인지적 측면에서도 일부일처 혼은 일종의 종착지인 것으로 보인다. 아마 일부일처 동반자 관계에 대한 인지적 요구가 너무 커진 탓일 텐데, 일단 뇌가 그 요구에 따라 재편성된 후에는 쉽사리 원상태로 돌아가지 못했다. 일부일처 혼이 유지되려면 수컷 개체와 암컷 개체가 서로에 대해 매우 관대해져야 하는 한편, 집단 내 다른 동성 개체에 대해서는 매우 편협해져야 한다. 이런 까닭에 일부일처 혼 형식을 채택한 영장류 집단에서는 일부일처 쌍이 늘 자신들만의 배타적 영역을 차지하면서 세력권을 형성한다. 동성 개체에 대한 편협성은 일부일처 혼을 채택하지 않은 포유류에서는 꽤 드문 현상이다. 동성 개체, 특히 성숙기에 이르러 생식능력이 왕성해진 동성 개체는 이런 편협성 때문에 함께 어울려 살기가 몹시 어렵다. 따라서 몇몇 조류와 포유류의 경우처럼, (언제나 집단 내 모든 개체가 일부일처 혼을 따르는) 의무적 일부일처 혼은 진화론적으로 매우 특수한 상황임이 분명하고, 이런 상황이 행동과 인지에 주요한 변화를 요구했을 것으로 보인다. 이런 의무 일부일처 혼이 자리 잡은 후에는 원상태로 복귀할 방법이 없다. 왜냐하면 앞서도 말했지만 행동과 인지적 변화를 무효로 하기 어렵기 때문이다. 차후에 논의할 인간의 남녀 한 쌍 관계(또는 일부일처 혼)의 진화에도 이런 인과가 매우 중요한 역할을 할 것이다.

일부일처 혼이 진화적으로 매우 특수한 역사를 가진다는 점에서, 반드시 짚고 넘어가야 할 문제가 또 하나 있다. 사회구조로서든 짝짓기 전략으로서든 왜 하필 일부일처 혼이 발달해야만 했을까? 수년 동안, 포유류의 일부일처 혼과 관련해서 세 가지 가설이 제기되었다. 첫째는 큰 뇌를 가진 후손을 양육하기 위해서 두 부모가 필요하다는 양친 양육의 필요성이다. 둘째는 수컷의 짝 보호 성향이다. 특히 암컷 개체가 너무 광범위하게 분산되어 있어서 수컷 개체가 한 번에 한 마리 이상의 암컷 개체를 보호할 수 없는 경우, 수컷은 적어도 생식기에 있는 암컷 한 마리만이라도 수태시키려고 그 하나를 독점하고 다른 수컷이 넘보지 못하도록 방어하는 성향을 보인다는 것이다. 셋째는 영아살해 위험이다. 즉 암컷 개체가 자신을 괴롭히거나 자신의 새끼를 죽일 수도 있는 다른 수컷에게서 자신을 방어해주는 보디가드나 '살인청부업자'로 이용하기 위해서 수컷 개체 하나를 독점한다는 가설이다. 영장류의 영아살해 위험이 꽤 오랫동안 심각한 문제로 인식된 까닭은 영장류의 큰 뇌가 결과적으로 (큰 뇌로 성장하는 데 적잖은 시간이 걸리므로) 번식률을 떨어뜨리기 때문이다. 다른 수컷에게서 암컷을 빼앗은 수컷이 자신의 후손을 보려면 1년 이상을 기다려야 할 수도 있다. 하지만 수컷이 암컷의 갓 낳은 새끼를 죽인다면 그 암컷은 금세 생식이 가능한 상태로 회복되기 때문에(인간 여성도 젖을 떼지 않은 신생아를 잃으면 마찬가지 상태가 된다),[3] 수컷은 그 즉시 생식 활동을 시작할 수 있다. 수컷 영장류에게 영아살해 행위가 강력한 선택압으로 작용할 뿐만 아니라, 영장류에서 영아살해가 놀라우리만치 흔하다는 주장이 힘을 얻는 것도 바로 이런 이유에서다(영아살해가 매우 드문 현상이라고 용맹하게 주장하려는 시도도 없진 않다). 또한 이 선택압은 영아살해 위험을 완화하거나 줄이기 위한 '대응전략'에 대해서도 똑같이 강력한 선택압을 일으킬 수도 있다.

두 번째 연구에서는 다양한 영장류 혈통에서 일부일처 혼으로 전환하는 시점이 세 가설이 명시한 행동 지표에서 변화가 일어나기 전인지 아니면 변화가 일어난 후인지를 조사했다. 비록 일부일처 혼과 암컷 개체가 별개의 넓은 활동 영역을 갖는 상황이 공진화했다는(두 특질이 시간이 흐르면서 함께 진화했다는) 증거도 있지만, 일부일처 혼이 등장하기 '전'에는 암컷의 활동 영역이 넓지 않았다. 이는 수컷의 짝 보호 가설이 근거로 삼는 (암컷 개체가 너무 광범위하게 분산되어 수컷이 동시에 여러 마리의 암컷을 독점할 수 없었다는) 결정적인 전제가 성립하지 않음을 암시한다. 실제로 일부일처 혼을 따르는 영장류 종들 중 어떤 종의 수컷이든 한 마리 이상의 암컷을 충분히 방어한다. 이런 종들의 수컷은 '정말 원할 때'는 동시에 몇 마리의 암컷들을 방어할 수 있을 만큼 상당히 넓은 영역을 확보하기도 한다. 암컷의 영역이 분산되어 있다는 점에 근거한 수컷의 짝 보호 가설은 대부분 포유류에서 나타나는 일부일처 혼의 진화를 설명하기에는 확실히 적합해 보이지만, 영장류의 경우에는 맞지 않는 듯하다. 이와 마찬가지로, 일부일처 혼과 양친 양육이 공진화했다는 증거도 있지만, 일부일처 혼은 이미 양친 양육을 하는 종에서도 그렇지 않은 종에서와 거의 비등하게 발달했다. 이런 사실은 양친 양육이 일부일처 혼의 동인(動因)이기보다는 '결과'임을 더 강력하게 뒷받침한다. 가령 우리 인간은 일부일처 혼으로 동반자 관계를 맺으면 남성도 양육에 기여할 수밖에 없다. 그래야만 더 많은 후손을 양육할 수 있기 때문이다. 하지만 양친 양육에 제공하는 수컷 개체의 능력은 그 자체만으로 일부일처 혼의 진화를 추동하기에는, 적어도 영장류에서는 이점이 그리 많지 않은 것처럼 보인다. 마지막으로, 일부일처 혼과 영아살해 위험의 두 지표가 공진화했을 가능성도 큰데, 영아살해 위험이 크지 않은 종에서는 일부다처 혼에서 일부일처 혼으로의 전환이 일어나지 않는다는 점으로 미루어, 적어도 영장류에서는 영아살해가 일부일처 짝짓기 전략의 진화를 추동한 결정적인 요인이었던 듯하다.

　하지만 수컷이 암컷에게 보호 기능을 제공한 암수 한 쌍의 일부일처 혼이 영아살해 위험을 해결하는 유일한 해법은 아니다. 샌디 하커트(Sandy Harcourt)와 조나단 그린버그(Jonathan Greenberg)는 고릴라가 높은 영아살해 위험의 결과로 살인청부 해법을 채택했지만, 이 해법뿐만 아니라 하렘에 기초한 일부다처 혼을 병행했다는 사실을 입증했다. 쉽게 말해 암컷 몇 마리가 동시에 수컷 한 마리를 보호자로 삼은 것이다. 이 종의 경우, 수컷과 암컷의 몸집에서 나타나는 이형태성(dimorphism)[4]은 몸집이 작은 수컷보다 가장 크고 가장 힘센 수컷을 특히 더 매력적으로 보이게 만듦으로써 역으로 수컷의 몸집을 더 크게 만들어주는 되먹임 기제를 실행시켰다. 이와 대조적으로 긴팔원숭이나 신세계의 더 작은 원숭이처럼 관습상 일부일처 혼을 따르는 영장류는 수컷과 암컷의 몸집이 비슷하다(암컷이 수컷보다 약간 더 큰 경우도 있다). 고릴라 집단의 사회적 구조는 암컷이 변함없이 그루밍에 기초해 동맹을 형성하는 원숭이 집단 사회와는 다르다. 고릴라 집단은 별 모양의 사회 구조를 형성하는데, 수컷 한 마리를 가운데 두고 암컷들이 별의 손 부분을 각각 차지하고 있는 구조다. 각각의 암컷은 수컷에게 그루밍을 해주지만 자기들끼리 그루밍 하는 경우는 극히 드물다. 하커트-그린버그 모델은 하렘을 형성하는 고릴라 집단을 설득력 있게 설명하기도 하지만, 한편으로는 침팬지 집단에서 암컷 침팬지가 살인청부 전략을 선택할 만큼 영아살해 위험이 크지 않다는 사실도 꽤 명확하게 보여준다.

───────────────

이상과 같은 일반적인 원칙들은 우리가 앞으로 살펴볼 호미닌의 사회적 진화에서도 중요한 역할을 할 것이다. 모든 영장류와 마찬가지로, 호미닌도 똑같은 사회적, 생식적 선택압을 받았을 것으로 가정해야 하기 때문이다. 가장 기본적인 요점은 사회적 집단의 규모가 커지면서 암컷 개체가 받는 스트레스가 증가했고, 수컷 개체는 서로 경쟁할 수밖에 없었다는 점이다. 만약 이런 스트레스와 경쟁의 압박을 제거할 해법을 찾지 못한다면 새로운 서식지를 점유하기는커녕 더 큰 뇌를 가진 새로운 종으로 진화할 수도 없을 것이다. 특히 기후 변화로 인해 호의적이었던 서식지들이 급격히 사라지는 상황에서는 멸종을 피하기 어려웠을 것이다. 하지만 알다시피, 그들은 살아남았다. 무슨 수를 썼는지 모르지만, 어쨌든 그들은 문제를 해결했다. 이 결과에서 우리는 인간 진화 이야기의 근간을 이루는 두 가지 기본 원칙을 추렴할 수 있다. 바로 뇌 크기와 시간 예산 분배다. 뇌 크기는 환경 조건에 대응한 사회 집단의 규모를 결정하고, 집단의 규모와 환경 조건은 시간 예산을 조정해야 할 요구를 가중한다. 새로운 진화 단계로 도약하려면 이런 요구를 충족해야만 했을 것이다. 다음 장에서는 호미닌 진화의 다섯 단계에 대해서 뇌 크기와 시간 예산 분배가 정확히 무슨 이야기를 들려줄지, 본격적으로 판을 벌여 보기로 하자.

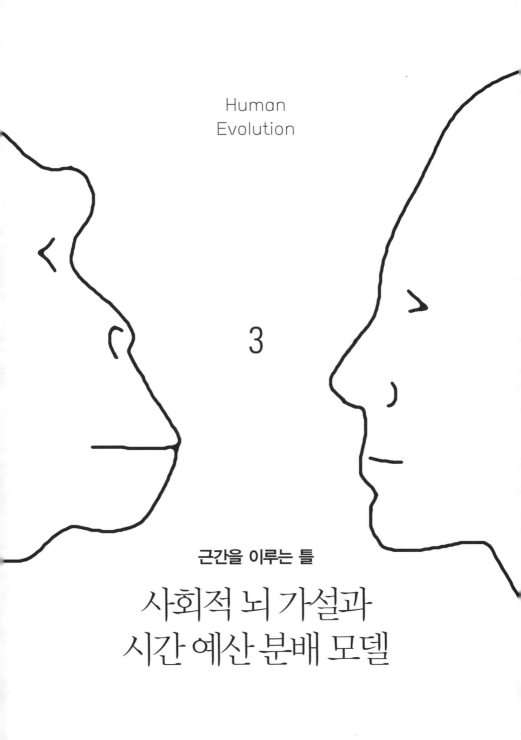

Human
Evolution

3

사회적 뇌 가설과
시간 예산 분배 모델

1장에서 제안했다시피, 우리가 인간 진화를 탐구하는 데 발판으로 이용할 구조는 두 가지 중요한 요소로 사회적 뇌 가설과 시간 예산 분배 모델이다. 이 두 요소를 발판으로, 화석 기록에 등장한 주요한 각각의 호미닌 종이 자신들이 처한 환경을 어떻게 해결했는지 밝혀볼 것이다. 또한 이 두 요소는 호미닌 종들의 행동과 인지에 새롭게 추가된 항목을 판별할 기준도 제공한다. 어떻게 했든 정해진 시간 예산으로 뇌 크기에 변화를 일으킨 요구들을 충족시켜야 했을 것이다.

사회적 뇌 가설 ——

영장류의 뇌 진화를 (어쩌면 모든 포유류와 조류의 뇌 진화까지도) 추동한 1차 원인으로 군거성 집단 형태가 점점 더 복잡하게 발달했기 때문이라는 견해가 일반적이다. 비록 행동의 다른 양상들도 (특히 생태학적 독창성은) 뇌 크기와 연관이 있지만, 그런 행동 양상들은 뇌 크기의 진화를 촉진한 원인이라기보다 큰 뇌의 결과라는 사실이 밝혀졌다. 사회적 뇌 가설에 따르면, 대부분의 포유류와 조류의 뇌 크기는 짝짓기 전략과 관련된 것으로 보인다. 일부일처 형태로 짝짓기 하는 종이 일부다처 짝짓기나 난혼성 종보다 월등히 큰 뇌를 가지고 있기 때문이다. 특히 일부일처 혼을 평생 유지하는 종에서는 이런 경향이 더욱 뚜렷하게 나타난다. 어쩌면 암수 한 쌍 관계를 오랫동안 유지하는 일이 난잡하게 짝짓기를 하는 종의 우발적 관계보다 인지적 부담이 더 크기 때문일는지도 모른다. 암수 한 쌍을 이룬 개체는 어떤 일을 결정하는 데에도 상대의 관심이나 흥미를 고려해야만 한다. 다시 말해, 각자의 요구 사이에서 적절한 타협안을 찾기 위한 협상을 할 수 있어야 한다. 완전히 발달한 마음이론은 아닐지라도, 협상은 가장 원시적인 형태의 심리화라고 볼 수 있다. 덧붙이자면 사회적 뇌 가설은 곤충에게도 해당하는 것처럼 보인다. 말벌이나 꼬마꽃벌 과의 몇몇 사회적 (가령 몇 마리의 여왕벌이 한 집을 공유하는) 종은 고립성 종보다 뇌가—더 구체적으로 말하면, 고도의 인지 기능과 특히 사회적 기능을 처리하는 곤충 전대뇌 중앙부의 버섯체가—더 크다. 게다가 각각의 종 안에서도 사회성이 좀 더 큰 개체(여왕벌처럼)는 사회성이 떨어지는 개체(일벌처럼)보다 뇌가 더 크다. 심지어 물고기한테도 이와 유사한 가설이 적용될 수 있다.

영장류 그리고 어쩌면 다른 포유류의 몇몇 과들에서 (특히 코끼리 과와 말 과의 종들에서) 사회적 뇌 효과는 한 종의 뇌 크기와 평균적인 사회적 집단의 규모 사이의 관계를 정량적으로 나타낸다고 해석할 수도 있다. 왜냐하면 이 종들 모두가 '사회적 관계들'로 집단을 형성하기 때문이다. 여기서 말하는 '사회적 관계'는 우리가 우정으로 간주하는—감정적으로 강력하고 밀접하게 연결되어 있으나 섹스나 번식 활동은 포함하지 않는—관계일 수도 있다. 이런 관계는 사슴이나 영양과 같이 무리를 지어 다니는 대부분의 포유류들에서 발견되는 다소 느슨하고 자유분방한 관계들과는 본질적으로 다르다. 영장류의 '우정'은 암수 한 쌍 관계에 비견할 만하며, 다른 포유류와 조류의 생식을 위한 짝짓기 못지않게 그 관계를 유지하는 데에도 엄청난 뇌 활동이 필요하다. 따라서 한 개체가 관리할 수 있는 '우정'의 수는 그 개체의 뇌가 얼마나 크냐는 단순한 기능적 문제로 볼 수 있다.

사회적 뇌 가설은 집단 규모를 제한하는 인지적 한계로 영장류에서 더욱 명확하게 드러난다. 집단 규모와 뇌 크기 사이에 연관성이 있는 까닭도 이 때문이다(그림 3.1). 최근에 봇물 터지듯 쏟아진 뇌 영상 연구들을 통해, 인간이든 원숭이든 뇌의 중요 영역의 절대적 부피와 한 개체가 갖는 (페이스북의 친구 수를 포함하여) 사회적 관계망 크기의 관련성이 입증되면서 사회적 뇌 가설은 더욱 폭넓은 지지를 얻고 있다. 중요한 것은 뇌 영상 연구들이 한 종 내의 개체들을 비교함으로써 사회적 뇌 가설이 종 수준뿐만 아니라 개체 수준에도 적용된다는 사실을 입증했다는 점이다.

이 책 전반에 막연하게 '뇌 크기'라는 용어를 사용했지만, 실제로 집단 규모와 관련이 있는 뇌 영역은 신피질(neocortex)이며, 비교연구와 뇌 영상 연구에서 입증한 바에 따르면 그중에서도 전두엽의 부피가 결정적인 영향을 미친다. 더 중요한 점은, 여기서 말하는 '관계'도 실제로는 '행동의 복잡성'과 뇌(즉 신피질) 크기 사이의 관계를 뜻하며, 집단의 규모 자체는 그 관계에서 파생된 일종의 출현 속성이라는 것이다. 쉽게 말해서, 한 개체가 관리할 수 있는 관계 수는 그 개체가 갖는 사회적 행동의 복잡성에 좌우되며, 이는 다시 그 개체의 (결국은 뇌 크기와 마찬가지인) 인지 능력에 따라 결정된다. 영장류에서는 뇌 크기에 따른 결과들이 상당히 뚜렷하게 나타난다. 가령 그루밍 파벌 크기, 동맹, 속임수, 수컷 개체가 이용하는 각종 짝짓기 전략, 표정과 목소리의 다양성과 복잡성 같은 몇몇 행동 지표들도 신피질 부피와 관련이 있다. 편의상 집단의 규모를 사회적 복잡성을 나타내는 지표로 간주한다. 이는 규모가 큰 집단에 암수 한 쌍을 이룬 개체가 더 많이 존재하는 것이 분명하고, 소규모 집단의 암수 한 쌍보다 관계 충성도도 더 높기 때문이다. 그보다 더 중요한 점은 집단의 규모가 개체들의 행동적, 인지적 능력과 외부 환경이 조율된 (결과적으로는 동물이 생태적 문제들을 해결하는 방식이겠지만) 접점일 수도 있다는 것이다.

   사회성이 뇌 진화를 추동한 주요한 원인인 듯하지만, 동물의 생태학과 생활사의 다른 측면들도 뇌 크기와 관련이 있다.[1] 이런 측면들이 대부분 뇌의 성장에 제약으로 작용하기 때문이다. 뇌 조직은 오로지 성장기 동안에만 일정한 속도로 발달하기 때문에, 더 큰 뇌를 가지고 싶다면 뇌가 발달하는 시간을 늘리는 수밖에 없다. 지름길은 없다. 다시 말해, 적어도 포유류에서 뇌를 더 크게 진화시키려면 임신과 수유 기간을 늘려야 한다는 의미다. 그리고 프로그램이 없으면 컴퓨터가 무용지물이 되듯, 뇌가 역동적이고 끊임없이 변화하는 사회의 미묘한 문제들을 해결할 수 있으려면 (특히 수유 기간에서 생식을 시작하는 시기까지, 뇌가 프로그래밍 되는) 사회화 기간을 더 늘려야 한다. 인간을 대상으로 한 뇌 영상 연구가 보여주는 결과에 따르면, 우리의 뇌가 복잡다단

한 사회적 문제들을 해결하는 방법을 찾을 수 있도록 프로그래밍 되기까지는 무려 20년에서 25년이나 걸린다.

뇌는 성장과 유지에 엄청난 비용이 드는 사치품이다. 인간 성인의 경우 매일 섭취하는 전체 에너지의 약 20%를 뇌가 소비한다. 우리 몸 무게에서 고작 2%밖에 차지하지 않는 뇌가 전체 열량의 20%를 소비하는 것이다. 그것도 우리가 반드시 해야 하는 일을 분주하게 처리할 때의 에너지 비용은 고려하지 않은 것이다. 우리는 그저 뇌를 살아 있게 만드는 데에만 무게 대비 예상치보다 10배가 넘는 에너지를 소모한다. 그러므로 이런 뇌에 연료를 공급할 수 있을 만큼 충분한 식량을 획득하려면 효율적인 수렵-채집 전략들이 절실해질 수밖에 없다. 일부 식량(특히 식물의 잎)은 한 종이 뇌를 더 크게 진화시키기 위한 식량으로 이용하기에는 영양도 빈약하고 소화 시간도 지나치게 길다. 즉 식단을 바꾸지 않으면 안 된다. 특정한 식단이 한 종의 인지 활동, 궁극적으로는 사회 활동을 제한한다는 점에서, 식물 섭취는 일종의 회색 천장이라고 볼 수 있다(뇌의 회색 물질 부분이 관련되어 있기 때문이다).

원숭이와 유인원은 (특히 유인원 영장류는) 전전두엽피질 부위에 완전히 새로운 영역을 진화시켰다는 점에서 (원원류 영장류를 포함한) 다른 모든 포유류와 다르다. 신경심리학자 딕 패싱햄(Dick Passingham)과 스티븐 와이즈(Steven Wise)는 함께 쓴 독창적인 책에서 전전두엽 부위가 유인원 영장류에게만 있는 새롭고 정교한 인지 능력들과 관련이 있다고 주장한다. 수시로 일어나는 인과를 비약적으로 추론하는 능력(단일시행학습능력을 말한다), 행동이 야기할 결과들을 계획하고 비교하는 능력들이 여기에 포함된다. 뇌 영상 연구는 여기에 또 다른 중요한

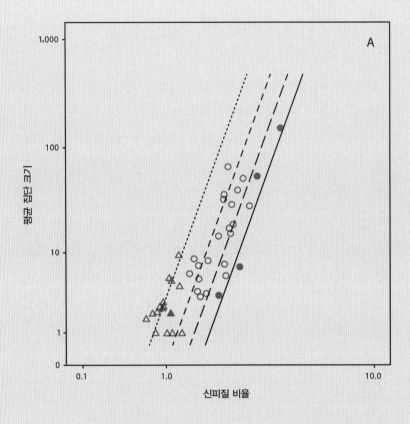

그림 3.1
사회적 뇌 가설. A는 종의 평균 집단 규모와 신피질의 비율을, B는 종의 평균 집단 규모와 전두엽의 비율을 나타낸 것이다. 신피질 비율과 전두엽 비율은 모두 뇌의 하부 피질 영역에 대한 상대적인 비율이다.

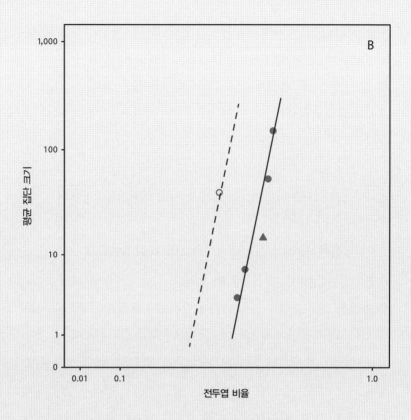

●과 직선 : 유인원

○과 점선 : 원숭이(사회–인지 능력 수준에 따라 두 개의 점선으로 나눠 나타낸 것이다).

△와 가장 가는 점선 : 원원류

▲ B에서는 오랑우탄을 표시한 것이다. 여기서 원숭이는 마카크원숭이다.

Dunbar(2010)

부위가 관여하면서 특별한 연쇄적인 인과 고리를 형성한다는 사실을 밝혀냈다. 안와전두피질의 부피가 심리화 역량을 결정하고, 심리화 역량은 다시 사회적 관계망의 크기를 결정한다는 것이다. 그렇기 때문에 그림 2.4에서와 같이 원숭이와 유인원 그리고 인간의 심리화 능력의 극적인 차이가 실은 각 종이 (그리고 그림의 사선 중간 어디쯤에 있을 화석 호미닌 종들이) 사회적으로나 문화적으로 무엇을 할 수 있는지를 함축적으로 보여준다고 할 수 있다. 여기에 대해서는 8장에서 좀 더 자세히 살펴보겠다.

전전두엽피질은 충동적 반응을 억제하는 능력과도 (전문 용어로는 우세 반응 억제라고 한다) 관련이 있어 보인다. 충동적 반응을 억제함으로써 동물은 당장 눈앞의 이득을 손에 쥐기보다 보상을 나중으로 미룰 수 있다. 다른 종에 비해 인간이 특히 더 잘하는 일이긴 하다. 동맹관계로 연결된 큰 사회적 집단에서 살아가기 위해서는 이런 식으로 보상을 뒤로 미루는 능력이 필수적이다. 집단의 성원 각자가 당장 케이크를 먹고 싶다는 이기적인 욕망을 기꺼이 포기할 수 있어야 모두가 공평하게 나누어 먹는다는 대의를 실현할 수 있기 때문이다. 전두엽이 큰 종은 충동을 억제하는 능력—다른 누군가의 행동으로 모욕감을 느낄 때, 순간적으로 이성을 마비시키고 분노 반응을 야기할 수 있는 극도의 불쾌감을 억누르는 능력—이 더 크다.

인간과 사회적 뇌 ——

우리의 이야기는 사회적 뇌 가설이 제공한 공식을 이용해서 뇌 크기로 사회적 집단 규모를 예측할 수 있다는 전제를 바탕으로 한다. 그렇다면 사회적 뇌는 현생인류에 대해 어떤 이야기를 들려줄까? 다시 말해서, 우리의 진화 이야기가 닿을 결말은 어디일까?

각 종의 신피질 비율과 평균 집단 규모는 그림 3.1처럼 평행선을 그리며 비례한다. 그중에서도 가장 바깥쪽의 유인원이 특히 더 뚜렷하게 비례 관계를 보인다. 실제로 그래프의 왼쪽에서 오른쪽으로 갈수록 사회-인지 복잡성 수준이 향상하고 있음을 알 수 있다. 인간은 유인원 과에 속하므로, 인간의 집단 규모를 측정할 때는 영장목 전체로 보기보다는 유인원 등급의 공식을 이용해야 할 것이다. 현생인류의 신피질 비율을 유인원 공식에 대입하면, 대략 150명으로 이루어진 집단 규모를 예측할 수 있다. 인간이 정말 그렇게 작은 공동체 안에서 살까?

실제로도 그런 것처럼 보인다. 수렵-채집 사회를 대상으로 한 인구 조사 자료가 그 한 본보기다. 이 사회들은 진화 역사의 대부분 기간에 우리 종이 속했던 사회 조직의 규모를 보여준다. 인간의 뇌 크기가 최근 20만 년 동안 크게 달라지지 않았다는 점에서 현대의 수렵-채집 사회는 집단 규모 예측을 검증하는 데 더없이 적절한 위치에 있다. 사실상 인구 조사는 사람들의 분포 양상을 하향식으로 조망하고, 그 공동체의 공간적 구조를 묘사한 것이다. 대부분의 영장류가 그렇듯, 수렵-채집인들은 몇 개의 포괄적 계층으로 구성된 다층적 사회 구조 안에서 살아간다. 수렵-채집 사회는 가족, 야영 집단(또는 무리), 공동체(또는 씨족), 동족결혼 공동체(또는 큰 무리), 민족 언어 집단(또는 부족)으로 구성된다. 그림 3.2는 수렵-채집 사회에서 가족 단위 이상인 계층의 크기를 나타낸 것이다(가족 단위는 사회적 뇌 가설과 연관 짓기에는 크기가 너무 작다). 반박할 수 없을 만큼 명백한 사실은 여러 계층 가운데 단하나의 집단, 구체적으로 말하면 내가 '공동체'라고 정의한 집단만이 150개체로 구성된 전형적인 집단이라는 점이다. 대부분 수렵-채집 사회에서 이 계층의 집단은 마르지 않는 샘이나 성소와 같은 영역 또는 특별한 자원에 독점적인 접근권을 갖는 사람들로 구성된다. 또한 이 구성원들은 통과의례와 같이 보통 해마다 열리는 행사도 함께 모여서 치른다.

표 3.1은 인간의 다양한 사회 조직에서 약 150명씩 무리를 이루는 현상이 얼마나 흔한지 보여준다. 역사상 실재했던 마을의 규모, 기독교의 다양한 종파의 교구 규모, 그 밖에 기업이나 군대 조직의 규모 등을 그 예로 적시했다. 일례로 오늘날 군대 조직에서 독자적으로 행동 조치를 취할 수 있는 최소 단위는 중대인데, 이 조직의 평균 규모가 거의 정확하게 150명이다(대개 120명에서 180명 사이의 규모를 가진다).

또 한 가지 방법은 사람들에게 자신이 속한 모든 사회적 관계망을 기록하게 하는 것이다. 이 방법은 사실상 개인의 관점에서 출발하여 이 세상을 상향식으로 조망하는 방법이라고 할 수 있다. 일례로 우리는 크리스마스카드 발송 명단이나 주소록 명단 또는 개인에게 의미 있는 인맥 명단을 묻는 식으로, 개인의 사회적 관계망 규모를 여러 차례에 걸쳐 조사한 적이 있다. 크리스마스카드 발송 명단을 조사한 연구에서는 150명 집단 규모와 거의 근사한 평균 154명이었다. 제법 많은 수의 여성을 표본으로 인맥 규모를 조사한 연구에서도 그 상한치가 약 150명이었다. 트위터 공동체(트위터 이용자 170만 명을 표본 조사한

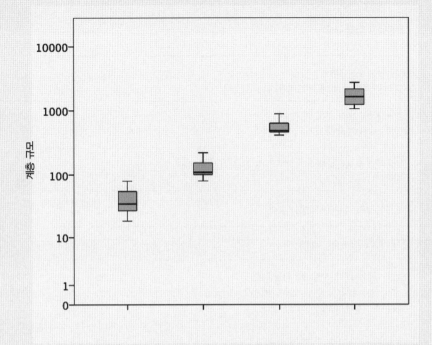

그림 3.2
소규모 수렵–채집 사회와 식물 재배 사회의 주요 집단 계층들의(50%에서 95% 범위까지 나타낸) 평균 규모, Dunbar(1993)

전형적인 집단 규모

단위 : 명

신석기시대 마을들 (중동, BC6500~BC5500년 사이)	150~200
로마시대의 보병 중대 (BC350~BC100년 사이)	120~130
중세 영국의 토지대장에 기록된 평균 군 단위 마을 규모 (1085년)	150
18세기 영국의 군 단위 평균 규모	160
부족 사회(9개 부족) 평균 규모	148(90~222)
수렵-채집 사회(213개 사회) 평균 규모	165
후터 파 교구(51개) 평균 규모	107
네브라스카 아미시 파 교구(8개) 평균 규모	113
영국 국교회(예배 권장) 인원수	200
테네시 주 동부 산악마을 공동체 규모	197
사회 관계망('작은 세상' 효과를 검증한 실험에서 구한) 평균 규모	134
고어텍스 기업 평균 팀 규모	150
제2차 세계대전 참전국의 중대(10개) 평균 규모	180(124~223)
크리스마스카드 발송 명단(조사 대상 43명) 평균 규모	154
과학과 인문학 연구(13개 팀) 팀원 규모	100~200

표 3.1
과거와 현재에서 선별한 인간 집단의 평균 규모.

결과, 서로를 팔로우하고 의견을 주고받는 범위)와 전자우편 공동체(전자우편 이용자 1,000만 명을 표본으로 서로 전자우편을 주고받는 범위)를 분석한 다른 연구들에서도 상호작용하는 집단의 규모는 두 경우 모두 100명에서 200명 사이로, 전형적인 '공동체' 규모를 유지하는 것으로 밝혀졌다. 최근에 페이스북 이용자 100만 명을 대상으로 벌인 조사에서 '페이스북 친구' 수는 상당히 편향적이었다. 실제로 5,000명 정도의 친구를 가진 이용자도 없진 않지만, 500명 이상의 친구를 보유한 이용자는 소수에 불과했고, 대다수 이용자가 150명에서 250명 안팎의 친구를 가지고 있었다(물론 이 경우에도 모든 페이스북 친구들을 실제로 알고 있다고는 장담하지 못했다!).

사회적 뇌 가설이 150명으로 구성된 '자연적인' 현생인류 공동체를 예측하고, 이 예측에 대해서 체계적인 증거뿐만 아니라 상당히 많은 우발적인 증거들이 있다는 점을 고려하더라도, 이야기를 더 진행하려면 그전에 우리가 반드시 결정해야 할 일이 있다. 즉 광범위한 화석 호미닌 종들을 다룬 예측에 어떤 수준의 사회적 뇌 공식을 적용해야 하느냐다. 이 결정에 따라, 우리가 인간 진화의 단계별 호미닌의 행동 양상을 평가할 기준틀이 바뀔 수도 있다. 먼저 뇌가 두개골 전체를 점유하지 않는다는 사실을 고려하여 두개골 부피를 결정해야 할 것이다. 여기서 한 가지 주의할 점은 한 종에 작용하는 생태적 압력에 따라 뇌의 영역별 진화 속도가 다를 수도 있다는 점이다. 고릴라와 오랑우탄이 그 좋은 예다. 이 두 유인원은 뇌의 총 부피에 비해 신피질 부피가 의외로 작은 반면, 소뇌는 훨씬 더 크다.[2] 이는 필시 숲 속의 3차원적 환경에서 커다란 몸집을 가눠야 했기 때문일 것이다. 따라서 이 두 종에 두개골 부피를 액면 그대로 적용한다면 신피질 부피를 (또는 더 최악은 전두엽 부피를) 과대평가하는 꼴이 될 수 있다. 이는 결과적으로 사회적 집단 규모 역시 과대평가될 수 있다. 소뇌는 다른 무엇보다 몸의 균형을 잡는 역할을 담당하는데, 네 발 영장류보다 두 발 인간의 소뇌가 비교적 더 큰 까닭도 두 발로 걷는 동안 균형을 유지하기가 특히 더 어렵기 때문이다. 바꾸어 말하면, 두발 보행이 표준이 되기 전의 화석 호미닌 종들의 집단 규모를 평가하면서 두개골의 부피를 그대로 이용하면, 자칫 과대평가될 위험이 크다는 뜻이다. 하지만 일단 지금은 이런 위험의 소지를 무시하고, 두개골 부피가 화석 호미닌 종들의 공동체 규모에 대해 들려주는 이야기에만 귀를 기울여보자.

우리가 두개골 부피를 이용해서 각각의 화석 호미닌 종들의 집단 (또는 공동체) 규모를 평가할 때, 대형 유인원의 사회적 뇌 공식을 적용하면 그림 3.3과 같은 그래프를 얻는다. 물론 이 자료는 단순히 두개골 부피에서 일어난 변화를 표시한 것이지만(그림 1.3 참고), 우리가 눈여겨보아야 할 점은 각각의 호미닌 집단에서 나타나는 공동체의 다양한 계층뿐만 아니라 공동체 규모에 대해서도 구체적인 값을 제공한다는 점이다. 그러나 우리의 프로젝트에서 정말 중요한 것은 결과적으로 모든 호미닌 종들이 각기 전형적인 규모의 공동체를 응집력 있게 유지했음은 물론이고 시간 예산 문제들을 해결했다는 점이다. 지금까지 줄곧 고인류학자들은 그림 3.3과 같은 자료가 실제로 아무런 의미가 없다고 평가해왔다. 화석 호미닌 종들이 현생인류와는 매우 다른 방식으로 행동했고, 따라서 뇌도 매우 달랐다고 여겼기 때문이다. 하

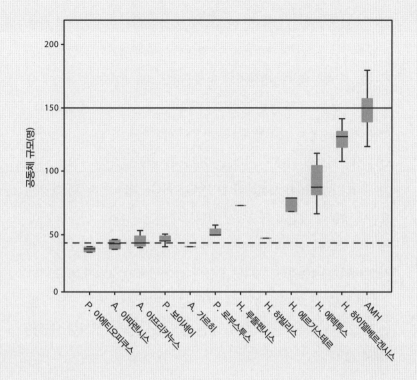

그림 3.3
그림 1.3에 나타난 두개골 부피를 신피질 비율로 환산하고, 그림 3.1의 유인원 공식에 대입하여 예측한 주요 인간 종의 (50%에서 95% 범위까지 나타낸) 평균 공동체 규모. 가로로 그은 선은 현대의 인간 공동체 규모(150명)를 나타낸 것이고, 점선은 침팬지의 평균 공동체 규모를 표시한 것이다. 여기서 네안데르탈인은 빠져 있는데, 이에 대해서는 6장에서 논의할 것이다.

지만 자료가 내놓는 값들이, 현재까지 그 정확한 규모가 알려진 침팬지와 현생인류 집단과 일치한다는 점에서 그들의 평가가 특별히 타당하다고 볼 수는 없다. 침팬지와 현생인류(그리고 현존하는 모든 영장류)와 달리 그사이 수백만 년 동안 화석 호미닌 종들이 신기하게도 다른 모든 (현생인류를 포함한) 영장류와 완전히 다른 종류의 뇌를 가지고 있었다거나 사회의 양태가 전혀 달랐다고 주장할 명확한 근거를 가진 게 아니라면, 우리가 해결해야 할 문제는 하나로 좁혀진다. 즉 다양한 호미닌 종들이 집단의 규모에서 침팬지와 현생인류라는 양극단 사이에 어떤 식으로 분포되었느냐는 것이다. 상상을 최대한 배제하고 가장 인색하게 추측하면, 호미닌 종들의 집단 규모가 오로지 뇌 크기의 변화만을 따랐으리라는 것이다. 달리 믿을 만한 원칙적인 근거가 없는 한 그렇다. 물론 지금까지 또 다른 원칙적인 근거를 제시한 사람은 아무도 없다.

공동체다운 공동체 ——

여기서 잠시 숨을 고르면서, 인간의 사회적 뇌 이야기에 눈엣가시처럼 따라붙는 성가신 문제 하나를 해결해보자. 지금쯤이면 당신은 150명 정도의 이름을 봉투에 적고 우표를 붙여서 카드를 보내는 일이 인간으로서 매우 자연스러운 인맥 관리라고 생각할 수도 있다. 안타깝지만 실제로는 전혀 그렇지 않다. 사회적 뇌 가설이 인간의 자연스러운 집단 형성 규모를 매우 구체적으로 예측하는 도구이고, 또 이를 확증할 만한 꽤 의미 있는 증거도 있긴 하지만, 그 정도로는 현생인류의

'진정한' 공동체 규모가 얼마인지를 두고 벌어지는 논쟁까지 없애지는 못한다.

일반적으로 고고학자들은 고고학적 기록에서 관찰되는 유일한 공동체 유형이 야영 집단이라고 주장한다. 또한 꽤 오랫동안 고고학계에서는 이런 야영 집단을 당시의 수렵-채집인들의 가장 기본적인 사회 단위로 정의하는 것이 관행이었다. 야영 집단은 대개 지역 환경과 관련된 경제활동 규모에 따라 구성원 수가 30명에서 50명까지 다양하다. 이와는 정반대로, 일부 사회학자는 전통적인 사회에서 부족 형태로 응집하는 본성이나 일부 사람들이 인터넷 사회 관계망 사이트에서 형성하는 '인맥' 규모를 예로 들면서, 자연적으로 형성되는 인간 집단 규모가 150명보다는 훨씬 더 크다고 주장한다. 후자의 관점에서 자연적인 공동체 규모는 200명보다 훨씬 크고, 심지어 500명에서 1,000명까지도 가능하다.

관점이 다양하다는 것은 그 자체로는 흥미롭지만, 우리에게는 골치 아픈 문제를 던져준다. 우리가 자연적인 인간 집단의 규모를 정확히 알지 못하는 한, 호미닌의 행보가 어떤 목적을 향했는지 알 수 없기 때문이다. 실제로 고고학자들의 견해가 옳다면, 그래서 50명으로 이루어진 무리가 기본적인 인간 공동체라면, (평균적으로 55개체로 이루어진 공동체를 형성하는) 침팬지에서 갈라져 나온 이후 우리는 진정한 의미의 사회적 진화를 하지 않은 셈이 된다. 그러니까 더 이상 설명할 게 없다는 의미다. 그렇다면 대체 나는 이 책을 뭣 하러 쓴단 말인가! 반대로 사회학자들이 옳다면, 그래서 자연적인 인간 집단의 규모가 더 크다면(또는 자연적인 집단의 규모 같은 게 아예 없다면), 150명 규모를 강조하는 사회적 뇌 가설은 애초부터 우리를 엉뚱한 방향으로 이끌고 있는지도 모른다.

사실, 이 명백한 딜레마의 해결책은 매우 간단하다. 민족지학적인 증거가 말하는 인간의 사회적 조직체의 기본 단위는 수렵-채집인들의 야영 집단(무리)이 아니다. 왜냐하면 그런 집단들은 실제로 매우 불안정하기 때문이다. 이 무리에는 개인이나 일가족이 합류하거나 이탈하면서 몇 개월 단위로 구성원이 바뀐다. 중요한 점은 어느 일가족이 다른 야영 집단에 합류할 때도 기실은 150명으로 구성된 공동체(연합된 공동체 또는 씨족) 내에서 야영 집단을 바꾼다는 의미이지, 아예 다른 공동체의 야영 집단에 합류하는 것은 아니라는 사실이다(물론 아주 극단적인 생태적 압력을 받거나 공동체에서 추방된 경우가 아니라면 말이다). 한편, 오늘날의 수렵-채집인을 포함하여 대다수 우리는 150명 이상의 사람을 알고 있고, 150명 규모의 관계망 내부에 속한 사람과 외부 사람들을 뚜렷하게 구분하는 듯 보이는 것도 사실이다. 일반적으로 우리는 150명 규모의 관계망 층 밖의 사람들을 '지인'으로 간주한다. 즉 친구도 아니고 의미 있는 관계를 맺고 있지도 않지만, 일면식이 있는 '아는' 사람들로 여기는 것이다. 우리가 최근 10년 동안 실시한 연구에 따르면, 150명 규모를 한정하는 경계선은 매우 선명하다. 경계선 내부에는 오랜 추억을 공유하고 신뢰와 의무와 호혜가 수반되는 관계를 바탕으로 알고 지내는 사람들이 있다. 쉽게 말해, 부탁을 받으면 두 번 생각할 것도 없이 내 일인 것처럼 도와주는 사람들이다. 이와 반대로, 150명 규모 바깥사람들과의 관계는 좀 더 우발적이고 일방적이며, 대개는 공유하는 추억도 빈약하다. 게다가 확실히 우리는 이 바깥사람들에게 덜 관대하다. 그렇다. 우리는 언제든지 페이스북 페이지에 '친구'를 추가할 수 있지만, 그렇다고 진짜 '우정'이 더 만들어지는 것은 아니다. 우리가 하는 일은 그저 페이스북 인맥을 (500명 규모 정도의) 지인 층으로 확장하는 것이며, 그 정도 인맥은 대면 현실에서도 자연스럽게 형성할 수 있다.

요컨대, 다른 사람들이 정의했던 또 다른 규모의 집단도 틀림없이 존재한다. 실제로 그림 3.2와 같이 일련의 계층을 이루며 포괄적으로 집단이 형성될 수 있다(그림 3.4도 참고). 사회적 뇌 가설에서는 특히 원숭이와 유인원의 자연적인 집단 규모와 맞먹는 150명 규모를 현생 인류의 자연적 집단 단위로 정의한다. 다른 연구팀이 그래 왔던 것처럼, 다른 규모의 집단을 더 중요하게 여길 수 있지만, 실제로는 그 성격부터가 매우 다르다. 나중에 살펴보겠지만, 사회적 관계의 속성과 유형도 매우 다를 뿐만 아니라, 각각의 집단은 기능 면에서 차이가 크다. 8장에서 살펴보겠지만, 150명 규모의 집단을 주장하는 데는 또 다른 분명한 사회적 근거가 있다. 우리가 동질감을 인정하는 내부인의 경계가 바로 150명 규모다(지금까지 인간의 어떤 문화도 150명 규모 바깥의 거주자에게 동질감을 느끼지는 않았다). 결론적으로 말하면, 이 150명 규모의 집단이 사회적 뇌 관계에 대응하여 영장류가 형성한 자연스러운 사회적 집단이다. 물론 우리가 고려해야 할 대상도 바로 이 규모의 집단이다.

영장류 사회의 구조적 복잡성 ──

우리는 사회적 집단이라고 하면 대개 사회적으로 비슷한 부류의 사람들이 모인 (모두가 서로 친구인) 집단을 연상하는 버릇이 있다. 대다수 종의 사회적 집단은 이와 유사한 양상을 띠지만, 실제로 규모가 큰 영장류 집단은 인간이 공동체를 이루는 방식처럼 매우 세분되어 있다 (그림 3.2). 바로 이런 (그루밍 파트너 못지않게 중심적인 개체들에 더 많은 관심을 보이면서 형성되는) 세분된 구조 덕분에 영장류는 규모가 큰 집단에서 생활할 수 있는 것으로 보인다. 이런 식으로 형성된 동맹이 2장에서도 살펴본 큰 집단 안에서 생활하는 데 따르는 비용을 완화해주기 때문이다. 하지만 한편으로, 세분된 구조가 일으키는 사회적 복잡성은 인지적 부담을 가중시켜 결과적으로는 유인원 영장류에 특유의 속성을 갖게 한 원인이 되었다.

　그림 3.2에서처럼, 수렵-채집을 함께 하는 공동체는 다층적 계열 구조의 한 층이 분명하다. 그 점에서 수렵-채집 사회는 모든 인간 사회의 전형적인 모델이며(우리는 모두 이런 다층적 계열 구조 안에 살고 있다), 알려진 대로 대다수 원숭이와 유인원의 모델이기도 하다. 그림 3.2는 일련의 민속지학적 자료들로 집단의 규모를 분석하고, 프랙털 (차원분열 도형) 수학 기법을 이용해 자료 안에서 나타나는 반복적 패턴을 표시한 것이다. 보다시피 사회 구조를 이루는 계층들은 매우 뚜렷하게 비례적 패턴을 보였다. 각 계층은 바로 전 단계 계층 규모의 세 배다. 현재의 수렵-채집 사회는 50, 150, 500, 1,500명 규모의 집단이 다층적 구조를 이루고 있다. 즉 약 50명가량의 야영 집단 세 개

가 모여 연합된 공동체(또는 씨족)를 이루고, 연합된 공동체 세 개가 모여 동족결혼 공동체(또는 큰 무리)를 이룬다. 동족결혼 공동체 세 개가 연합하여 민족언어 집단(또는 부족)을 형성한다. 크리스마스카드 발송 명단으로 접촉의 빈도에 따라 (150명 집합 안에서 관계 친밀도에 초점을 맞추어) 분류하면 정확히 똑같은 패턴을 얻을 수 있다. 접촉 빈도가 높은 순서로 배열하면, 안쪽 층부터 5, 15, 50, 150명으로 거의 정확하게 세 배씩 규모가 커진다. 따라서 이 두 자료를 이어서 보면, 자연적으로 형성된 집단의 계층은 5명으로 이루어진 가장 안쪽 계층부터 1,500명으로 이루어진 가장 바깥쪽 계층까지 매우 뚜렷한 패턴이 나타난다. 어림잡아서 5-15-50-150-500-1,500 규모다. 참으로 고맙게도, 다른 수렵-채집 사회를 대상으로 벌인 또 다른 연구에서도 똑같은 패턴이 나타났다.[3] 더욱 흥미로운 점은, 복잡한 사회를 이루고 사는 다른 포유류 종(침팬지, 개코원숭이, 코끼리, 범고래 등)의 계층적 사회 구조에서도 이와 유사한 패턴이 나타난다는 것이다. 따라서 이 패턴이 복잡한 사회 구조를 가지는 포유류에 광범위하게 나타나는 특징이라는 점을 시사한다.

그림 3.4는 이 패턴이 개인의 관점에서 어떻게 나타나는지 보여준다. 가령, 가장 안쪽 동심원에 당신이 있다고 가정하면, 점진적으로 더 많은 사람이 포함된 층이 차례로 둘러싸는 형국이다. 인간 사회의 경우, 가장 안쪽 층의 5명은 절친한 친구들, 그다음 층의 15명은 친한 친구들, 그다음 층의 50명은 좋은 친구들로 볼 수 있다. 그리고 그냥 친구들이 150명쯤 되고, 그다음 층의 500명은 지인이다. 맨 바깥쪽의 1,500명은 이름과 얼굴을 대조할 수 있는 정도의 사람들이 차지한다.

현재 우리 사회에서 150명 규모 이내의 네 개 층은 대체로 가족이 절반을 차지하고 나머지 절반이 친구들이다. 그리고 150명 규모 이외의 층은 우연히 알게 되거나 일면식이 있는 정도의 사람들로 이루어진다. 가족이 여기에 속하는 경우는 거의 드물다. 한 가지 명백한 가설은 호미닌의 사회적 진화가 50개체로 구성된 침팬지의 핵심 공동체에서 출발하여 150, 500, 1,500 순으로 점진적으로 계층을 확대해나가는 과정이었다는 것이다. 하지만 규모의 증가가 왜 거의 정확히 세 배수가 되어야 했는지는—영장류와 코끼리, 범고래에서도 똑같은 비율이 발견됨에도 불구하고—여전히 알 수 없다.

　사회 구조의 복잡성 수준이 다른 종들의 차이점은 관계망 층 자체의 규모보다는 관계망 층의 개수에 있는 것처럼 보인다. 예컨대, 인간의 경우에는 한 사회의 구조가 여섯 개 계층으로 이루어진 데 반해, 침팬지와 개코원숭이는 계층이 단 세 개뿐이다. 덜 영리한 것이 분명한 콜로부스원숭이 사회는 단 하나의 (기껏해야 두 개 정도의) 계층만 있다. 다층적 사회 구조를 유지하는 능력은 한 종이 동시에 여러 개의 집단을 관리하고 조직할 수 있을 만큼 사회적 인지 능력이 발달했느냐에 달려 있다. 결국 이런 일이 요구하는 심리화 능력을 수용할 만큼 충분히 큰 뇌를 가졌느냐가 관건이다(그림 2.4 참고). 비교분석 연구는 이에 대해 몇 가지 간접적인 증거를 제시한다. 보구슬라브 파블로브스키와 내가 영장류 전반에서 발견한 사실은, 신피질의 부피가 더 큰 종이 작은 종보다 상반된 두 가지의 사회적 전략(개체의 지배권과 사회적 동맹)을 통합시키는 능력이 뛰어나다는 점이다. 토르 버그만(Thore Bergman)과 하신타 비너(Jacinta Beehner)는 아주 훌륭한 현장 연구를

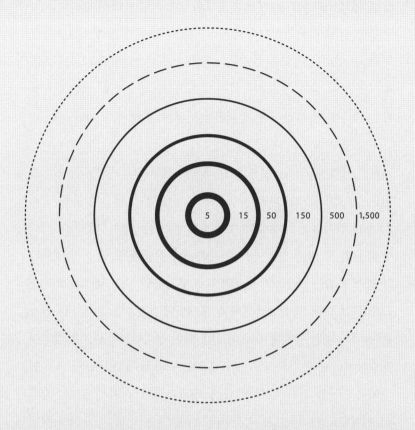

그림 3.4

관계망 층. 우리의 사회적 관계망은 각 층이 세 배수로 커지는 일련의 다층적 구조를 이루고 있다. 150명 규모의 관계망 층 바깥쪽에도 최소한 두 개의 관계망 층이 존재하는데, 하나는 지인들로 구성된 500명 규모의 관계망 층이고, 그다음 층은 이름과 얼굴을 대조할 수 있는 정도의 사람들로 구성된 1,500명 규모의 관계망이다.

통해 개코원숭이가 각 개체의 동류의식과 서열 순위에 대한 지식을 통합할 수 있을 뿐만 아니라 심리적으로 이 두 가지 상반된 전략을 구분할 수 있다는 사실을 증명했다. 콜로부스원숭이처럼 타고난 지적 능력이 조금 떨어지는 종은 이런 일을 할 수 없으므로, 집단을 이룰 때는 더 단순한 서열 순위 원칙만을 따른다. 이런 종의 집단이 더 작은 까닭도 어쩌면 이 때문인지 모른다.

이런 식의 구조화는 실제로 한 개체가 집단 내의 성원들과 상호작용을 (이 경우에는 그루밍을) 하는 범위를 반영한다. 인간의 경우, 우리가 쏟는 사회적 노력(달리 말하면 사회적 비용)의 40%가량은 가장 안쪽 층의 5명, 즉 가장 친한 친구와 가족에게 집중한다. 즉 가장 안쪽의 두 층에 속하는 15명에게 총비용의 60%가량을 쏟고, 나머지 40%는 그다음 두 층에 속한 135명에게 분배한다(그림 3.5). 샘 로버츠(Sam Roberts)와 내가 확인한 바에 따르면, 이런 상호작용의 빈도는 감정적 친밀함의 수준과 거의 일치한다. 우리는 18개월에 걸친 관계 변화 연구에서 친구들 간의 상호작용 빈도가 줄어들면, 각자가 느끼는 감정적 친밀함도 비례적으로 감소한다는 사실을 발견했다. 우리의 실험 자료를 추가로 분석한 자리 사라마키(Jari Saramaki)도 매우 흥미로운 결과를 발표했다. 확장된 사회적 관계망 안에서 각 개인이 사회적 비용을 (시간과 감정적 노력을) 분배하는 방식은 마치 지문처럼 매우 독특한 서명을 가진다는 것이다. 게다가 이 서명은 너무 뚜렷해서 관계망의 구성원이 (다른 지역으로 이사를 가는 경우처럼) 상당수 바뀌는 상황에서도 그 패턴이 그대로 보존된다.

원숭이나 유인원과 마찬가지로, 우리는 가장 중요한 계층에—우리

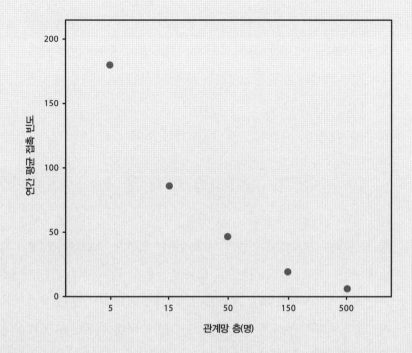

그림 3.5
영국과 벨기에 여성 251명의 사회 관계망 층을 대상으로 조사한 개별적인 구성원의 연간 접촉
빈도, Redrown from Sutcliffe et al.(2012), data from Roberts et al.(2007)

에게 감정을 비롯하여 다양한 지원을 제공하는 최측근의 핵심 구성원에게—사회적 노력을 집중한다. 하지만 그와 동시에 우리는 다소 밀도가 낮은 형태의 지원을 제공하는 다른 구성원과도 연결을 유지한다. 사회학 문헌들에서는 (미국의 사회학자 마크 그라노베터가 창안한 용어를 이용해서) 이를 '강한 인연'과 '약한 인연'이라고 구분한다. 여기서 주목할 점은 사회학 문헌들이 관계의 유형을 단 두 가지로 구분한 것과 달리, 그림 3.4는 네 가지 유형의 관계가 있음을 분명히 나타낸다.

이 자료는 원숭이와 유인원 집단에서처럼 인간이 맺는 관계를 촘촘히 연결하는 접착제로서 사회적 상호작용이 얼마나 중요한지 또 한번 보여준다(그림 2.1). 결과적으로 모든 영장류의 시간 분배와 관련된 문제에서 가장 쟁점이 되는 그루밍 시간의 중요성을 다시 한 번 상기시켜준다. 이제는 우리 이야기의 나머지 절반의 뼈대, 이른바 시간 예산 분배 문제를 논의할 때가 되었다.

시간이 왜 중요한가——

십수 년에 걸쳐서 줄리아 레만(Julia Lehmann)과 맨디 코르스텐스(Mandy Korstjens) 그리고 내가 함께 개발한 시간 예산 분배 모델은 앞으로 우리가 해나갈 작업에 두 번째로 중요한 기반이다. 이 모델은 화석 호미닌 종들이 각자 처한 환경에 어떻게 대처했는지 그 단초를 제공한다는 점에서, 앞으로 이어질 장에서도 매우 중대한 역할을 한다. 사회적 뇌 가설과 고인류학적 자료와 함께 시간 예산 분배 모델은 우리가 호미닌 종들의 사회적 진화를 이해하는 튼튼한 기반이 될 것이다.

시간 예산 분배 모델의 개념은 정말 단순하다. 이 개념은 에너지와 영양적 요구가 충당되고 사회적 집단의 결속을 확보할 수 있는 임의의 서식지에서 한 동물이 얼마나 오래 생존할 수 있는지를 관찰한 데서 출발했다. 영양적 요구는 식량 채집 활동(여기에는 식량을 찾아 이동하고 먹는 활동까지 포함된다)에 분배하는 시간으로, 사회적 결속은 종류를 막론하고 이를 보장할 수 있는 모든 활동에—영장류의 경우는 그루밍에—분배하는 시간으로 충당된다. 이제 한 가지 중요한 범주의 활동만 고려해 넣으면 된다. 이른바 휴식 시간이다. 여기서 말하는 휴식은 아무 일도 하지 않는 따분한 휴식이 아니다. 한낮의 과도한 열기를 피하기 위해 어쩔 수 없이 휴식을 취해야 하는 시간과 식물의 잎을 주로 먹고사는 종에게는 꼭 필요한 소화 시간이다.[4]

우리는 다양한 원숭이와 유인원을 대상으로 한 연구에서 얻은 자료를 바탕으로, 각 속의 동물이 식량을 찾아다니고 먹는 데 시간을 얼마나 투자하는지, 식사의 부분적 기능인 휴식에 얼마나 많은 시간을 분배하는지, 그리고 임의의 지역에서 그 지역의 기후와 사회적 집단 규모가 어떤 관계를 보이는지를 보여주는 공식을 개발했다. 우리가 해야 할 일은 정상적으로 깨어있는 시간(열대 지방의 원숭이와 유인원의 경우에는 12시간 정도) 중 생존에 필수적인 활동 시간을 뺀 나머지 시간이 얼마인지 계산하고, 그 여분의 시간 동안 (그루밍 시간과 집단의 규모의 관계를 나타낸 그림 2.1에 근거하여) 얼마나 큰 규모의 집단이 형성될 수 있는지를 결정하는 것이다. 이때 염두에 두어야 할 점은 한 종이 특정한 지역에서 셋이나 넷 정도의 개체로만 집단을 구성한다면 그 지역

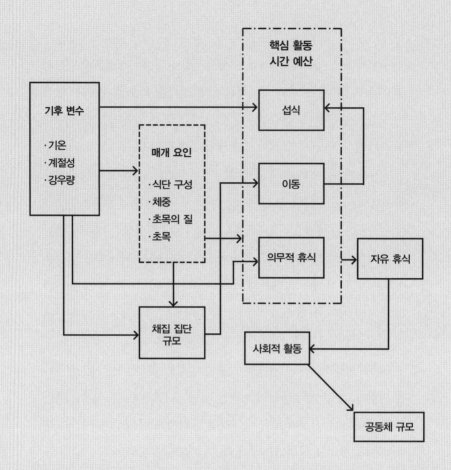

그림 3.6

시간 예산 분배 모델의 기본 구조. 기후와 한 종의 생리학적 적응은 섭식과 이동, 필수 휴식 시간에 분배해야 할 시간 예산을 결정한다. 필수 휴식 시간이란 한 동물이 높은 기온에 대처하고 소화를 시키기 위해 반드시 필요한 시간이다. 시간 예산에서 남은 시간은 (자유 휴식) 사회적 활동 시간으로 이용할 수 있으며, 이 시간이 한 동물이 한 서식지에서 유지할 수 있는 집단의 최대 규모를 결정한다.

영장류의 경우, 채집 집단 규모는 포식자를 방어하는 주요 기제로 작용한다. 대부분 종에서 채집 집단 규모와 전체 집단 규모가 같지만, (가령 침팬지와 같은) 이합집산 사회 조직에서 공동체는 더 작은 채집 집단들로 세분되기도 한다. 대형 유인원의 경우 채집 집단 규모는 이동 시간을 극적으로 증가시킬 수 있다. Dunbar et al.(2009)

에서 생존하기 어렵다는 점이다. 이유는 단순하다. 그 정도 규모로는 포식자의 위험에 대응할 수 없기 때문이다.

그림 3.6은 시간 예산 분배 모델의 가장 기본적인 개념과 작동하는 방식을 보여준다. 출발점은 특정 지역의 기후다. 기후는 시간 예산 분배 모델의 중요한 요인들을 직접 또는 (식물의 생장에 미치는 영향을 통해) 간접적으로 결정한다. 우리는 이 요인들에서 그 지역에 생존 가능한 집단의 최대 규모를 밝힐 수 있다. 모델은 아프리카 원숭이 과의 여섯 개 속과 남아메리카 원숭이 과의 한 개 속[5] 그리고 유인원 과의 네 개 속(긴팔원숭이, 오랑우탄, 고릴라, 침팬지)을 대상으로 했다. 속마다 공식이 조금씩 다른데, 이것은 모든 속이 저마다 체격과 생리학적 특징(특히 소화력)들이 다른 까닭이다. 가령, 원숭이는 덜 익은 열매도 잘 소화하지만 유인원(그리고 인간은!)은 소화하지 못한다. 다시 말하면 두 종의 식량 채집 방식이 다르다는 의미다. 우리는 주로 침팬지 모델을 이용하는데,[6] 이는 침팬지가 대형 유인원 혈통에서 분기할 무렵 조상 호미닌 종들의 자연적인 상태를 가장 잘 반영하기 때문이다.

우리가 이용할 모델에서 발견한 사실 가운데 특히 위안이 되는 점은, 기후를 결정하는 세 가지 변수만 알면 앞서 열거한 영장류 집단 각각의 시간 예산 요소들을 예측할 수 있다는 사실이다. 그 세 가지 변수는 강우량과 기온 그리고 계절의 변화를 알려주는 몇 가지 지표들이다. 기후 변수와 시간 분배와의 상관관계는 몇 가지 이유에서 우리에게 대단한 행운이다. 첫째, 이들 사이에 상관관계가 있다는 것은 달리 말하면 우리가 어떤 한 속에 대해 실망스러울 정도로 아는 바가 없어도 대륙 규모에서 일어난 이 속의 분포 양상을 꽤 정확히 예측할 수 있다는 의미다. 둘째, 세밀한 자료가 아닌 비교적 쉽게 짐작할 수 있는 기후 지표들을 이용하기 때문에 과거의 종에 대해서도 이 모델을 얼마든지 적용할 수 있다.

이 모델의 생태학적 측면들은 별로 복잡하지 않다. 가장 큰 요인은 아니지만 절대 간과해서는 안 되는 요인이 '사회적 상호작용 시간'이다. 이 요인이 임의의 한 종이 유지할 수 있는 사회적 집단의 규모를 직접 결정하기 때문이다. 영장류는 서로 그루밍을 해주면서 사회적 집단을 형성한다. 따라서 모든 영장류의 그루밍 시간은 각자의 집단 규모와 정비례한다(그림 2.1). 사회적 상호작용 시간과 집단 규모의 선형적인 비례 관계는 동물이 특정한 규모의 집단에서 살기 원할 때 그루밍에 시간을 얼마나 분배해야 할지를 결정하는 간단한 공식인 셈이다. 다른 활동에 필요한 시간을 고려한 상태에서, 어떤 한 동물의 집단 규모가 그루밍 시간 예산으로 충당할 수 없을 만큼 커지면, 이 집단 내의 동물들은 적당한 결속을 유지할 수 없을 것이다. 결과적으로 집단은 분열을 피하지 못해 둘 이상의 작은 집단으로 나뉠 수밖에 없다. 그런데 여기서 주목해야 할 점은 시간 예산 분배 모델이 특정한 서식지에서 살아가는 한 종의 사회적 집단의 규모를 '구체적'으로 알려주는 것은 아니라는 점이다. 대신, 시간 예산 분배 모델은 한 종이 임의의 서식지에서 유지할 수 있는 집단의 '최대' 규모를 예측하게 한다. 즉 반드시 예측한 규모의 집단을 이루며 살아야 한다는 강제가 아니라, (2장에서 보았듯, 그 정도 규모의 집단을 형성하는 데 드는 시간적 비용을 전제로) '가능한' 집단 규모의 '한계'를 알려준다는 의미다.

몇 가지 기후 변수에 바탕을 두었지만, 그럼에도 불구하고 이 모델은 각 종이 유지할 수 있는 집단 규모와 유지할 수 없는 집단 규모를 아주 훌륭하게 예측하는 것으로 밝혀졌다. 이미 우리는 대륙 규모에서 생물지리학적 분포가 잘 알려진 다양한 종을 대상으로 예측 정확성을 검증해보았다. 예컨대, 아프리카 대륙을 가로는 위도 1°, 세로는 경도 1°씩 작은 정사각형으로 나누고, 각 정사각형에 해당하는 기후상을 결정한다(일반적으로 광범위한 기후 모델을 참고한다). 그런 다음 적절한 모델 공식을 대입하여 각 정사각형 안에 서식하는 종의 집단 규모를 예측하고, 이를 실제 분포 결과와 비교하는 식이다. 예측은 기막히게 잘 맞는다. 사실 보존생물학에서 제시하는 가장 일반적인 생물지리학적 모델보다 약간 더 정확하다(아마도 시간 예산 분배 모델이 좀 더 정량적인 값을 내놓는 반면, 생물지리학적 모델은 이분법적으로 존재하느냐 그렇지 않느냐만 예측하기 때문일 것이다).

이 책에서는 유인원 모델에서 찾아낸 몇 가지 중요한 사실을 특히 더 비중 있게 다룰 것이다. 이를 잠시 살펴보면, 첫째, 대형 유인원의 생물지질학적 분포에 영향을 미친 결정적인 선택압은 이동(또는 채집) 시간이다(그림 3.7). 유인원의 경우, 두 가지 변수가 작용하여 이들의 이동 시간을 결정한 것으로 보인다. 서식지의 비옥함(그림 3.7에서 강우량으로 표시된 요인)이 하나고, 또 하나는 채집 무리의 규모다. 집단 내 개체 사이의 경쟁이나, 익은 과일만 먹을 수 있기 때문에 채집 지역이 매우 빠르게 고갈된다는 점도 부분적으로 영향을 미쳤을 것이다. 유인원은 습기가 많은 적도의 열대 지역에서 벗어나면, 특히 집단 전체가 채집에 나서는 종의 경우 이동 시간은 매우 빠른 속도로 증가한다(그림 3.7). 유인원의 서식지가 적도 인근의 협소한 지대로 제한되는

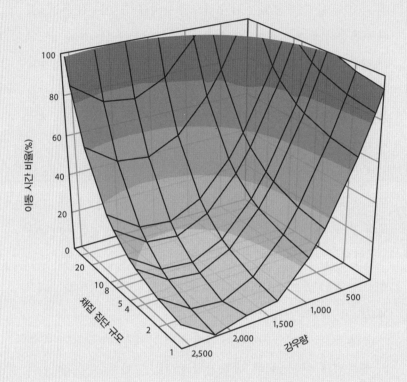

그림 3.7
대형 유인원들이 한 채집 지역에서 다른 지역으로 이동하는 데 걸리는 시간 비율. 임의의 서식지에서 침팬지를 모델로 예측한 집단의 이동 시간을 그래프로 나타낸 것이다. 여기서 함수는 채집을 함께 하는 개체 수와 서식지 품질이다. (여기서는 연평균 강우량(㎜)으로 표시했다. 강우량이 많은 서식지일수록 식량도 풍부하다.) 채집 집단 규모가 늘어나고 서식지가 건조해지면(사바나처럼 강우량이 적어지면) 이동 시간은 기하급수적으로 증가한다. 50에서 80개체로 구성된 전형적인 침팬지 공동체를 한 채집 집단으로 가정하면 하루 활동 시간 전부를 이동에만 분배해야할 것이다. 실제로 원숭이와 유인원 중 하루 활동 시간 중 20% 이상을 이동에 분배하는 종은 거의 없다. 이동에 분배하는 시간을 최대한 줄이기 위해 침팬지들은 소규모 채집 무리로 (대개 3에서 5개체로) 나누어 따로따로 채집에 나선다. Reproduced from Lehmann et al.(2007)

것도 이런 이유 때문이다. 이와 대조적으로 〔파피오(Papio) 속의〕 개코원숭이는 섭식 시간 비용(가령 1분당 섭취할 수 있는 식량의 양)이 주요한 압력으로 작용하는 반면, 이동 시간 비용에는 비교적 자유롭다(덜 익은 과일을 소화하는 능력 덕분일 수도 있다). 그 결과 개코원숭이 속 집단은 유인원 집단보다 훨씬 더 광범위한 지역에 분포한다. 사실 개코원숭이 속은 사막이든 빽빽한 밀림이든 가리지 않고 사하라 사막 이남 아프리카의 거의 모든 곳에서 살아갈 수 있다. 초기 호미닌 종들이 오늘날의 유인원보다 훨씬 더 광범위하게 분포한 점을 고려하면, 그들이 어떤 식으로 이런 압력에 대처했는지 궁금하지 않을 수가 없다.

둘째, 침팬지가 오늘날 우리와 함께 존재하는 유일한 종인 까닭은 매우 비싼 이동 시간 비용을 상쇄하기 위해 이합집산 전략을 활용할 줄 알았기 때문이라는 점이다. 이합집산 집단 내 개체들은 낮 동안에 더 작은 무리로 분열하여 채집 활동을 한다. 이 전략은 이동에 요구되는 시간을 대폭 줄여준다(그림 3.7). 침팬지 집단이 큰 집단 전체로 채집 활동을 해야 한다면, 현재의 서식지 어느 곳에서도 이동 시간을 감당하지 못할 것이다. 개코원숭이 속이 점유하고 있는 곳과 같은 건조한 서식지라면 침팬지들은 낮의 대부분을 이동에만 분배해야 할 것이다. 그럴 경우 사회적 상호작용은커녕 먹고 소화하는 시간도 턱없이 부족하다. 실제로 오늘날의 서식지에서도 침팬지가 유지할 수 있는 공동체 규모는 기껏해야 10에서 15개체로 이루어진 소규모인데, 이렇게 작은 규모가 아니라면 생존할 수 없다. 비교적 비옥한 열대 서식지의 침팬지도 이 문제가 적잖은 부담이 되는데, 그보다 생산성이 더 떨어지는 사바나로 모험을 감행한 호미닌 집단이 받은 부담은 말로 표현할 수 없었을 것이다.

셋째, 이 모델이 다음 세기에 기후 온난화가 가속될 경우에 벌어질 일을 미리 보여준다는 점이다. 식이 유연성이 부족한 유인원과 구세계의 초식 원숭이(아프리카의 콜로부스원숭이와 잎을 먹는 아시아의 랑구르원숭이)는 기온 상승에 대응하지 못하고 모두 멸종하고 말 것이다. 사실상 아프리카 유인원은 행동이나 식이 면에서 기후 변화에 적응하는 능력이 거의 한계에 이르렀다. 오랑우탄이 그 대표적인 예다. 빙하기 이후 지속된 온난화로 인해 지난 1만 년 동안 적도 부근으로 떠밀린 오랑우탄 채집 무리의 규모는 절대적 한계(단독 채집 활동으로)까지 줄어들었다. 그 결과 오랑우탄은 이미 (심지어 인간이 삼림 벌채로 멸종을 거들지 않아도) 멸종이 임박할 만큼 생존 한계선에 너무 가까웠다. 플라이오세를 지나 기후가 점차 건조해지면서 이와 비슷한 문제에 봉착했던 호미닌도 더 개방된 서식지로 이동하는 모험을 강행해야 했다.

넷째, 주요한 포식자들(사자와 표범)에 대한 침팬지들의 상대적 분포를 지도에 표시해보면, 실제 이들의 생물지리학적 분포와 일치한다는 점이다. 가령 침팬지는 아프리카의 대형 고양잇과 동물 중 어느 한 종에는 대처할 수 있지만 동시에 두 종의 맹수를 상대할 수는 없다. 앙골라와 콩고 남부의 넓은 지역 가운데 두 종의 맹수가 모두 서식하는 지역에서는, 설령 시간 예산 분배 면에서 전혀 문제가 없더라도 침팬지가 서식하지 않는다. 체격이 큰 유인원 종조차 포식의 위험이 그만큼 부담스럽다는 사실을 보여준다. 물론 초기 호미닌들도 이 문제를 피해갈 수 없었을 것이다.

지금까지 동물에게 시간이 얼마나 중요한지를 강조하기 위해 몇 가지 사실을 짚어보았다. 지역의 기후 때문에 어쩔 수 없이 한 가지 활동에 시간을 더 빼앗기는 경우, 동물들은 실질적으로 깨어 있는 시간 동안 더 많은 시간을 생존을 위한 활동에 분배해야 한다는 사실을 본능적으로 알아차린다. 시간을 절약할 수 없는 서식지에서는 살아남을 수 없다. 그만큼 시간 예산 문제는 절대로 가볍게 넘길 사안이 아니다. 한 종이 생존하느냐 멸종하느냐를 좌우하는 결정적인 요인이다.

2장과 3장에서는 진화의 맥락에서 현생인류뿐만 아니라 화석 호미닌 종들 각각의 위치를 밝힐 수 있는 기본 틀과 시간 예산 분배와 관련해서 어느 정도의 압력을 받았는지를 평가하는 데 필요한 도구를 제시했다. 먼저 각각의 종이 직면한 문제의 규모를 이해하고 나면, 시간 예산 분배 문제를 해결하기 위해 그들에게 주어진 선택이 무엇이었는지, 또 어떤 해결책을 선택했을 가능성이 얼마나 큰지, 조금 더 유리한 입장에서 해답을 찾을 수 있을 것이다. 다음 장들은 1장에서 정의한 다섯 단계의 전환점을 하나씩 다룬다. 사회적 뇌 가설이 한 종의 전형적인 공동체 규모에 대해 어떤 이야기를 들려주는지 살펴보고, 시간 예산 분배 모델을 이용해서 각 종이 당시의 거주지에서 살아남기 위해 어떤 변화를 선택해야 했는지 알아보기로 하자.

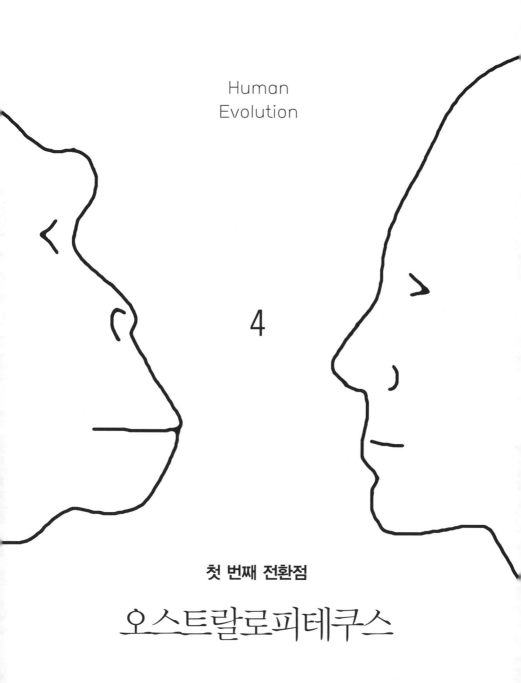

Human
Evolution

4

첫 번째 전환점

오스트랄로피테쿠스

지금까지 인간의 진화를 밝히기 위한 여정에서 가장 상징적인 순간은 1978년 화석 사냥꾼 메리 리키(Mary Leakey)가 장식했다. 탄자니아 북쪽의 라에톨리(Laetoli)에서 그녀가 발견한 발자국 화석은 360만 년 전의 것으로 추정되는데, 어른의 것으로 보이는 발자국 두 벌과 아이의 것으로 보이는 발자국 한 벌이 35m가량 이어지며 나란히 찍혀 있었다. 이들의 발자국은 근처에서 간헐적으로 폭발했던 사디만 화산이 토해낸 가벼운 화산재에 덮여 있었다. 화산재가 덮인 직후에 보슬비가 내려 재를 다져주었고, 그 위로 다시 화산 잔해가 켜켜이 쌓이면서 그대로 보존되었던 모양이다. 어른 두 명은 각자의 보폭을 유지하며 걷고 있었던데 반해, 아이의 발자국은 어른 발자국 양쪽을 왔다 갔다 하며 어지러이 걷고 있었다. 화석 발자국들은 오늘날 인간의 발자국과 거의 같았고, 유인원의 발자국과는 완전히 달랐다. 보폭이 비교적 짧고 발 모양이 완전히 찍힌 것으로 보아, 서둘지 않고 느긋하게 걸어간 듯하다. 이들이 걸어간 길의 한 지점에는 아프리카 초기의 말 발자국이 가로지르고 있었다. 이 장면은 마치 시간이 멈춘 것 같은 한 가족의 일상이 담긴 스냅 사진이었고, 실제로도 많은 사람이 그렇게 해석하고 싶은 유혹을 느꼈다.

사실 이 발자국들이 세상에 드러나기 반세기 전부터 이미 우리는 오스트랄로피테쿠스 속의 화석을 주무르고 있었다. 그보다 약 54년 빠른 1924년 남아프리카의 해부학자 레이먼드 다트(Raymond Dart)는 타웅(Taung)이라는 작은 마을 인근에서 한 광부가 발견한 화석들을 조사하다가 부서진 두개골 하나를 발견했다. 처음에는 개코원숭이 속의 두개골이라고 생각했지만, 세세한 부분을 조사하면서 다트는 완전히 새로운 사실을 발견했다. 그 두개골 화석은 원숭이의 것도 유인원의 것도 아닌, 초기 호미닌의 것으로 보였다. '타웅 어린이(Taung child)'라고 알려진 이 화석은 오스트랄로피테쿠스 속에 속하는 최초의 '원인(ape-man)'으로 밝혀졌다. 그 후 수십 년 동안 사하라 이남의 아프리카에서, 인간 진화 역사에 첫 장을 장식하는 이 결정적 시기의 것으로 추정되는 화석들이 대거 발견되었고, 인간 혈통의 계통수는 더욱 복잡해졌다. 하지만 아프리카 남부에서 발굴된 화석들이 초래한 진짜 중대한 결과는 인간 혈통을 다룬 그림의 판도를 완전히 바꾸어 놓았다는 점이다. 우리가 아시아에서 진화했다는 이전의 오랜 통념이 깨지고, 아프리카가 무대 중앙으로 올라서며 인간 진화의 요람으로 등극한 것이다. 그때부터 지금까지, 고고학적 기록에서 이 결정을 뒤바꿀 만한 증거는 나오지 않았다.

마지막 공동 조상에서 오스트랄로피테쿠스 속으로의 전환이 실제로 완성되기까지는 수백만 년이 걸렸을 것이다. 어쨌든 그들은 늦어도 400만 년 전 무렵까지, 아프리카 동부와 남부에 매우 안정적으로 안착하면서 두 발 보행을 했던 대단히 독보적인 혈통이었다(그림 4.1).

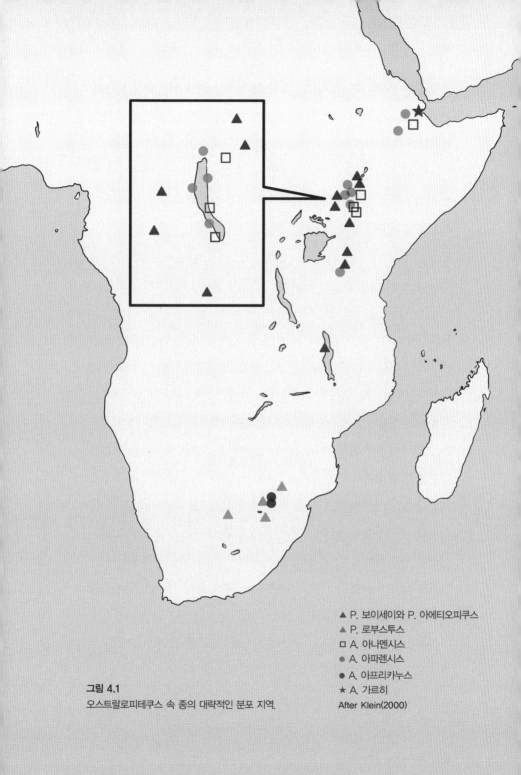

그림 4.1
오스트랄로피테쿠스 속 종의 대략적인 분포 지역.

▲ P. 보이세이와 P. 아에티오피쿠스
▲ P. 로부스투스
□ A. 아나멘시스
● A. 아파렌시스
● A. 아프리카누스
★ A. 가르히
After Klein(2000)

이 혈통은 그 후 약 200만 년 동안 매우 번성했던 것으로 밝혀졌다. 그뿐 아니라 동시에 여러 종이 공존할 때도 많았다(그림 1.2). 오스트랄로피테쿠스 속은 대부분 비교적 물이 풍부한 삼림지대뿐만 아니라 지금도 다른 유인원이 서식하고 있는 거대한 열대의 숲 가장자리 육상 서식지에도 잘 적응했다. 따라서 우리가 설명해야 할 첫 번째 위대한 전환점의 대표주자는 오스트랄로피테쿠스다.

오스트랄로피테쿠스, 과연 그들은 누구였나?──

오스트랄로피테쿠스 속은 크게 두 갈래로 퍼져나갔는데, 적절한 시기에 호모 속의(그리고 결국에는 우리의) 출현을 야기한 (주로 오스트랄로피테쿠스 속명을 갖는) 연약형 오스트랄로피테쿠스와 (파란트로푸스 속명으로 통칭하는) 강건형 오스트랄로피테쿠스다. 강건형 오스트랄로피테쿠스는 연약형 사촌들이 '사라진' 후에도 꽤 오랫동안 매우 성공적으로 번성했던 일종의 곁가지였다. 약 140만 년 전까지 생존했을 것으로 보인다(그림 1.2). 이 두 혈통은 체격 면에서는 별로 차이가 없지만, 턱 근육과 대구치(큰어금니)의 크기에서 강건형 사촌들이 단연코 앞섰다. 강건형 사촌들은 이런 턱 근육을 지탱하기 위해 정수리 윗부분에 고릴라와 비슷한 돌기를 가지고 있었다. 이 두 혈통의 차이는 결국 섭식에서 비롯되었는데, 생태학적으로 다재다능했던 연약형 오스트랄로피테쿠스는 더 넓은 범위의 식단에 적응할 수 있었고, 특수성이 더 컸던 강건형 사촌들은 비교적 거친 식량에 적응했다.

한 집단으로서 오스트랄로피테쿠스 속의 가장 놀라운 점은 이들이

다른 대형 유인원과 얼마나 차이가 있느냐가 아니다. 오히려 이들이 다른 대형 유인원과 거의 차이가 없다는 점이 충격적이다. 첫 번째이자 가장 중요한 사실은 이들의 뇌가 침팬지의 뇌보다 그다지 크지 않다는 점이다(그림 1.3참고). 게다가 서식지가 다르다는 것과 오스트랄로피테쿠스의 큰 어금니를 제외하면, 침팬지와 이들을 구별할 수 있는 진화상의 유일하고 실질적인 발전은—모든 대형 유인원이 두 발로 걷기가 전혀 불가능한 것도 아니고 (더 잘 걷는 종도 있었고) 실제로도 가끔 두 발로 걷지만—두 발 보행뿐이다.

현존하는 대형 유인원과 비교하면, 오스트랄로피테쿠스의 가장 뚜렷한 변화는 긴 팔과 짧은 다리를 가진 유인원 골격에서 짧은 팔과 긴 다리를 가진 인간 골격으로의 변화다. 유인원의 몸은 숲의 거대한 나무줄기를 타고 오르기 편한 구조를 가졌다. 굵고 짧은 다리가 몸을 지탱하는 동안 긴 팔을 뻗어 체중을 실을 만큼 안전한 나뭇가지를 붙들고, 몸을 끌어올리면서 더 높이 올라간다. 오스트랄로피테쿠스는 비록 훗날 호모 속의 특징인 긴 다리 몸매까지는 완성하진 못했지만, 두 발로 도보 이동을 할 수 있을 만큼 조금 더 인간에 가까운 몸매를 가졌다. 어쨌든 오스트랄로피테쿠스는 전형적인 두 발 보행 이동을 몸에 익힐 만큼 여러 특징들을 갖추어 갔다. 가령 걷는 동안 장기를 받쳐주는 골반도 원숭이처럼 길쭉한 대형 유인원의 골반과는 완전히 다른 그릇 모양이었으며, 두 발로 걷는 동안 균형을 잡아주는 (흔히 안짱다리라고 부르는) 외반슬 자세를 취할 수 있도록 골반에서 비스듬히 뻗은 대퇴골도 대형 유인원과 다른 특징 중 하나였다. 아직은 여전히 흉곽의 위치가 낮고 윗부분이 더 넓은 종 모양으로 인간과 완전히 닮지는 않았지만, 대형 유인원보다는 더 나중에 등장하는 인간 종의 전형적인 흉곽과 약간 더 닮은 통 모양에 가까웠다. 그리고 어쩌면 가장 중요한 차이는 대후두공이 두개골 아래에 있다는 점일 것이다. 덕분에 곧추 선 척추 위로 머리를 균형 있게 치켜들 수 있었다.

네 발 보행을 하는 원숭이와 유인원은 모두 대후두공이 두개골 뒤쪽에 있기 때문에 네 발로 걷는 동안 정면을 응시할 수 있는 반면, 우리 인간의 머리는 두 손과 두 발로 땅을 짚고 엎드린 자세로 걸을 때는 자연스럽게 땅바닥을 향한다. 지금까지 습관적인 두 발 보행을 보여주는 가장 화려한 증거는 역시 라에톨리에서 발견된 발자국 화석들이다. 비록 모든 오스트랄로피테쿠스가 아주 능숙하게 나무를 타고 올랐던 것이 분명하지만(현대 인간보다는 훨씬 능숙했을 것이다), 그들의 발은 오늘날의 원숭이와 유인원처럼 나뭇가지를 쥐기 편하도록 엄지발가락이 옆으로 비어져 나온 발이 아니었다. 이미 나머지 발가락과 엄지발가락을 나란히 정렬하면서 인간다운 발로 구조조정을 시작하고 있었다.

강건형 오스트랄로피테쿠스가 현생인류로 이어진 직계 혈통을 따르는 대신 자기만의 독자적 행보를 걸었던 곁가지이기 때문에, 여기서는 초기의 연약형 혈통들을 집중적으로 살펴보기로 하겠다. 기후가 점점 더 악화되고 아프리카의 거대한 열대 숲이 줄어드는 상황에서 숲에 대한 미련을 버리지 못해 쇠락의 길을 걸었던 유인원 사촌과 달리, 연약형 혈통은 이례적일 만큼 잘 버텨냈다. 연약형 오스트랄로피테쿠스는 어떻게 이 난관을 헤쳐 나왔을까? 캐롤라인 베트리지(Caroline Bettridge)는 우리의 시간 예산 분배 모델을 이용해서 이 문제를 연구했다. 지금부터 소개할 내용 중 상당 부분은 그녀의 연구에 바탕을 둔 것이다.

오스트랄로피테쿠스의 세계 ──

시간 예산 분배 모델을 이용하려면 먼저 오스트랄로피테쿠스가 생존한 지역과 그렇지 못한 지역이 어딘지 알아야 한다. 각 지역의 기후조건들을 파악해야 하고, 그에 상응하는 값을 시간 예산 분배 모델에 대입한 다음, 모델이 예측하는 집단의 규모가 어느 정도인지 계산해야 한다. 시간 예산 분배 모델이 오스트랄로피테쿠스가 실제 생존한지역과 그렇지 못한 지역을 정확하게 예측한다면, 우리는 화석 종이그 모델의 원형인 현존하는 종과 섭식 측면에서 유사한 생리학적 특징을 가졌고 이동에 대해서도 같은 압박을 받았다고 결론지을 수 있다. 물론 우리의 시간 예산 분배 모델이 현실에서 실제로 관찰되는 상황을 정확히 예측한다면 더 바랄 게 없겠지만, 사실 과학에서 가장 흥미로운 상황은 모델의 예측이 틀렸다고 판명 나는─아니면 적어도완벽히 맞는다고 장담할 수 없는─상황이다. 이런 상황이 있기 때문에, 우리는 모델이 실제로 밝혀진 상황으로 예측하려면 어떤 공식을─얼마나─조정해야 하는지 궁리한다. 이 조정 단계를 거쳐야만우리는 오스트랄로피테쿠스가 실제로 점유했던 생리학적, 해부학적'적소'를 알아내고, 그럼으로써 이들이 넘봤던 새로운 서식지에 내재된 문제들을 극복하려고 어떤 새로운 적응을 진화시켰는지 밝혀낼 수있다.

그런 점에서 반드시 짚고 넘어가야 할 게 있다. 우리가 특정한 시간 예산 분배 모델—구체적으로 말하면 침팬지 모델—을 이용하는 까닭은 화석 호미닌이 (또는 심지어 화석 대형 유인원도) '침팬지였다'고 주장하기 위함이 아니다. 이 특정한 모델을 이용하는 까닭은 어떤 한 화석종이 가졌음직한 생리학적 특징을 전제로, 그들이 취했을 행동에 대한 다양한 대안적 가설을 검증하는 척도로 삼기 위해서다. 사실 우리의 이론은 현실을 덮은 불가피하고 잡다한 겉껍질을 벗겨내고 그 아래에서 실제로 벌어진 알맹이를 얻기 위한 정밀한 도구다. 예측이 정확할수록 이 과정도 더 효율적으로 진행될 것이다. 진화생물학에서 리버스 엔지니어링(reverse engineering), 즉 역설계로 알려진 이 접근법은 다양한 '적응'들에 숨겨진 진화의 비밀을 밝히는 효과적인 방식으로 이미 검증되었다. 과학철학자는 때로 이 접근법이 우리가 이끌어낸 결론을 확증해줄 가능성이 있다고 보고, 이를 '강식 추론(strong inference)'이라고 부른다. 그 이유는 대개 우리의 이론이 관찰 결과에 부합하는 정량적 값을 내놓을 뿐만 아니라 추측에 근거한 접근법보다 연구 절차가 더욱 복잡하고 까다롭기 때문이다.

마지막으로 우리가 고려해야 할 점은 사회적 뇌 가설의 관계다. 그림 3.3에서 보다시피, 오스트랄로피테쿠스의 공동체 규모는 오늘날 침팬지의 집단 규모보다 별로 크지 않다. 따라서 사회적 교류 시간도 침팬지와 비슷했을 것으로 보인다. 시간 분배 면에서 침팬지와 다른 점이라면, 식량을 채집하거나 휴식을 취하는 데 분배한 시간이었을 것이다. 덕분에 첫 번째 전환점을 밝히는 우리의 일이 조금 더 수월해질 것 같다.

시간 예산 분배 모델 측면에서 우리가 던질 수 있는 첫 번째 질문은 오스트랄로피테쿠스가 생태학적으로 유인원이었느냐 아니면 개코원숭이 속에 가까웠느냐. 초기 호미닌 종에게는 사실 이 두 종의 모델을 다 적용할 수 있다. 대형 유인원과 개코원숭이 속은 시간 예산과 관련해서 매우 다른 압력을 받는데(대형 유인원은 주로 이동 시간에 제약을 받지만, 개코원숭이 속은 섭식 시간에 가장 큰 제약을 받는다), 이 차이는 반박할 수 없을 만큼 명백한 결과를 가져온다. 부분적이지만 이 차이는 두 분류군의 생리학적 차이를 보여주기도 한다.[1] 개코원숭이 속은 구세계의 모든 원숭이와 마찬가지로 덜 익은 과일을 소화할 수 있지만, 유인원은 그렇지 못하다. 소화력의 차이 때문에 유인원들은 부득이하게 잘 익은 과일을 공급해줄 지역을 찾아 더 멀리 이동해야 한다. 따라서 그림 3.7에서처럼 채집 집단의 규모가 커지고 서식지의 고갈 속도가 빨라질수록 유인원은 이동에 더 많은 시간을 분배해야 한다. 이와 반대로, 개코원숭이 속은 덜 익은 과일을 소화할 수 있는 능력 덕택에 자주 이동할 필요가 없어 한 서식지에 더 오래 머물 수 있다. 게다가 이들은 유인원보다 골격 구조에 따른 제약도 덜 받으며, 상대적으로 긴 개코원숭이 속의 다리와 발은 육상에서의 빠른 이동에 더 적합하다. 이 두 속이 서로 다른 지역에 분포하는 까닭도 대부분 골격 구조와 소화력의 차이에 기인한다. 특히 아프리카 유인원의 분포가 열대숲과 잘 익은 말랑한 과일이 풍부한 적도 인근의 협소한 지역에 제한된 까닭도 이 때문이다.

화석이 발굴된 지역의 기후는 (화석화된 꽃가루에서 얻은) 초목 기록을 통해 확인할 수 있지만, 이 기록이 우리가 시간 예산 분배 모델에 적용할 기후 지표들을 정확하게 알려주는 것은 아니다. 일반적으로 이런 세부적인 기후 지표를 얻는 방법은 그 화석 지역의 포유류 화석을 찾아내고, 같은 대륙 내에 동종의 포유류가 서식하는 지역들의 현재 기후 자료를 활용하는 것이다. 이 방법을 사용하는 이유는 각각의 동물 종이 특정한 초목 환경과 결부된 매우 뚜렷한 생태적 적소를 갖는 탓에 특정한 기후 지역을 벗어날 수 없는 데다, 지질시대를 거치는 동안에도 이런 환경 및 기후와의 연관성은 거의 변함없이 유지되기 때문이다(즉 어떤 종이든 기본적으로 늘 같은 생태적 적소를 가진다). 솟과 (영양과) 동물이 가장 훌륭한 예인데, 이 과의 동물은 종마다 그 서식지가 매우 다를 뿐만 아니라 화석이 발견된 지역에 여전히 많은 동종이 서식하고 있다.

베트리지는 오스트랄로피테쿠스 화석이 발견되었던 모든 지역에 대한 기후 자료를 취합하고, 화석이 발견되지 않은 지역을 대조군으로 선택했다(오스트랄로피테쿠스의 화석은 발견되지 않았지만 다른 영장류들, 주로 개코원숭이 속 영장류의 화석이 발견된 것으로 미루어, 그곳이 영장류가 살기에 부적합한 곳이 아니었다는 사실을 유추할 수 있다). 오스트랄로피테쿠스가 지극히 평범한 침팬지였다고 가정하고 이 기후 자료를 침팬지 모델에 적용하자, 예측된 공동체 규모가 남아프리카의 모든 지역에서 놀라울 만큼 (일반적으로 10명에도 훨씬 못 미칠 만큼) 작았다(그림 4.2). 달리 말하면, 우리가 오스트랄로피테쿠스가 번성했을 것으로 예상한 서식지에서는 사실상 거의 생존할 수 없었을 것이라는 의미다. 심지어 이 모델대로라면, 기온이 현저히 내려가고 스트레스가 될 만한 요인도 별로 없었던 250만 년 전 이후에도 오스트랄로피테쿠스는 어느 곳에서도 의미 있는 수준의 공동체 규모를 유지할 수 없을 만큼 강력한 압박을 받았을 것이다. 설령 공동체를 이루었다고 해도 그 규모는 15명 미만이었을 것으로 추정되는데, 이는 현대 침팬지의 최소한 공동체 규모에도 한참 못 미친다(현재 침팬지의 최소 공동체 규모는 약 40개체 집단이다). 시간 예산 분배 모델로 보면, 오스트랄로피테쿠스에게 비교적 건조한 서식지였던 이 지역들에서의 고질적인 문제는 이동에 걸리는 시간 비용이었다. 따라서 그들이 어떤 종이었던지 간에, 생태학적 침팬지는 아니었다는 결론이 나온다. 오스트랄로피테쿠스의 큰 체격에 맞게 개코원숭이 속 모델로 수정하여 적용하면, 이번에는 사하라 사막 이남의 아프리카 전역에서 생존했다는 결론이 도출된다. 물론 그 지역에는 오스트랄로피테쿠스가 생존했다는 증거가 전혀 없다. 그러므로 오스트랄로피테쿠스는 개코원숭이 속도 아니었다.

비록 유인원 모델이 오스트랄로피테쿠스 속 전체의 공동체 규모를 0으로 예측하더라도, 오스트랄로피테쿠스가 실제로 점유했던 지역의 모델이 내놓는 시간 예산은 평형 상태를 그리 많이 벗어나지 않는다. 그림 4.3은 네 가지 범주의 주요 활동에 분배한 평균 시간 비율을 표로 나타낸 것이다. 각 활동에 분배한 시간 비율을 모두 더하면 107%인데, 초과한 7% 때문에 이들은 뇌 크기로 짐작할 수 있는 공동체 규모를 유지하기 위한 그루밍에 충분한 시간을 분배하지 못했을 것이다. 초과한 7%p를 다른 범주의 활동에서 만회할 방법을 찾아야 했겠지만, 이 정도 초과 비용은 공동체 규모를 조절하지 않고도 얼마든지 만회할 수 있는 소소한 수준이었다. 이 서식지들에서 오스트랄로피테쿠스가 생존했다는 사실로 미루어보면, 이들은 틀림없이 이 초과 비용을 만회했다. 이들은 어떻게 시간 분배 문제를 해결했을까?

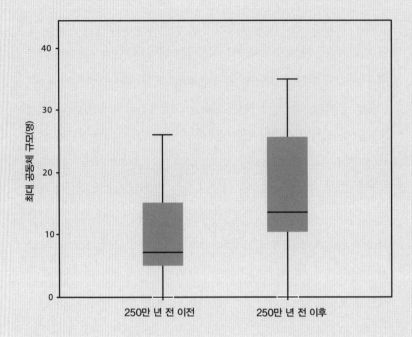

그림 4.2
침팬지의 시간 예산 분배 모델로 예측한 초기(250만 년 전 이전)와 후기(250만 년 전 이후) 오스트랄로피테쿠스의 최대 공동체의 (50%에서 95% 범위까지 표시한) 평균 규모, Bettridge(2010)

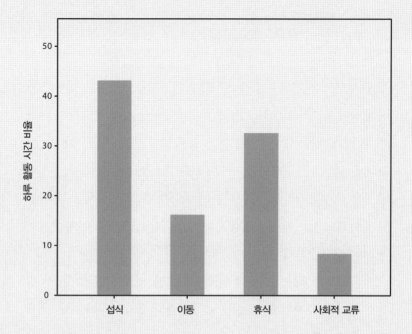

그림 4.3
오스트랄로피테쿠스가 살았을 것으로 예측하는 지역에서 베트리지 모델로(2010) 본 시간 예산 분배 현황.

두 발 보행이 해결책이었을까? ──

두 발 보행의 몇 가지 이점을 바탕으로 해결책을 찾았다는 것이 한 가지 대답이다. 왜냐하면 비교적 초기에 습득했던 것이 분명한 이 적응은 충격적일 만큼 참신했으며, 어느 모로 보나 오스트랄로피테쿠스를 가장 잘 정의하기 때문이다. 유인원보다 더 길어진 다리로 초기 호미닌 종은 한 걸음에 더 멀리 디디는 게 가능했고, 시간을 (또는 에너지를) 덜 들이고도 같은 거리를 이동할 수 있었다(또는 정해진 시간에 더 먼 거리를 이동할 수 있었다고 생각해도 무방하다).

보행 능력에 대한 생리학적 연구에 따르면, 산소 소비 측면에서 침팬지의 네 발 보행이 두 발 보행보다 조금 더 효율적인데, 이는 침팬지가 주로 무릎을 굽힌 자세로 걷기 때문이다. 침팬지가 두 발로 걷는다면 길게 연장된 좌골(다리 근육이 붙어 있는 골반의 날개 부위인)이 보행을 방해한다. 현재 우리의 골반처럼 그릇 모양으로 개조되면서 호미닌은 두 다리를 앞뒤로 움직이는 데 아무런 방해를 받지 않을 뿐만 아니라 두 다리를 곧게 펴 걸을 수 있었다. 덧붙이면, 현생인류는 두 발 보행으로 침팬지보다 약 75%의 에너지를 절약할 수 있었다. 골반과 발이 획득한 몇 가지 독특한 적응이 탄력적인 추진력을 제공하기 때문이다. 예컨대, 인간의 발바닥뼈를 연결하는 휘어진 연골부가 일종의 스프링 역할을 하면서 에너지를 저장했다가 걸음을 내디딜 때마다 추진력을 보충해준다. 하지만 오스트랄로피테쿠스는 현생인류만큼 완전한 두 발 보행을 하지 않았기 때문에, 이들이 얻은 유일한 이점은 보폭이 길어진 데 따른 이점─또는 적어도 두 발 보행이라는 특질을 실행시키는 데 필요한 이점—일 뿐이며, 골반과 발에 나타난 적응의 효과는 보다 나중에 나타났다고 기본값을 정해야 한다. 로버트 폴리 (Robert Foley)와 새라 엘턴(Sarah Elton)은 나무와 땅 위에서 두 발 이동과 네 발 이동의 에너지 비용을 분석해, 다음과 같은 결론을 내렸다. 이동 시간의 65% 이상을 땅 위에서 이동하는 경우에만 두 발 이동이 네 발 이동보다 에너지 이점을 얻는다. 따라서 두 발 보행의 이점을 충분히 얻으려면 육상 생활방식으로 완전한 전환이 이루어졌어야 했다.

오스트랄로피테쿠스 여성의 경우 다리 길이가 52cm인데 반해, 침팬지 암컷의 경우는 44cm이다. 호모 에르가스테르 여성과 같은 수준은 아니었지만(이들은 침팬지 암컷보다 81%가 긴 80cm였다), 이런 다리 길이의 차이는 오스트랄로피테쿠스가 점유했던 지역의 침팬지 모델이 예측한 16.4%에 해당하는 이동 시간을 약 2.5%p (또는 약 3분의 1을) 절약하여 14%로 낮춰주었을 것이다. 이동에 걸리는 시간이 줄었다는 것은 바꾸어 말하면, 이동에 필요한 연료를 공급하기 위한 섭식 시간을 아낄 수 있다는 의미로도 해석된다. 아마 약 3%p가량 절약할 수 있었을 것이다. (나는 오스트랄로피테쿠스가 절약된 이 시간을 그들이 선호했던 개방적인 서식지에서 '더 멀리' 이동하는 데 쓰지는 않았다고 가정한다. 오스트랄로피테쿠스가 훗날 등장한 호모 속처럼 유목민 기질이 있었다는 증거는 어디에도 없기 때문이다.) 이 이점을 액면 그대로 인정하여 충분히 두 발로 걷고 달릴 수 있었다고 가정하더라도, 가장 유리한 서식지에서 살기 위해서 오스트랄로피테쿠스는 4%p에 해당하는 초과분을 해결해야 했다. 물론 서식지가 숲 가장자리로 밀려날수록 해결해야 할 초과분은 더 늘어났을 것이다.

두 발 보행의 또 한 가지 이점은 냉각효과다. 비교적 개방된 서식지에 사는 네 발 보행 동물의 몸은 두 발 보행 동물보다 태양열을 더 많이 흡수한다. 특히 태양이 하늘 한가운데 떠 있고 그 열기가 최고조에 달하는 한낮 동안에는 두 발로 똑바로 서 있는 경우, 정수리와 어깨만 태양에 노출되지만 네 발 보행 동물은 노출 부위가 훨씬 더 넓다. 따라서 네 발 보행 동물의 몸은 두 발 보행 동물보다 더 빨리 과열된다. 더욱이 열에 더 민감한 뇌는 온도가 $1°C$ 이상 올라가면 열사병을 일으킬 수 있으며, 고온이 지속되면 비교적 짧은 시간 안에 뇌세포가 죽기 시작한다. 두 발 보행 동물은 한낮의 태양으로부터 몸이 흡수하는 복사열을 최소화함으로써 더 오랫동안 활동할 수 있다. 이때 가장 민감하게 영향을 받는 시간이 휴식 시간이다. 기온이 너무 올라가는 시간에는 모든 동물이 열기를 피해야 하지만, 활동 시간이 조금이라도 길어져서 휴식 시간을 약 4%p만 줄일 수 있다면, 그림 4.3에서 초과한 시간을 충분히 보충할 수 있다.

영장류와 비교되는 현생인류의 특징 가운데 열부하 문제와 직접 관련된 특징은 두 가지다. 대부분의 몸에 털이 없다는 (머리를 제외하고, 면적은 별로 크지 않지만 한낮에 가장 많이 노출되는 부위인 어깨에 털이 없다는) 점과 땀을 흘리는 능력이 많이 증가했다는 점이다(우리 피부의 에크린샘 수는 영장류 중 유일하게 트인 지대에 서식하는 개코원숭이 속의 몇 종을 제외한 다른 모든 영장류의 몇 배나 된다). 피터 휠러(Peter Wheeler)는 생리학적 모델을 근거로, 태양 직사광에 대한 노출 부위가 감소하고 여기에 땀을 통한 증발 냉각효과까지 더해지면서 두 발 보행을 하는 털 없는 호미닌은 네 발 보행 동물보다 더 오랜 시간 활동할 수 있었거나, 물 1 리터(L)당 두 배의 거리를 이동할 수 있었거나, 또는 그 두 이점을 다 얻었을 것이라고 주장했다. 주목해야 할 점은 털을 통해 땀이 배출되는 경우 털 끝 부분만 시원해질 뿐, 그 아래 피부는 식지 않는다는 점이다. 즉 땀 증발을 통해 냉각의 이점을 얻으려면 털이 없어야 한다.

　최근에 휠러의 열부하 모델에 반론이 제기되었다. 생물학자 그레엄 럭스턴(Graeme Ruxton)과 데이비드 윌킨슨(David Wilkinson)은 걷는 활동 자체가 체열을 발생시킨다는 점을 지적하면서, 몸 안에서 발생한 체열과 직사광선으로 발생한 열을 합해야 한다고 주장했다. 몸 안에서 발생하는 여분의 체열을 고려하면, 냉각효과는 두 발 보행의 이점이라기보다 털이 사라지고 땀을 흘리게 되면서 얻은 이점이라는 것이다. 털북숭이 오스트랄로피테쿠스는 (두 발로 걸었든 네 발로 걸었든) 스스로 분산할 수 있는 수준보다 더 큰 열부하를 받았으므로 개방된 서식지에서 생존할 수 없었을 것이다. 털이 없는 동물도 한낮에 활동하면 과열된 체열을 상쇄할 만큼 빠르게 열을 분산할 수 없다. 그림 4.4는 하루 중의 열부하 정도를 도표로 나타낸 것이다. 검은색 점은 열부하를, 가로로 그은 점선은 피부에서 증발되는 냉각효과로 손실되는 열의 양을 나타낸다(대략 시간당 100W 정도다). 럭스턴-윌킨슨 모델에 따르면, 대략 오전 7시 30분에서 오후 6시까지는 피부에서 분산할 수 있는 열을 초과하는 열부하가 발생한다. 이는 열부하가 그 자체로는 두 발 보행의 진화를 추진할 만큼 과중하지 않았음을 암시한다. 하지만 어떤 이유로 두 발 보행이 진화되었든, 냉각효과를 발전시키기 위해서는 털이 사라지는 진화도 함께 진행되어야 했다. 럭스턴-윌킨슨 모델이 두 발 보행이 진화된 이유를 알려주는 모델은 아니지만, 자칫하면 두 발 보행의 이점들에 관한 보편적인 설명의 토대를 허물어뜨릴 수 있으므로 약간의 수정이 불가피하다.

아무도 주의 깊게 보지 않았지만, 공교롭게도 열부하에 관한 휠러의 초기 모델과 럭스턴-윌킨슨의 모델은 모두 비현실적인 가정을 토대로 하고 있다. 두 모델은 지표상의 최고 온도를 $40°C$로 가정하고 있는데, 해수면 높이에서라면 모르지만 실제로 오스트랄로피테쿠스가 점유했던 서식지 가운데서는 어느 곳도 기온이 그렇게 높지 않았다. 이들이 점유했던 서식지는 대개 해발 1,000m 이상의 고지대였고, 최고 온도조차도 그보다 훨씬 낮았다. 고지대의 낮은 평균기온은 특히 한낮 동안의 열부하를 현저히 줄여주었을 것이다. 동아프리카의 오스트랄로피테쿠스 화석 발굴지 35곳의 평균기온은 $25°C$였고, 서아프리카의 발굴지 다섯 곳의 평균기온은 $20.4°C$에 불과했다.[2] 휠러와 럭스턴-윌킨슨 모델이 추정한 평균기온 $32.5°C$와 비교하면 상당히 낮다. 평균기온이 이처럼 낮았다면, 한낮 동안의 열부하를 약 200W까지 낮춰줄 수 있었을 테고, 오스트랄로피테쿠스는 하루 평균 2.5시간을 더 활동할 수 있었을 것이다(그림 4.4에서 흰점으로 표시된 열부하 참고). 달리 말하면, 이른 아침과 저녁 동안 열부하 한계를 초과하지 않고 활동할 수 있는 시간이 4시간 정도는 되었다는 것이다. 이 점에 대해서는 나중에 다시 살펴보기로 하자.

그보다 먼저, 최근에 주목받고 있는 또 다른 견해를 살펴보자. 초기 호미닌이 두 발 보행으로 '식량 운반'이라는 이점을 얻으면서 포식 위험을 덜었다는 견해다. 즉 식량을 운반해 포식자로부터 안전한 장소

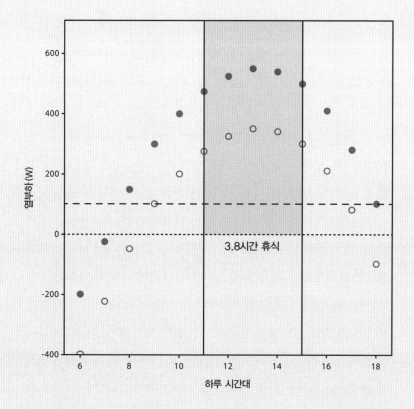

그림 4.4

럭스턴–윌킨슨 모델은 초기 호미닌 종이 하루 종일 이동했다고 가정한다. 검은 점은 털이 없고 두 발 보행을 했을 경우 받는 열부하를 나타낸다. 이것만 보면 오스트랄로피테쿠스는 분산할 수 있는 것보다(점선이 가리키는 100W보다) 더 많은 열을 발산하고 흡수했을 것이다. 흰색 점은 오스트랄로피테쿠스가 실제로 점유했던 지역의 저온 환경에서 받았을 것으로 짐작되는 열부하를 나타낸 것이다. 아침과 저녁에는 활동 시간이 현저히 길어졌을 것이다. 베트리지 모델에 따르면, 오스트랄로피테쿠스는 하루에 약 3.8시간의 휴식 시간을 가졌다. 트인 서식지에 사는 원숭이와 유인원과 마찬가지로 이들의 휴식 시간도 한낮에 기온이 최고조에 달했을 때에 집중된다(어둡게 칠한 부분).

에서 먹을 수 있게 되었다는 것이다. 콩고 북부의 침수된 늪지를 침팬지와 고릴라가 걸어서 건너가는 모습을 관찰한 최근의 연구들은 식량을 찾기 위해 호수나 얕은 해안을 건너다니면서 두 발 보행이 시작되었다는 가설에 다시 불을 붙였다. 하지만 그 같은 환경에서 우발적인 두 발 보행이 유리했던 것은 분명하지만, 그 사실을 '습관적인' 두 발 보행이 월등히 유리했다는 근거로 삼기에는 어딘가 좀 부족하다. 정말 필요할 때(주로 농작물을 기습할 때)는 침팬지도 이따금 두 발로 서서 식량을 능숙하게 운반할 수 있지만, 침팬지가 습관적인 (우발적이 아니라) 두 발 보행이 필수가 될 만큼 '항상' 식량을 운반해야 하는 상황에 직면했을 것으로 보긴 어렵다. 그러니 식량 운반은 두 발 보행 진화의 원인이 아니라 그 결과였을 가능성이 더 크다. 우리가 더욱 주의 깊게 보아야 할 점은 식량 운반이 초기 호미닌의 시간 예산 문제를 얼마나 해결해주었는지가 분명하지 않다는 점이다. 왜냐하면 식량 운반이 섭식 시간이나 이동 시간에 그다지 큰 영향을 미치지 않았을 것이기 때문이다.

한편 두 발 보행의 주요 이점이 피부의 땀 증발을 통한 냉각효과로 나타났다고 가정하면, 문제는 오스트랄로피테쿠스가 털북숭이였느냐 아니었느냐다. 휠러는 털북숭이가 아니었다고 가정했고, 럭스턴과 윌킨슨은 설령 두 발 보행이 그보다 훨씬 이전(아무리 늦어도 500만 년 전)에 진화했을지언정, 털이 사라진 것은 약 180만 년 전에 출현한 호모 속부터였다고 주장했다. 후자의 견해가 옳든 틀리든 관계없이, 우리에게는 여전히 오스트랄로피테쿠스가 해결해야 했던 시간 예산 문제 하나가 남는다. 털이 사라지면서 이동 거리와 이동 시점에는 변화가 있었던 것처럼 보이지만, 이동에 분배하는 시간 자체가 달라지진 않았기 때문이다. 만약 땀 배출로 두 배의 거리를 이동할 수 있었다면, 오스트랄로피테쿠스가 이동에 두 배의 시간을 분배할 수 있었을까? 시간 예산 분배 모델이 내놓는 답은 '아니오'다. 털이 사라진 시기가 유목민 기질이 더 강한 호모 에르가스테르의 출현 시점으로 미뤄졌을 가능성도 진지하게 고려해야 한다.

시간 예산 문제를 풀기 위한 식이 대책 ——

현존하는 침팬지가 시간 예산 문제를 해결하는 데 이용하는 해결책은 채집 무리의 (공동체의 규모가 아니라) 규모를 줄이는 것이다. 이 방법은 이동 시간을 현저하게 줄이고(그림 3.7), 섭식과 사교에 더 많은 시간을 분배하게 한다. 하지만 침팬지의 채집 무리는 3에서 5개체 정도로—오스트랄로피테쿠스가 점유했던 것과 같은 개방된 삼림지대 서식지에서는 3개체 수준—구조 조정된 지 오래다. 상황이 그렇다면 절약할 수 있는 시간은 거의 없다. 설령 채집 무리가 한계점인 1개체로 준다고 해도 이동 시간 절약 측면에서 얻는 소득은 극히 미미하다. 그림 3.7은 채집 무리가 5개체에서 1개체로 줄어들 때도 이동 시간에서 절약할 수 있는 시간 비율이 1.4%p에 불과하다는 사실을 보여준다. 게다가 어떤 경우에도, 아프리카 대초원에는 포식자의 위험이 늘 존재한다. 오랑우탄은 독립 채집 활동을 할 수 있는데, 그 까닭은 현재의 서식지에 천적이 거의 없기도 하지만, 무성한 나무가 은신처가 되어주기 때문이다. 반면에 절대 만만하게 볼 수 없는 맹수가 어슬렁

거리는 곳에 서식하는 침팬지는 이들의 위협을 피하느라 갖은 애를 쓰는 것처럼 보인다. 오스트랄로피테쿠스는 더욱 강력하고 수적으로도 우세한 포식자의 위협을 받았을 것이다. 게다가 숨을 나무도 적었으니, 설령 이동 시간을 현저히 줄였다고 해도 오랑우탄의 채집 전략을 따라 했을 리는 없다.

한 가지 유력한 시나리오는 오스트랄로피테쿠스가 더 효율적인 식단으로 바꿔 섭식 시간을 단축했으리란 것이다. 소화하는 데 그리 오래 걸리지 않으면서 영양도 풍부한 식량, 어쩌면 이동의 필요를 덜 느낄 만큼 풍부하고 밀도 높게 자생하는 식량이었는지도 모른다. 화석 호미닌의 치아 크기나 모양, 입에서 음식을 씹을 때 치아에 남은 긁힘이나 마모 정도를 통해서 화석 종의 식단에 대해서는 꽤 많은 사실을 알 수 있다. 오스트랄로피테쿠스는 전반적으로 큰 어금니를 가지고 있는데(강건형 오스트랄로피테쿠스는 어금니가 더 크다), 이는 많이 씹어야 하는 단단한 음식이나 비교적 거친 음식을 먹었음을 암시한다. 이들의 치아 표면을 고해상도 전자현미경으로 관찰하면, 힘껏 깨물었을 때 생기는 일종의 상흔 같은 것이 보인다. 아마도 (단단한 견과류 같은) 딱딱하고 바삭한 음식을 씹었기 때문일 것이다. 아니면 땅에서 채취한 식량에 상당량의 모래알이 섞여 있었는지도 모른다. 모래알이 섞여 있었다는 것은 이들이 땅을 파서 채취해야 하는 식량, 이를테면 뿌리나 덩이줄기, 뿌리줄기 등을 먹었다는 사실을 보여준다.

최근에는 화학이 우리를 도와주기 시작했다. 탄소원자는 C^{13}, C^{14} 두 개의 동위원소를 갖는데, 이것들은 뚜렷하게 구별되는 두 가지 대사 경로를 따른다. C4라고 알려진 대사 경로는 열대성 초목, 사초 속의 식물, 다육 식물[3] 그리고 비트 과의 몇 종을 섭취했을 때만 나타나는 경로지만, C3로 알려진 대사 경로는 관목과 수목을 먹었을 때 나타나는 독특한 경로다(과일과 견과류를 주로 섭취하는 유인원과 원숭이의 특징이라고 볼 수 있다). 음식에 들어있는 탄소원자는 몸을 형성하는 성분이기 때문에, 화석 종의 뼛속에 함유된 탄소 동위원소의 비율을 측정하면 그들이 주로 무엇을 먹었는지 알 수 있다.

후기 오스트랄로피테쿠스 치아의 탄소 동위원소를 분석한 결과, 우리가 구세계의 원숭이나 유인원을 통해 예측했던 것보다 C4 대사 경로를 따르는 음식을 더 많이 섭취한 것으로 나타났다. 에티오피아에서 발굴된 오스트랄로피테쿠스 아파렌시스는 약 320만 년 전의 호미닌으로 추정되는데, 이들도 C4 서명을 가지고 있었다. 이것은 같은 서식지에서 말과, 하마, 흑멧돼지처럼 생풀을 뜯어먹는 종과 기린처럼 나뭇잎을 뜯어먹는 종의 중간쯤에 해당하는 대사 경로로, 완전히는 아니지만 부분적으로 C4 식단으로 전환되었음을 가리킨다. 특히 이들의 C4 서명이 시간에 따라 상당히 차이가 있었던 점으로 미루어 보아, 이 식량 자원을 계절에 따라 또는 산발적으로 이용했을 것이다. 반면에 침팬지와 초기 오스트랄로피테쿠스(아르디피테쿠스 라미두스와 오스트랄로피테쿠스 아나멘시스)는 C4 식물이 우세한 서식지(삼림지대)에서 살았던 것이 분명한데도 이들에게서는 C4 서명이 거의 나타나지 않는다. 따라서 아파렌시스의 C4 식물 섭취는 식생활에 불어 닥친 최신 유행인 셈이다. 이 유행은 훗날 강건형 오스트랄로피테쿠스에게서 가장 극단적으로 나타나는데, 특히 C4 식물을 주식으로 삼았던 동아프리카의 파란트로푸스 보이세이에게서 더욱 뚜렷하다. 적어도 후기 오스트랄로피테쿠스는 전형적인 아프리카 유인원과 행동 양상이 매우 달랐던 듯하다.

한 동물이 강력한 C4 서명을 획득할 가능성은 두 가지다. 하나는 C4 식물을 섭취하는 것이고, 또 하나는 C4 식물을 섭취한 동물을 먹는 것이다. 후기 오스트랄로피테쿠스 시기에는 뼈를 절단했던 증거도 있는데, 지금까지 이 증거는 오스트랄로피테쿠스가 고기를 '획득'하고 먹었다는—어쩌면 사자나 표범 또는 하이에나와 같은 대형 포식자의 사체를 뒤져서 얻었을 것이라는—증거로 해석되었다. 하지만 포유류의 날고기는 (인간을 포함한) 유인원이 쉽게 소화할 수 없는 품목이고, 적어도 인간의 경우에는 육류를 지나치게 많이 섭취하면 단백질 중독을 일으킬 수도 있다. 물론 요리를 한다면 상황은 다르다. 날고기도 요리를 하면 50% 이상 소화율이 증가한다. 하지만 (5장에서 살펴보겠지만) 이처럼 이른 시기에 불을 다뤘을 가능성은 거의 없기 때문에, 오스트랄로피테쿠스 속 중 어느 종도 침팬지보다 월등히 많은 양의 고기를 섭취했을 것 같지는 않다.

하지만 뼈 절단을 통한 육류 섭취는 충분히 가능했을 것이다. 기다란 뼈 안에 든 골수—그보다 훨씬 더 좋은 두개골 속의 뇌—를 섭취할 수 있기 때문이다. 골수와 뇌는 붉은 고기보다 소화하기가 훨씬 더 쉽다. 대형 포식자는 대개 살을 대충 뜯어 먹고 나면 얼마가 남았든 뼈는 거들떠보지 않는다. 따라서 청소부에게 뼈는 위험이 적은 좋은 표적이다. 동아프리카의 올두바이 협곡(Olduvai Gorge)을 필두로, 흔히 올도완 도구라고 불리는 250만 년 전의 엉성한 석기들이 줄줄이 출토되었다. 무슨 용도로 사용했는지는 알 수 없지만, 이 석기들은 가장자리만 대충 다듬은 일종의 돌망치였다. 하지만 그 모양과 무게는 골수를 꺼낼 정도로 뼈를 부수기에는 안성맞춤이었다.

실제로 에티오피아의 디키카(Dikika) 유적지에는 약 300만 년에서 400만 년 전에 유제류의 뼈를 타격했음을 보여주는 직접적인 증거가 남아 있다. 이 증거 역시 골수를 채취하기 위한 시도로 해석되었는데, 어쩌면 애초에 골수 채취를 위해서 돌망치를 개발했을 수도 있다. 침팬지도 코울라 에둘리스(Coula edulis)라는 학명을 가진 기니 팜(Guinea palm)을 포함한 몇몇 종의 단단한 견과류 껍데기를 벗기기 위해 이와 유사한 도구를 사용할 줄 안다. 비록 더 개방적인 초원과 동아프리카의 삼림지대에는 이런 견과류 나무가 자라지 않지만, 엉성한 돌망치로 견과류 껍데기를 까는 수준에서 긴 뼈나 두개골을 부수는 수준으로 아주 미약하지만 한 단계 발전했는지도 모른다. 어쩌면 이 발전이 오스트랄로피테쿠스가 점유하기 시작한 변방의 서식지에서는 생존 여부를 결정했을 수도 있다. 특히 200만 년 전 아프리카의 기후가 급속히 건조해지고 추워지기 시작할 무렵, 마치 그 전조처럼 건조한 날이 많아지던 때에는 더욱 요긴한 발전이었을 것이다. 골수와 뇌가 오스트랄로피테쿠스의 섭식 시간을 의미 있게 줄여주었을까? 어쩌면 그랬을지도 모르지만, 진짜 문제는 따로 있다. 설령 돌망치가 골수를 채취한 증거였고, 그 시기가 340만 년 전이었다고 하더라도, 후기의 과도기를 넘어서기에는 시기적으로 너무 늦었던 것처럼 보인다. 결국 돌망치도 초기 오스트랄로피테쿠스의 시간 예산 문제를 해결하지 못했다.

대안으로 제기된 또 하나의 견해는 흰개미가 C4 서명을 새겨놓았을 것이라는 주장이다. 흰개미는 풀을 먹는 곤충이고, 매우 큰 집을 짓고 살기 때문에 풍부한 식량 자원이다. 흰개미는 진흙으로 집을 짓는데, 시간이 지나면 거의 콘크리트처럼 단단하게 굳기 때문에 소형 착암기와 같은 연장이 없으면 웬만해서 뚫기 어렵다. 침팬지도 기회만 된다면 흰개미를—음미하면서—먹는 게 분명하다. 하지만 침팬지가 흰개미를 낚기 위해 들이는 노력은 실로 눈물겹다. 가느다란 식물 줄기를 개미집 입구에 쑤셔 넣고 한참을 기다린다. 그러다가 침입자인줄 알고 물리치려다 실수로 줄기에 매달려 나오는 흰개미를 훑어 먹는다. 기껏해야 한량 놀음 같은 이런 채집 활동이 시간을 절약해줄 리는 없다. 침팬지처럼, 오스트랄로피테쿠스도 틀림없이 흰개미가 매년 새로운 집을 짓기 위해 이동하는 동안 이들을 식량으로 이용했을 테지만, 오스트랄로피테쿠스가 그 제한된 기술로 침팬지보다 월등히 뛰어난 효과를 얻었을 것 같지는 않다. 개미집에서 아무리 많은 개미를 먹을 수 있었다고 한들 식단에 엄청난 영향을 미칠 만큼 자주 먹지는 못했을 테니 말이다.

네 번째 견해는 오스트랄로피테쿠스가 특정한 과의 초본 식물의 땅속에 저장된 조직(뿌리와 덩이줄기)을 섭취하기 시작했다는 것이다. 이런 식물 조직 가운데 상당수가 C4 대사 경로를 가지고 있다. 물론 이 견해를 뒷받침하는 결정적인 증거는 없다. 식물성 식량은 화석화되지 않기 때문이다. 그럼에도 불구하고 땅속 조직을 가진 많은 식물이 C4 경로를 가졌고, 이런 식물이 오스트랄로피테쿠스 화석이 자주 발견되는 호수 가장자리 지역에 서식한다는 사실로 보아, 이 견해가 최소한 완전히 틀린 것은 아닐 것이다. 게다가 앞에서도 살펴보았듯이, 비교적 거친 음식이 치아에 남긴 흔적도 땅속 식물 조직을 섭취했음을 가리키는 증거로 볼 수 있다.

요약하면, 오스트랄로피테쿠스의 식탁 위에는 선택이 가능한 그럴듯한 것들이 여러 개 있었다. 중요한 것은, 오스트랄로피테쿠스가 어떤 선택으로 그들의 문제를 해결했는지를 보여주는 확실한 시간 예산 분배 증거가 있느냐다.

시간 분배 모델은 무엇을 보여줄까? ——

과연 무엇이 오스트랄로피테쿠스의 생존을 보장해주었을까? 이 문제를 고민하던 캐롤라인 베트리지는 먼저 침팬지 모델에서 섭식, 휴식, 이동 시간 공식의 민감도를 분석했다. 그녀는 각 공식의 기울기를 조금씩 조정하면서, 어떤 요인을 조정했을 때 침팬지 모델이 오스트랄로피테쿠스가 생존한 지역과 그렇지 않은 지역을 정확하게 예측하는지 확인했다. 섭식과 휴식 공식을 조정했을 때는 거의 변화가 없었지만, 이동 시간 공식의 기울기를 조정하자 극적인 효과가 나타났다. 오스트랄로피테쿠스의 생존 지역 예측 오차가 30%에서 8% 범위로 줄어든 것이다. 이것은 모든 대형 유인원에게도 그런 것처럼, 오스트랄로피테쿠스에게도 이동 시간이 (결과적으로는 식량 채집 지역 사이의 거리가) 문제였다는 주장에 힘을 실어주는 결과였다.

이 점을 주시하면서 베트리지는 개코원숭이의 이동 시간 공식을 침팬지 모델에 대입하고, 개코원숭이가 좋아하는 식량 자원의 분포가 미칠 수 있는 영향을 관찰했다. 오스트랄로피테쿠스의 큰 몸집과 10

명으로 이루어진 최소한의 공동체 규모(침팬지에서 관찰되는 절대적 한계치 규모)에 맞게 개코원숭이 모델을 조정하자, 오스트랄로피테쿠스의 생존 여부에 대한 침팬지 모델의 예측 정확도가 26%에서 꽤 만족스러운 수준인 76%까지 향상되었다. 더욱 중요한 것은, 이 수정 모델이 (신기하게도 침팬지 모델로는 예측할 수 없었던) 현재 우리가 알고 있는 오스트랄로피테쿠스의 생존 가능 지역을 정확하게 예측한다는 점이다. 오스트랄로피테쿠스가 어떤 행동을 했는지는 모르지만, 어쨌든 이들은 유인원보다는 개코원숭이처럼 채집 활동을 했던 것으로 보인다.

이 수정 모델과 원 모델과의 차이는 강우량의 차이에서 비롯된 것으로 보인다. 어쩌면 여기에 오스트랄로피테쿠스가 무슨 결정을 내렸는지 알려줄 단서가 있는 것은 아닐까? 오스트랄로피테쿠스의 식단이 강력한 C4 서명을 가지고 있었다는 점과 이 서명이 주로 뿌리나 덩이줄기 섭취의 증거로 볼 수 있다는 주장을 떠올리길 바란다. 게다가 오스트랄로피테쿠스의 화석은 호수 인근과 강가 서식지와 특별히 더 연관이 있는 것처럼 보이는데, 이런 지역은 너무 건조해서 별로 호의적이지 않은 주변이 확 트인 사바나에서도 개코원숭이가 생존할 가능성이 그나마 더 큰 곳이다. 자, 이제 시간 예산 분배 모델만 한정해서 보면, 대규모 수원지가 가까이 있다는 것은 강우량이 많은 것과 같은 효과를 낸다. 즉 수원지와 높은 강우량은 식물의 생장에 유리하다. 그 결과, 숲을 지탱할 만큼 수원이 풍부하지 않은 사바나의 서식지에도 물줄기를 따라 기다랗게 영구적인 숲이 조성된다. 범람원 주변에도 이런 서식지가 형성된다. 우기 동안 넓은 강이나 호수 주위로 편평하게 형성된 범람원은 미생물이나 곤충이 풍부한 미소 서식환경을 만

드는데, 이런 환경은 건기 동안에도 뿌리에 영양분을 비축하는 식물이나 다육성 식물이 자라기에 더없이 완벽하다. 식물의 뿌리 부분으로 식단을 변경한 오스트랄로피테쿠스는 소화 생리 기능에 크게 부담을 느끼지 않고도 이런 서식지에서 충분히 생존할 수 있었을 것이다. 실제로 개코원숭이도 이런 서식지에서는 똑같은 방식으로 적응한다. 그뿐 아니라 이런 서식지는 대개 식량 자원이 풍부하기 때문에 어지간한 규모의 공동체 구성원 모두가 배를 채울 수 있었을 것이고, 더 멀리 이동할 필요를 대폭 줄여주었을 것이다. 심지어 이런 환경에서 오스트랄로피테쿠스 공동체는 굳이 이합집산 사회성을 채택하지 않고 무리 전체가 채집 활동을 했을지도 모른다. 그럼으로써 숲에서라면 나무 뒤로 숨어야 했을 맹수들의 위험에도 집단으로 단결하여 더 잘 대처했을 것이다.

콩고 서부의 바이(bai) 지역에 서식하는 고릴라에서도 이와 약간 유사한 반응이 관찰된 적이 있었다. 바이는 콩고 서부의 늪이 많은 숲 사이의 트인 지역을 일컫는데, 고릴라는 물웅덩이가 곳곳에 있는 이런 지역에서 몇몇 집단이 모여 풍부한 식량 자원을 공유한다. 오스트랄로피테쿠스와 고릴라의 서식지는 그 유형은 매우 다르지만, 생태학적 결과는 별 차이가 없다. 즉 어느 한 지역의 식량 자원이 충분히 풍부하고 넓은 경우에는 개별적으로 채집 활동을 하던 집단이 함께 모여 채집 활동을 한다. 겔라다개코원숭이(gelada baboon)도 비옥한 풀밭을 발견하면 꽤 많은 개체가 (최대 500개체까지) 한데 모여 풀을 뜯는다. 심지어 (풀잎이 모두 말라서 먹을 수 없는) 건기 동안에도 이렇게 모여서 뿌리와 덩이줄기를 파먹는다. 겔라다개코원숭이는 영장류 중에서 특이한 경우이고 매우 독특한 서식지(동아프리카에서 해발고도 1,700m에서 4,000m 사이에 있는 고지대의 목초지)에 살고 있지만, 이들이 대규모 무리를 이루는 원리는 같다.

마지막으로 우리가 고려해야 할 점은, 비록 호수와 넓은 강물을 끼고 있는 긴 숲과 삼림지대의 채집 지역은 그늘을 제공하지만, 그런 지역을 벗어난 탁 트인 범람원은 상황이 달랐을 것이라는 사실이다. 탁 트인 지역에 서식하는 대부분의 종이 그렇듯, 오스트랄로피테쿠스 역시 기온이 최고조에 달하는 한낮 동안에는 어쩔 수 없이 쉬어야 했을 것이다. 특히 개코원숭이는 한낮에는 그늘이라면 어느 곳을 막론하고 들어가서 몇 시간씩 쉰다. 침팬지 모델의 예측에 따르면, 오스트랄로피테쿠스는 실제로 점유했던 서식지에서 평균적으로 활동 시간 가운데 거의 3분의 1 (약 3.8시간) 정도를 휴식에 할당했고, 그 절반 (약 1.9시간) 정도만 이동하는 데 썼을 것으로 본다. 럭스턴과 윌킨슨 말대로 초기 호미닌이 하루 가운데 아주 이른 아침과 늦은 저녁 시간에만 이동했다면, 두 사람의 모델처럼 오스트랄로피테쿠스도 아침과 저녁으로 한정된 2시간의 이동에 잘 적응할 수 있었을 테고, 그랬다면 낮의 4시간 정도는 낮잠을 즐길 여유가 충분했을 것이다(그림 4.4). 쉽게 말해, 초기 호미닌은 새로운 채집 지역을 찾으려고 주로 이른 아침에 이동해야 했고, 일단 그런 지역에 도착하면 남은 하루를 그곳에서 보내다가, 오후가 되면 다시 밤을 보낼 안전한 은신처를 찾아 근처 숲으로 이동했을 것이다. 이런 유형의 서식지에 사는 개코원숭이들 활동 패턴도 이와 똑같다. 침팬지에게 그랬던 것처럼, 육식이 약간의 영향을 미쳤을 수는 있지만, 식단의 변화가 오스트랄로피테쿠스의 시간 예산 문제에 근본적인 해결책을 제시했다고 보긴 어렵다. 그보다는 대규모 수원지나 고인 물 가까이에 있던 독특한 서식지가 더 큰 영향을 미쳤을 것이다. 특히 이들이 식단을 식물의 땅속 부위로 바꾸었다면 서식지가 미친 영향은 더 컸을 것이다. 두 발 보행은 체온 조절 비용을 절감하는 측면에서 훌륭한 완충제였던 것으로 보인다. 하지만 두 발 보행의 진짜 중요한 이점은 더 빠르고 효율적으로 이동하게 해준 데에 있다. 그 덕분에 오스트랄로피테쿠스 공동체는 더 작은 무리로 재빨리 헤쳐 모일 수 있었고, 각각의 무리가 강가의 좁고 긴 숲을 따라 제법 먼 간격으로 흩어질 수 있었을 것이다.

남아프리카에서 오스트랄로피테쿠스가 점유했던 대부분 지역에는 강 유역 가장자리를 따라 석회암 동굴들이 있었다. 비록 동굴의 일부 화석이 맹금류나 표범이 사냥한 동물의—나무 위의 둥지에서 동굴의 수직굴로 곧장 떨어져서 묻힌—사체였을 것이라는 주장도 설득력 있지만, 어쨌든 동굴은 오스트랄로피테쿠스에게 중요한 밤의 은신처였을 것이다. 이 지역에서 동굴이 중요한 밤의 은신처 역할을 한 이유는 두 가지 특징 때문이다. 우선 맹금류가 횃대로 이용할 만큼 큰 나무가 많지 않은 지역에서 동굴은 포식자를 피할 수 있는 가장 안전한 장소다. 어쩌면 안전보다 더 중요한 동굴의 두 번째 장점은 이런 남쪽 지방이라도 기온이 현저히 떨어지는 밤 동안 그 내부 온도가 상당히 높다는 점이다. 심지어 적도에서도 해발 1,000m가 넘는 고지대의 밤 기온은 (나도 현장 연구를 해봐서 아는데) 10°C 이하로 떨어질 수 있다. 스코틀랜드에서 야생 염소를 연구할 때, 우리가 밤에 은신처로 이용한 동굴 내부 온도는 바깥보다 3°C에서 5°C가량 더 높았다. 남아프리카에서 개코원숭이를 연구할 때 조사한 동굴도 밤 동안 내부 온도가 바깥보다 약 4°C 정도 더 높았다.

기온이 체온보다 낮을 때, 동물들은 온기를 유지하는 데 더 많은 에너지를 소비해야 한다. 따라서 섭식에 더 많은 시간을 투자할 수밖에 없다. 기온이 낮을수록 문제는 더 심각해진다. 스코틀랜드 북서부에서 야생 염소를 연구하던 나도 그랬던 것처럼, 남아프리카의 초기 호미닌의 생존에도 동굴은 매우 결정적인 영향을 미쳤을 것이다. 개코원숭이의 모델과 달리, 유인원의 시간 예산 분배 모델은 적도 지역을 기반으로 삼고 있으며, 남아프리카 밤의 저온을 염두에 두지는 않았다. 동굴의 활용이 남쪽 고지대 서식지에서 발생하는 비싼 체온 조절 비용을 가뿐하게 상쇄했는지, 그래서 오스트랄로피테쿠스의 섭식 시간을 추가적으로 줄여주었는지는 확실하게 대답할 수 없다. 하지만 오스트랄로피테쿠스가 아프리카 남부 지역을 지배적으로 점유하게 된 과정에서 동굴이 매우 중대한 역할을 한 것은 거의 확실하다.

오스트랄로피테쿠스의 사회적 삶——

지금까지 우리는 오스트랄로피테쿠스가 현대의 침팬지와 비슷한 규모의 공동체를 이루고 살았다는 것을 기정사실로 받아들였지만, 그렇다고 그들이 침팬지처럼 극단적인 이합집산 사회 구조를 필요로 하지는 않았을 것이다. 그런 이합집산 집단 규모가 육상의 포식자에 대항해 어느 정도 완충작용을 하는 것은 사실이지만, 탁 트인 들판과 범람원에서 포식자에 대항하는 주요한 방어 전략은 여전히 큰 규모로 사회적 집단을 이루는 것이었다. 그렇다면 오스트랄로피테쿠스는 어떤 유형의 사회 구조를 갖고 있었을까?

호미닌 종에서 일부일처 혼이 초기에 진화되었다는 주장은 1981년 미국의 고인류학자 오언 러브조이(Owen Lovejoy)가 제기했다. 러브조이는 큰 뇌를 가진 만숙성 태아로 태어난 후손을 키우려면 양친 양육이 필수였다는 것을 근거로 제시했다. 애초에 그의 주장은 일부일처 혼이 호모 속의 모든 종이 가진 특징이 확실하며, 따라서 약 200만 전부터 등장한 후기 호미닌에게도 보편적인 특징이었다는 것이다. 호미닌의 뇌 크기에서 최초로 괄목할 만한 발전을 보이고, 그에 따라 자연스럽게 양친 양육의 필요성이 커진 시점과 일치한다는 점에서 그의 주장은 설득력 있어 보인다(그림 1.3). 하지만 그 후 러브조이는 이 주장을 약 400만 년에서 500만 년 전으로 추정되는 최초의 오스트랄로피테쿠스인 아르디피테쿠스 라미두스로까지 확대하였다. 그의 관점대로라면 일부일처 혼은 두 발 보행과 마찬가지로 모든 호미닌 종의 보편적 특징이어야 한다.

라에톨리 발자국—어른 두 명과 어린 아이 한 명이 다정하게 걷고 있는 발자국 화석—을 러브조이의 주장을 뒷받침하는 근거로 보고 싶은 마음마저 생긴다. 침팬지와 약간 닮은 한 쌍의 부부가 자녀를 데리고, 무리와 떨어져서 여행하고 있다는 설명보다 더 그럴싸한 해석이 있겠는가? 하지만 우리는 이 해석을 액면 그대로 받아들여서는 안 된다. 무엇보다 발자국 화석의 범위가 매우 협소할 뿐만 아니라, 그 근처에 다른 호미닌 개체가 실제로 얼마나 있었는지 알지 못하기 때문이다. 어쩌면 이 발자국 주인들은 무리에서 떨어져 있던 게 아닌지도 모른다. 이와 비슷한 유형의 서식지에서 개코원숭이 집단은 종종 500m 이상 거리를 두고 흩어져 있곤 한다. 다른 건 다 차치하고라도 이 주장을 의심해야 하는 데는 두 가지 심각한 이유가 있다. 첫째, 침팬지 수컷과 암컷은 대개 암컷이 성적 수용력이 있을 때만 일시적으로 배우자 관계를 형성하고, 다른 구성원의 방해를 피하려고 하루나 이틀가량 무리에서 떨어져 지낸다. 하지만 우연히 관찰된 이런 일시적 배우자 관계를 근거로 난혼성 침팬지가 일부일처 혼을 맺는다고 강력히 주장할 사람은 없다. 둘째, 이 첫 번째 전환기 전반에 걸쳐 뇌 크기에서 아무런 변화가 없었다는 점을 고려하면, 오스트랄로피테쿠스가 굳이 양친 양육을 해야 할 필요가 있었겠느냐는 점이다. 침팬지도 양친 양육의 필요를 느끼지 않고 무난히 해결할 수 있던 일이, 뇌크기가 비슷한 오스트랄로피테쿠스에게는 왜 느닷없이 큰 부담으로 느껴져야 했단 말인가?

2장에서 우리는 일부일처 혼이 영아살해에 대한 반응으로서 진화했으며 양친 양육은 그 후에 등장했다는 사실을 살펴보았다. 그러므로 만약 오스트랄로피테쿠스가 전적으로 일부일처 혼을 채택했다면, 그것은 필시 침팬지 집단에서보다 영아살해 위험이 월등히 커서 여성 개체가 보디가드 전략을 채택할 수밖에 없었기 때문일 것이다. 하커트-그린버그의 (2장에서 간략하게 설명한) 영아살해 모델에 따르면, 침팬지 집단에서는 암컷이 살인청부업자 수컷을 찾아야 할 만큼 영아살해 위험이 크지 않았다. 하지만 수컷이 암컷보다 현저히 덩치가 크다는 변수를 가진 (그로 인해 수컷 사이에 세력 차이가 매우 큰) 고릴라 집단의 경우, 영아살해 위험이 매우 크기 때문에 암컷들은 보디가드 전략을 선택한다. 뇌 크기가 공동체의 규모뿐만 아니라(달리 말하면 집단 내의 수컷 수와) 생식과 관련된 (이를테면 생식 주기의 간격 같은) 특징들을 결정한다는 점에서, 오스트랄로피테쿠스와 침팬지는 공동체 규모와 주요한 생식적 특징들에서 거의 차이가 없었다. 그보다 중요한 점은, 2장에서도 분명하게 논의했다시피 영장류의 일부일처 혼 진화가 일방통행으로 진행되었다는 사실이다. 즉 한 번 들어선 이상 일부다처 혼으로 회귀할 길은 없었다. 또한 일부일처 혼은 짝을 이룬 쌍이 각각의 영역에 흩어지는 계기가 되었다. 오스트랄로피테쿠스의 뇌 크기로 보아, 일부일처 혼에 따른 필연적 결과인 집단 규모의 급격한 감소는 절대 일어나지 않았다. 더 중요한 것은 영장류 중에서 일부일처 혼 종은 일부다처 혼 종보다 뇌 크기가 항상 더 작다는 사실이다.

공교롭게도, 바로 여기서 해부학이 우리에게 구원의 손길을 내민다. 해부학은 오스트랄로피테쿠스의 사회적 삶에 대한 세 가지 간접적인 정보를 귀뜸해준다. 첫째, 일부다처 혼을 가리키는 해부학적 지표 자료가 매우 한정적이라는 점, 둘째 성별에 따른 체격 차이를 입증하는 증거가 오히려 더 광범위하다는 점 그리고 셋째는 치아에 남은 금속 서명이 분산 패턴을 알려준다는 점이다.

검지 대 약지의 비율[이른바 2D : 4D 비율이라고 하며, 여기서 D는 '손가락(digit)'을 가리킨다]은 자궁 안에서 태아에게 노출된 테스토스테론의 농도에 영향을 받는다. 난혼성 영장류 종의 경우, 수컷은 암컷을 차지하기 위해 서로 싸워야 하는데, 그 결과 수컷과 암컷 모두의 테스토스테론 농도가 일부일처 혼 종의 평균 농도보다 매우 높다. 따라서 일부다처 혼 종의 수컷은 2D : 4D 비율이 낮은 (검지가 짧은) 반면, 일부일처 혼 종에서는 이 비율은 거의 비슷하다. 현존하는 유인원 중에서 (소형 유인원이라고도 불리는) 긴팔원숭이만 유일하게 의무적 일부일처 혼을 따른다. 긴팔원숭이 12종 모두 수컷 한 마리와 암컷 한 마리가 새끼와 가족을 이루고 살아간다. 이와 반대로 대형 유인원은 모두 일정한 상대를 정하지 않고 교미를 하거나(침팬지와 오랑우탄), 일부다처(고릴라) 짝짓기 시스템을 가지고 있다.

엠마 넬슨(Emma Nelson)과 수잰 슐츠는 이 발견을 마이오세의 유인원〔히스파노피테쿠스(Hispanopithecus)와 피에로라피테쿠스(Pierolapithecus)〕두 속과 손가락뼈가 남은 호미닌 몇 종에게 적용했다. 그 결과 단 한 종을 제외하고 모든 종이 침팬지나 오랑우탄처럼 일부다처 혼을 채택했다는 사실이 드러났다(그림 4.5). 아르디피테쿠스 라미두스는 침팬지와 유사한 짝짓기 전략을 이용한 것이 분명했다. 그리고 다섯 명의 네안데르탈인과 한 명의 고인류(호모 하이델베르겐시스)의 손가락 비율은 현생인류 손가락 비율의 하위 범위에 머물렀다. 하렘 기반의 짝짓기 시스템을 가진 (수컷끼리의 직접적인 경쟁은 드물지만 일부다처 혼을 채택한) 고릴라와 거의 비슷한 범위였다. 유일한 예외는 오스트랄로피테쿠스 아프리카누스인데, 이들의 검지 대 약지 비율은 현생인류의 상위 4분의 1 범위에 속했다. 하지만 의무적 일부일처 혼을 채택한 긴팔원숭이의 손가락 비율보다는 여전히 낮았다. 크게 인심을 써서 오스트랄로피테쿠스 아프리카누스가 현생인류와 비슷한 수준의 일부일처 혼 전략을 채택하기 시작했다고 해도, 제대로 된 일부일처 혼이라고 보기 어렵다. 9장에서도 살펴보겠지만, 현생인류 집단에서도 특별한 사회적 압력이 작용하는 곳에서만 일부일처 혼을 채택했다. 일부일처

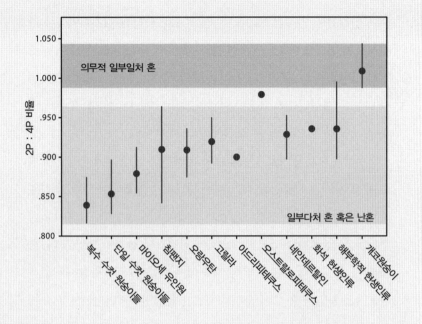

그림 4.5
다양한 호미닌 종과 대형 유인원, 구세계 긴꼬리원숭이(단일 수컷 집단을 형성하는 속과 복수 수컷/복수 암컷 집단을 형성하는 마카크원숭이와 개코원숭이)의 손가락 비율(Digit ratios, 손가락 뼈 화석을 이용해 지표를 나타낼 때는 2P : 4P 비율을 사용하며 살아있는 종의 손가락 길이를 지표로 하는 경우에는 2D : 4D 비율을 사용한다). 검은 점은 각 종의 평균값을 나타내고, 선은 각 자료 값의 분포 범위를 나타낸다. 의무적 일부일처 혼을 따르는 긴꼬리원숭이(더 어둡게 색칠한 부분)와 일부다처 혼이나 난혼을 따르는 원숭이와 현존하는 유인원(약간 흐리게 색칠한 아래 부분)이 구별된다. Redrawn from Nelson et al.(2011) and Nelson and Shultz(2010)

혼이 영장류에 인지적으로나 인구학적으로 막다른 길목이었다는 걸 전제로 하면(2장 참고), 우리는 다음과 같은 결론을 내려야 한다. 오스트랄로피테쿠스 아프리카누스가 정말 일부일처 혼을 채택했다면, 필시 그들은 현생인류의 조상이 아니라고 말이다. 왜냐하면 그 후 등장한 호미닌 종은 모두 일부다처 혼이었기 때문이다.

해부학은 이것을 새로운 관점에서 바라본다. 영장류에서 성별에 따른 몸집 차이는 짝짓기 전략과 매우 긴밀하게 연관되어 있다. 일부일처 혼 영장류의 경우 수컷과 암컷의 몸집이 비슷한 반면, 난혼이나 일부다처 혼 영장류의 경우에는 수컷이 암컷보다 몸집이 훨씬 크다. 특히 대형 유인원의 수컷은 암컷의 두 배에 이른다. 긴팔원숭이와 같은 의무적 일부일처 혼 종의 수컷과 암컷은 몸집이 거의 비슷하다(심지어 암컷이 수컷보다 약 5% 정도 더 큰 경우도 있다). 오스트랄로피테쿠스 속의 모든 종을 포함하여 어떤 호미닌 종에서도 남성과 여성의 몸집이 같은 경우는 발견되지 않았다. 이는 의무적 일부일처 혼을 채택했다고 보기 어려운 증거이기도 하다. 남성과 여성의 몸집 비율이 아파렌시스의 경우 1.56이고, 아프리카누스의 경우 1.35였다는 점으로 보면, 개코원숭이(평균 비율 1.8)나 고릴라와 오랑우탄(평균 비율 2.0)만큼은 아니었지만, 어쨌든 오스트랄로피테쿠스는 침팬지(평균 비율 1.27)보다는 이형태성이 더욱 뚜렷했다. 아프리카누스가 현생인류(평균 비율이 약 1.2)와 유사한 경향을 보인 것은 분명하지만, 그들은 현재의 우리보다는 여전히 이형태성이 더 컸다. 따라서 전적으로 일부일처 혼 짝짓기 전략을 따랐다고 보기에는 상당히 무리가 있다.

행동에서 나타나는 중요한 또 하나의 특징은 성별 분산 패턴이다.

일부다처 짝짓기를 하는 종의 경우 일반적으로 어느 한쪽 성이 출생한 지역에 머물고 다른 한쪽 성이 성숙기가 되었을 때 이웃한 공동체로 이동하는 반면, 일부일처 짝짓기를 하는 종의 경우는 보통 수컷과 암컷이 모두 이동한다. 일단 새끼가 성숙한 후에는 양친 모두 자신과 동성인 새끼에게 유난히 편협한 태도를 보이기 때문이다. 남아프리카 스테르크폰테인(Sterkfontein) 동굴에서 발굴된 오스트랄로피테쿠스 아프리카누스와 파란트로푸스 로부스투스의 치아 표본은 분산 패턴에서 나타나는 성별 차이를 분명하게 보여준다. 산소나 탄소처럼 스트론튬(strontium)도 두 개의 동위원소를 갖는데, 특정 지역의 토질에 따라 두 동위원소가 발견되는 빈도가 다르다. 지역 토양에 함유된 스트론튬 동위원소는 식물에 흡수되고, 다시 그 식물을 먹는 동물의 치아 에나멜로 흡수된다. 화석의 치아에서 스트론튬 동위원소 비율을 분석하면, 그 화석 종이 태어난 장소에서 성체가 되어서도 계속 살았는지 아닌지를 확인할 수 있다.

스테르크폰테인에서 발견된 두 종의 오스트랄로피테쿠스 화석이 가진 스트론튬 서명을 분석한 결과, 여성은 남성보다 최소한 (같은 스트론튬 서명을 가진 식물이 자라는 가장 가까운 채집 지역까지의 거리인) 3km에서 5km 정도 더 멀리 이동한 것으로 밝혀졌다. 이처럼 남성이 출생 지역에 머물고, 여성이 이동하는 분산 패턴이 (긴꼬리원숭이 아과의 원숭이와는 정반대지만) 침팬지와 어쩌면 고릴라의 분산 패턴과 유사하다는 사실로 미루어, 이 오스트랄로피테쿠스 종의 짝짓기 시스템도 침팬지와 유사했을 가능성이 커 보인다. 즉 일부일처 혼이나 암수 한 쌍 짝짓기를 했을 가능성은 희박하다.

오스트랄로피테쿠스가 일부일처 혼을 채택했다는 주장은 설득력이 없는 듯하다. 만약 그들이 침팬지처럼 작은 무리로 흩어져 채집 활동을 했다면, 난혼 짝짓기 시스템을 택했을 가능성이 가장 크다. 왜냐하면 남성이 그처럼 뿔뿔이 흩어져 있는 여성 여럿을 동시에 방어할 수는 없었을 것이기 때문이다. 하지만 만약 내 짐작대로 그들이 식량 자원이 풍부한 호숫가나 강가 주변의 범람원에서 더 큰 집단을 이룬 상태에서 채집 활동을 했다면, 개코원숭이와 겔라다개코원숭이 그리고 어쩌면 고릴라와도 비슷한 하렘 기반의 일부다처 혼 형식을 채택했을 가능성도 있다. 콩고 서부의 바이 서식지 고릴라처럼, 한 명의 남성이 방어를 책임지는 소규모 하렘을 이루었거나 몇몇 남성이 하나의 공동체로서 하렘을 이루어 채집 활동을 함께했다는 주장이 더 설득력 있다. 그 경우에 남성은 서로에게 더 관대해지도록 진화해야 했을 것이다. 왜냐하면 그러지 않으면 규모가 큰 집단을 이루고 함께 채집 활동을 하기도 어렵지만, 무엇보다 탁 트인 범람원에서 포식자에 대응할 만한 힘을 가지려면 서로 단결할 필요가 컸기 때문이다. 어쩌면 오스트랄로피테쿠스 남성의 송곳니 크기가 두드러지게 작아진 까닭이 단결의 필요로 설명될지도 모른다.

오랜 세월 성공적으로 번성했던 오스트랄로피테쿠스는 180만 년 전쯤 느닷없이 찾아온 심각한 기후 변화의 여파로 서서히 사라졌다. 기후는 점점 더 추워졌고, 대기 중의 수분이 극지방의 빙원 속에 갇히기

시작하면서 아프리카 서식지는 더 건조해졌다. 약 200만 년 전부터, 대륙의 대부분을 점유했던 연약형 오스트랄로피테쿠스는 강건형 사촌에게 자리를 내주었다. 동아프리카에서는 파란트로푸스 보이세이가, 서아프리카에서는 파란트로푸스 로부스투스가 그 자리를 차지했다. 이 종들은 크고 단단한 어금니, 두꺼운 턱 근육을 지탱하기 위해 관모처럼 돌출된 정수리 윗부분, C4 서명이 두드러진—어쩌면 땅속에 저장된 식물 조직과 다육식물 섭취가 증가했음을 알려주는—식단을 특징으로 가진다. 사실상 이들은 기후 조건이 점차 악화하자 훨씬 나중에 고릴라가 선택했던 것과 똑같은 적응을 선택했다. 다이앤 포시가 고릴라를 연구하기 위해 찾았던 비룽가 산맥(Virunga Mountains)처럼 질적으로 열악한 서식지에서 잎과 줄기의 속 부분을 위주로 하는 식단을 선택했다. 강건형 오스트랄로피테쿠스는 140만 년 전까지 그 명맥을 이을 정도로 번성했지만, 그들도 결국 열악해진 환경의 압력에 굴복하고 말았다. 호미닌 진화 역사에서 특별히 성공적이었던 시기의 마지막을 장식하고 사라진 것이다. 한편 최후의 강건형 오스트랄로피테쿠스가 지구에서 사라지기 약 50만 년 전부터, 이미 두 번째 전환은 진행되고 있었다. 이제 그 두 번째 전환점으로 페이지를 넘길 차례다.

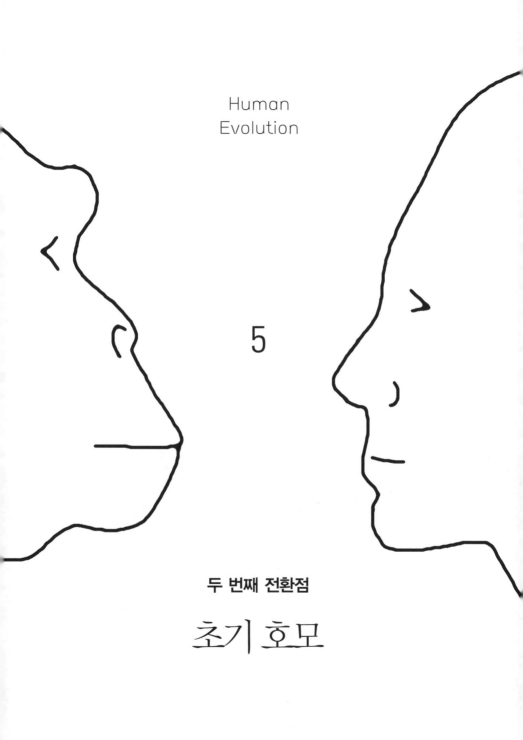

Human
Evolution

5

두 번째 전환점

초기 호모

1962년, 최고의 화석 사냥꾼으로 이름을 날리던 루이스 리키는 동아프리카에서 몸매가 유별나게 가냘픈 호미닌 화석을 발견해 호모 하빌리스(손 재주꾼 인간)라는 이름을 붙여주었다. 왜냐하면 이 화석 종이 같은 시기의 것으로 보이는 원시적인 석기의 제작자였기 때문이었다. 동시에 '위대한 분기(great divide)'에서 우리 혈통 쪽에 속했던 증거임이 확실하기 때문이기도 했다. 약 230만 년 전에 출현한 것으로 추정되는 이 새로운 종은 앞으로는 오스트랄로피테쿠스와 뒤로는 유럽의 호모 에렉투스 집단을 이어주는 가교처럼 보였다. 하지만 20세기 막바지에 이르러 동아프리카에서 동종의 화석과 호모 루돌펜시스와 호모 에르가스테르 같은 관련 종의 화석이 발견되면서, 하빌리스는 오스트랄로피테쿠스의 또 다른 일원에 불과한 것으로 보이기 시작했다. 그래서 현재 하빌리스는 오스트랄로피테쿠스로 분류된다.

그럼에도 불구하고 하빌리스는 이제 막 풀리기 시작하는 위대한 이야기의 일원이 분명하다. 아프리카의 호모 에르가스테르로 대표되는, 근본적으로 새로운 호미닌 종의 출현의 서막이기 때문이다. 출현한

지 몇 만 년 안에 이 새로운 종 호모 에르가스테르는 아프리카 무대를 장악했고, 아프리카를 뛰쳐나와 여러 갈래로 흩어져 처음으로 유라시아 정복에 나섰다. 호모 에르가스테르의 가장 큰 특징은 뇌 크기의 괄목할 만한 발전이었다. 또한 골격 구조를 리모델링해 드디어 활보에 적합한 긴 다리를 갖게 되면서 처음으로 현생인류라고 알아볼 수 있을 만큼 형태를 잡아가기 시작했다. 유목 생활에 더 유리해졌고, 비로소 우리가 '석기'라고 부를 만한 도구를—아슐리안 주먹도끼—제작하기 시작했다. 동아프리카에서 180만 년 전에 처음 출현했던 주먹도끼와 그 제작자들은, 그보다 좀 더 현대화한 도구와 그 도구를 제작한 보다 인간다운 종이 출현하기 시작한 50만 년 전까지, 100만 년이 훌쩍 넘는 시간 동안 집요하리만치 거의 변하지 않았다.

사실 우리는 호미닌 진화의 이 두 번째 단계에 대해서 상당히 오래 전부터 알고 있었다. 최초의 표본이—두개골 조각들과 이상하게 생긴 다리뼈 하나—1890년대 인도네시아에서 발견되었고, 화석을 입수한 네덜란드 해부학자 외젠 뒤부아(Eugène Dubois)는 이 화석에 피테칸트로푸스 에렉투스(Pithecanthropus erectus, 에렉투스 또는 직립원인)라는 이름을 지어주었다. 그 후 1920년대와 1930년대에 중국에서 발견된 거의 완벽한 두개골을 포함한 온갖 종류의 뼈들에는 시난트로푸스 페키넨시스(Sinanthropus pekinensis)라는 이름이 붙었다(현재의 베이징 인근에서 발견되었기 때문에 베이징 원인(또는 북경 원인)이라고도 불린다). 불행하게도, 베이징 원인의 화석 원본은 제2차 세계대전 중에 미국이 지키려고 애썼지만 모두 분실됐다. 그나마 다행인 것은 이 원본을 발견했던 독일의 해부학자 프란츠 바이덴라이히(Franz Weidenreich)가 모든 화석 표본의 상세한 해부학적 특징을 논문으로 발표했고, 화석을 석고로 떠서 훌륭한 모형까지 제작해놓았다. 게다가 1937년 일본이 중국을 공격하기 직전 이 석고 모형을 뉴욕의 자연사박물관으로 안전하게 옮겨 놓았다. 현재 우리가 알고 있는 베이징 원인 화석에 관한 지식은 모두 이 석고 모형을 반세기 동안 연구한 결과다. 아시아에서 발견된 이 다양한 화석은(그리고 뒤이어 유럽에서 발견된 화석도) 훗날 모두 단 하나의 종, 호모 에렉투스로 통합되었다. 더 나중에는 호모 에렉투스와 아프리카의 호모 에르가스테르가 직계후손종으로 통합되었는데, 이 두 종 사이에 차이점이 거의 없었기 때문이다. 유일하게 다른 점이라면, 더 나중에 발견된 아시아 표본의 뇌 크기가 약간 커졌다는 점뿐이다.

어느 모로 보나 이 시기의 가장 중대한 사건은 최초의 아프리카 탈출이다(그림 5.1). 이 사건은 에르가스테르 역사의 매우 초기에 일어났다. 이미 약 180만 년 전에 이들은 흑해 북부의 그루지아에 당도해 있었다. 같은 시기의 것으로 추정되는 파생 종, 호모 (에렉투스) 게오르기쿠스(georgicus)의 화석이 이 지역에서 발견되었다. 이 화석의 추정 연대가 맞는다면, 호모 에르가스테르가 아프리카에서 출현하자마자 곧바로 유라시아를—아프리카에서 러시아 남부까지의 거리는 그냥 담만 넘으면 되는 이웃집 수준이 아니다—침범했다는 의미로 해석할 수도 있다. 그것도 그냥 한 번 넘본 게 아니라, 유라시아를 식민화할 만큼 줄기차게 밀고 들어갔을 것이다.

이 직계후손종의 시대 동안 물질문명과 뇌 용적에 그다지 괄목할 만한 변화가 없었다는 것은—두개골 용적은 아주 조금 더 커졌지만 주

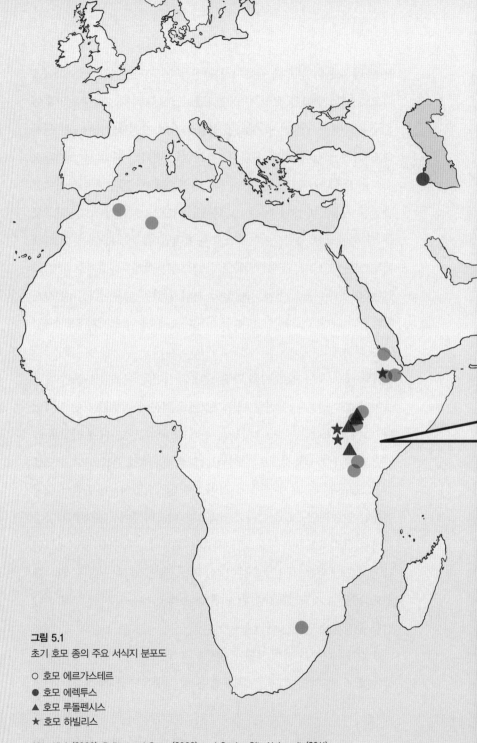

그림 5.1

초기 호모 종의 주요 서식지 분포도

○ 호모 에르가스테르
● 호모 에렉투스
▲ 호모 루돌펜시스
★ 호모 하빌리스

After Klein(2000), Bailey and Geary(2009) and Osaka City University(2011)

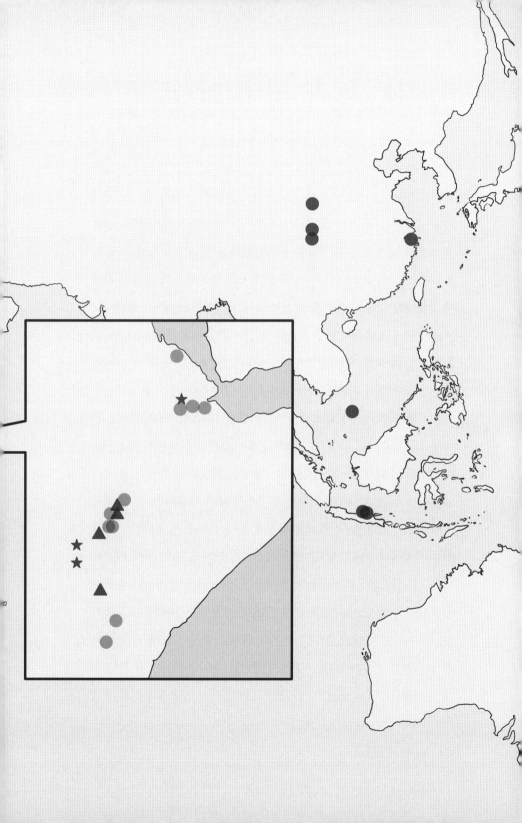

먹도끼의 모양은 100만 년이 지나는 동안 거의 변화가 없었다[1]—달리 말해 우리가 실제로 설명해야 할 주요 대상이 따로 있다는 의미다. 직계후손종으로 간주되는 이 분류군이 180만 년 전 아프리카에 처음 등장했을 때 뇌 크기에서 일어난 '최초의 급속한 발전'을 먼저 설명해야 한다(그림 1.3). 아시아 에렉투스의 뇌 크기가 약간 더 증가한 것은 나중 문제다. 정도와 상관없이 뇌 크기가 증가하려면 그 종이 뇌에 필요한 여분의 에너지를 음식을 통해 섭취했다는 전제가 성립해야 한다. 바로 전 조상인 오스트랄로피테쿠스의 시간 예산이 이미 빡빡한 한계에 달했다는 점을 고려하면, 발생 초기에 있는 이 종의 시간 예산에도 에너지 문제는 매우 심각한 스트레스였을 것이다. 호모 에르가스테르는 이 위기를 어떻게 해결했을까? 어떻게 이 장애를 뚫고 저 너머에 있는 햇빛 찬란한 진화의 성공 고지에 이르렀을까?

이번 장에서는 초기 호모 속의 두 종, 호모 에르가스테르와 호모 에렉투스를 집중적으로 살펴볼 것이다. 10여 년 전 인도네시아의 플로레스 섬에서 발견된, 소위 호빗이라 불리는 몸집과 뇌가 작은 호미닌(호모 플로레시엔시스)에 대해서는 언급하지 않을 작정이다. 그뿐 아니라 오스트랄로피테쿠스와 에르가스테르 사이나 후기 에렉투스와 고인류 사이에서 비교적 짧은 생을 마감했던 몇몇 과도기 종에 대해서도 될 수 있으면 다루지 않을 것이다. 호빗을 비롯한 막간의 종들도 흥미로울 수는 있으나, 따지고 보면 호빗은 키 작은 에렉투스일 뿐이다. 게다가 처음 발견될 당시 언론의 열광과 흥분에도 불구하고, 이 종들은 인간 진화라는 큰 그림에 눈곱만큼도 영향을 미치지 못했다. 다만 아프리카에서 출발한 에르가스테르 집단이 애초에 우리가 생각했던 것보다 다양한 형태였고, 놀랍게도 그중 호빗은 약 1만 2000년 전까지 생존했다는 사실을 기억해두기로 하자(하지만 이들이 생존할 수 있었던 것은 오로지 고립된 섬에 살았기 때문이었다). 호빗이 어떻게 그리고 왜 난쟁이가 되었는지 궁금하고 흥미롭지만[2], 인간 진화라는 더 큰 사건을 파헤치는 우리의 여정을 지체할 정도는 아니다.

더 큰 뇌를 위한 비용 ——

그림 1.3은 다양한 호미닌 종의 (두개골 용량으로 표시한) 뇌 크기 변화를 그래프로 나타낸 것이다. 에르가스테르/에렉투스 시절에도 속도는 느렸을지라도 뇌 크기에서 꽤 중대한 발전을 보였다. 하지만 우리가 당장 고민해야 할 사안은 오스트랄로피테쿠스의 (현존하는 침팬지보다 약간 큰) 480cc에 불과했던 뇌가 최초의 호모 에르가스테르에 이르자마자 (동아프리카에서 발굴된 다섯 구의 표본으로 계산한) 평균 부피 760cc에 이르는 뇌로, 급격하게 발전했다는 점이다. 오스트랄로피테쿠스의 뇌보다 부피로는 280cc, 비율로는 58.2%나 증가했다. 에르가스테르에서 후기 호모 에렉투스까지도 뇌의 부피는 약간의 진전을 보였는데, 약 170cc 정도(22%) 증가해서 930cc에 이르렀다.

이렇게 급격하게 성장한 뇌는 기능을 유지하는 데 상당한 에너지를 필요로 했고, 이 필요는 다시 식량 채집 시간에 대한 압박으로 나타났다. 아주 간단한 계산으로도 채집 활동에 정확히 얼마의 시간이 더 필요해졌는지 알 수 있다. 평균적으로 1,250cc 정도인 인간 성인의 뇌는 몸이 융통할 수 있는 총 에너지의 약 20%를 소비한다. 따라서 뇌 부피가 280cc 증가했을 때 뇌의 에너지 비용은 280/1,250=22.4% 증가한다. 몸이 융통하는 총 에너지의 20%를 뇌가 사용하므로, 따라서 커진 뇌가 필요로 하는 추가 에너지 비용은 22.4×0.2=4.5%다. 에너지 요구량이 식량 채집 시간에 비례한다고 가정하면, 평균적으로 에르가스테르의 뇌에 연료를 공급하기 위한 에너지 비용은 오스트랄로피테쿠스의 것보다 4.5%p 증가했을 것이다. 에렉투스의 뇌는 여기에서 2.7%p 더 증가했으므로, 이들의 섭식 시간도 오스트랄로피테쿠스의 섭식 시간 대비 7%p 증가했을 것이다.

캐롤라인 베트리지의 모델에 따르면, 오스트랄로피테쿠스는 활동 시간의 약 44%를 섭식에 할애하면서 총 에너지 요구량을 충당했다(그림 4.3). 에너지 섭취량이 섭식 시간과 거의 같다고 가정하면(식단에 따라 달라지겠지만, 대체로 이렇게 가정해도 무리가 없다), 에르가스테르의 커진 뇌는 결국 하루 활동 시간에서 (44+4.5) 약 49% 정도를 섭식에 투자하게 만들었다는 결론이 나온다. 에렉투스는 그보다 조금 더 많은 약 51%를 투자했을 것이다. 섭식 시간에 약 5%p를 더 분배하는 게 그리 어려운 일은 아니다. 아마 다른 범주의 활동을 조금씩 조정하면 충분히 상쇄할 수 있었을 것이다. 하지만 에렉투스에 이르면서 조금 더 증가한 섭식 요구량은 쉽게 조정하기 어려웠을 것이다. 모든 점을 고려할 때, 초기에 일어난 뇌 크기의 증가는 초기 호모 속에게 아주 가벼운 비용을 부과했던 듯하다. 실제로 인간 진화를 연구하는 학자들이 예측하는 것보다도 부담이 적었을 것이다. 어쨌든 오스트랄로피테쿠스가 시간 예산에서 초과한 7%p를 만회해야 했던 것처럼, 에르가스테르와 에렉투스도 뇌를 키우려면 각각 5%p와 7%p씩 초과한 시간 예산을 어디선가 만회해야 했을 것이다.

　하지만 해부학적 측면에서, 호모 속의 출현과 함께 달라진 것은 뇌 크기만이 아니었다. 몸집과 체형에도 주요한 변화가 있었다. 호모 에르가스테르는 활보에 (또는 일각에서 제안하듯, 사냥감을 쫓기 위한 달리기에) 적합한 긴 다리를 가졌고, 키도 더 크고 체중도 더 나갔다. 오스트랄로피테쿠스 남성과 여성의 평균 체중이 각각 약 55kg과 30kg이었던 반면, 호모 에르가스테르와 에렉투스 남성과 여성의 평균 체중은 각각 68kg과 51kg이었다. 평균적으로 초기 호모 속의 종은 오스트랄로피테쿠스의 평균 체중보다 40% 정도 더 무거웠고, 초과한 체중만큼 에너지 필요량도 더 늘었다. 이 두 요소(뇌와 체격)를 고려하면, 에르가스테르는 신체와 뇌의 에너지 요구량을 채우는 데―오스트랄로피테쿠스가 소요한 시간보다 21.5%p 많은―62.5%의 시간을 소요했을 것이다.[3] 에렉투스도 거의 같은 시간을 소요했을 테지만, 이들은 에르가스테르보다 뇌는 조금 더 컸지만 상대적으로 몸집은 작아 전반적인 에너지 요구량에는 별로 차이가 없었다. 에렉투스의 몸집이 작아진 것은 어쩌면 고위도 지역인 유라시아의 더 춥고 열악하고 계절성이 큰 환경에 적응한 결과일 수도 있다. 대다수 연구자는 호모 속이 당면한 문제가 큰 뇌에 따른 초과 비용이었다고 추측하지만, 실제로 계산해보면 뇌보다는 몸집이 커지면서 발생한 초과 비용이 더 큰 문제였다. 몸집이 커지면서 생긴 초과 비용은 초과한 총 에너지(그리고 시간) 비용의 4분의 3을 차지한다.

　섭식에 22%p를 추가로 부담하는 일은 오스트랄로피테쿠스의 평균 시간 예산을―4장에서 보았듯, 이들의 예산은 이미 한계에 이르렀으

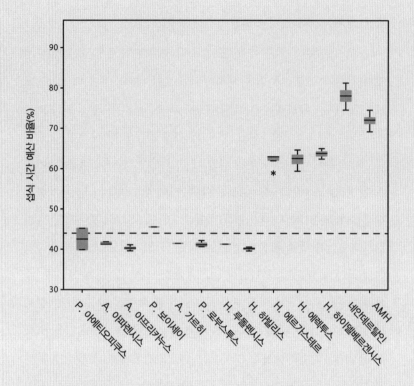

그림 5.2

주요 호미닌 종의 (50%에서 95% 범위까지 표시한) 평균 섭식 시간 비율. 점선으로 표시한 오스
트랄로피테쿠스의 섭식 시간 비율(44%)에 대한 각 표본 집단의 대사 체중 비율을 함수로 섭식
시간을 계산한 것이다. 대사 체중은 에너지 면에서 더 비싼 뇌에는 총 에너지의 20%를, 그리
고 체중에는 나머지 80%를 분배한 값이다.

므로—완전히 뒤흔들어 놓았다. 그림 5.2는 이 문제의 규모를 나타 낸 것이다. 주요한 호미닌 종들이 하루 활동 시간 중 섭식에만 (채집 활동을 위한 이동 시간은 별도로 계산해야 한다) 투자해야 했던 시간 비율을 보여주는데, 이것도 단지 뇌와 몸집의 증가에 따른 비용만을 고려한 수치다. 가로로 그은 점선은 오스트랄로피테쿠스를 기준으로 삼은 선 이다(베트리지 모델에 따르면, 이들이 섭식에 분배한 시간 비율은 44%였다). 호모 (오스트랄로피테쿠스) 하빌리스를 포함하여 다양한 오스트랄로피 테쿠스 속 종들이 이 기준선에 옹기종기 모여 있다. 하지만 호모 에르 가스테르의 출현으로 섭식 시간 비율은 놀라우리만치 치솟았다. 초기 호모 종과 고인류의 경우 62%까지, 네안데르탈인에 이르러서는 (커 다란 몸집과 뇌를 반영하듯) 78%까지 치솟았다. 그러다 해부학적 현생인 류에 이르자 (네안데르탈인보다 몸집이 약간 더 작아진 것을 반영하듯) 72% 로 약간 감소했다.

　에르가스테르가 당면한 문제는 이것만이 아니었다. 자기들의 큰 뇌 때문에 더 커진 공동체의 결속을 위한 사회적 교류 시간도 늘려야 했 다. 그림 5.3a는 호미닌 종들에게 필요했던 사회적 교류 시간을 (그림 2.1에서 보여준 집단의 규모와 그루밍 시간의 관계를 이용해서) 도표로 나타낸 것이고, 그림 5.3b는 오스트랄로피테쿠스 모델로 예측한 비율에 따른 이동 시간(16%)과 휴식 시간(32%)을 포함하여 총 시간 예산 분배 모 델을 도표로 나타낸 것이다. 초기 호모 속에 이르면서 충당할 수 있는 시간 예산을 초과한 것이 확연히 눈에 띈다. 고인류에 이르면서 상황 은 더 악화된다. 네안데르탈인과 해부학적 현생인류는 예산의 50%를 상회하면서 지속 불가능한 상황에 이르렀다.

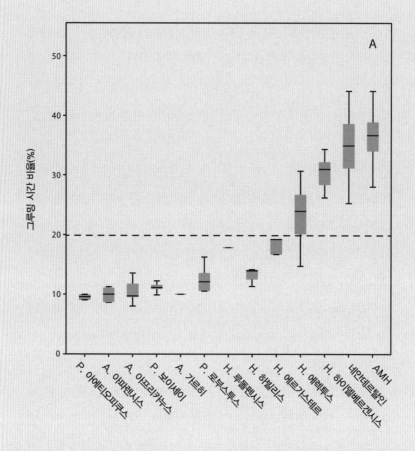

그림 5.3a
주요 호미닌 종의 평균적인 (50%에서 95% 범위까지 표시한) 사회적 교류(그루밍) 시간 비율을 나타낸 것이다. 그림 2.1의 회귀 방정식에 그림 3.3의 공동체 규모를 대입하여 각 표본 집단의 사회적 교류 시간을 계산했다. 20%에 그어진 점선은 자유 상태의 영장류가 그루밍에 투자하는 최대 시간 비율을 나타낸다.

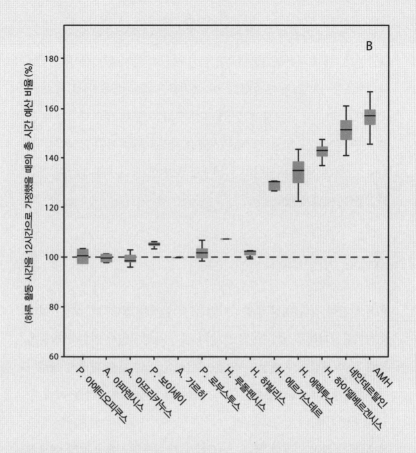

그림 5.3b
주요 호미닌 종이 평균적으로 가용할 수 있었던 총 시간 예산 비율을 (50%에서 95% 범위까지)
나타낸 것이다. 베트리지 모델(2010) 중 오스트랄로피테쿠스 모델(그림 4.3 참고)이 제시하는 필
수 휴식 시간(32.5%)과 이동 시간(16.2%)에 섭식 시간(그림 5.2)과 사회적 교류 시간(그림 5.3a)
을 합산한 값이다.

요컨대, 에르가스테르 집단이 초과한 시간 예산은 무려 30%p에 이르렀는데, 이 초과분의 3분의 2를 섭식 시간이 차지했을 것이다. 호모에렉투스는 32%p를 초과했고, 이 초과분은 주로 이들의 큰 뇌가 지속적으로 집단의 규모를 키운 데서 비롯되었다. 여기서 핵심은 이들 중 어떤 종도 오스트랄로피테쿠스였던 시절로 돌아가지 않았다는 점이다. 그들은 시간 예산이라는 난관을 모면할 돌파구를 찾았던 것이 분명했다. 어떻게 찾았을까?

가능한 시나리오들――

휴식 시간이 감축 대상에 올라있었을 것 같지는 않다. 왜냐하면 이미 오스트랄로피테쿠스가 두 발 보행과 털이 사라지면서 얻은 이점들을 통해 휴식 시간에서 뺄 수 있는 여유분은 거의 다 써버렸기 때문이다. 하지만 에르가스테르가 휴식 시간에서 약간의 여유분을 뺄 수 있는 방법이 하나 있었다. 다만 이 시기 동안 기후가 추워졌다는 중요한 전제가 깔려 있어야 했다. 180만 년 전 아프리카에서 호모 에르가스테르의 출현 시점이 (또는 어쩌면 그 후) 비교적 일정한 속도로 지구의 평균 기온이 떨어지는 기후 변화 시작 시기와 일치하는 것은 우연이 아닐지도 모른다. 그뿐 아니라 수많은 종이 무더기로 멸종하고 (오스트랄로피테쿠스가 아마 그 대표주자일 것이다) 새로운 영장류를 비롯해 여러 포유류 혈통이 우후죽순처럼 등장한 시기와 일치하는 것도 가벼이 보아 넘길 일은 아니다. 이 결정적인 과도기 동안 열대의 아프리카 전역은 평균 기온이 2°C 가량 떨어졌다. 이렇게 낮아진 기온이 에르가스테르의 휴식 시간을 단축시켰을 것이다. 원숭이와 유인원 시간 예산 분배 모델에서 우리가 이용한 휴식 시간 공식에 따르면, 에르가스테르의 휴식 시간은 약 2.5%p가량 감소했다. 이 정도가 뭐 대수냐 싶지만, 어쨌든 출발은 한 셈이다.

또 한 가지 가능한 대안은 이동 시간을 줄이는 것인데, 초기 호모 종의 경우 오스트랄로피테쿠스보다 다리 길이가 월등히 길었으므로, 넓은 보폭이 이동 시간을 줄여주는 결과를 낳았을 것이다. 초기 호모 속의 경우 (양성의 평균) 다리 길이가 0.88m였던 데 반해, 오스트랄로피테쿠스는 0.62m에 불과했다. 호모 속이 약 41% 유리했던 셈이다. 이 이점으로 호모 속의 이동 시간은 11.5% 단축되었고, 결과적으로 5%p 시간 절약 효과가 있었다. 하지만 (긴 다리를 포함하여) 초기 호모 종의 모든 특성으로 보아, 이들은 그 전임자보다 유목민 기질이 훨씬 더 강했다. 그랬기 때문에 사바나 초원에서 더 방대한 영역을 차지했는지도 모른다. 어쩌면 이 특별한 이점은 이동 시간을 단축하는 결과보다는 같은 시간 비용으로 하루 활동 영역을 더 넓히는 결과를 낳았을 가능성이 더 크다. 어쨌든 얼마 되지는 않지만, 지금까지 적립한 7.5%p를 계산에 넣기로 하자.

초기 호모 종의 시간 예산에서 섭식 시간이 실로 많은 부분을 (호모 속의 두 종 모두 총 시간 예산에서 62% 가까이) 차지하므로, 섭식 시간을 절약할 수만 있다면 여유 시간의 효과를 더 크게 얻을 것이다. 우리가 고려하지 않은 한 가지 가능성은 에너지 분배율을 개편하여 신체 각 부분의 기능 유지비용을 재조정하는 것이다. 1995년 피터 휠러와 레슬리 아이엘로(Leslie Aiello)가 '비싼 조직 가설'을 제안했을 때도 이런 점을 염두에 두고 있었다. 그들은 소화기관과 뇌가 특히 에너지를 더 많이 소비하는 기관이라는 점을 간파했다. 소화기관 역시 신경 자극이 매우 활발한 기관이다. 뇌가 비싼 조직인 까닭은 신경을 언제든지 발화할 수 있는 상태로 유지해야 하기 때문이다. 두 사람은 인간 진화의 어느 시점에서 호미닌이 하나의 비싼 조직(소화기관)에서 또 다른 조직(뇌)으로 에너지 분배량을 개편하면서 추가 비용 없이 뇌 크기를 증가시켰다고 주장했다. 그 일이 가능했던 이유는 식단의 질이 향상되면서 영양분의 흡수율이 높아져 축소된 소화기능을 상쇄했기 때문이라고 설명했다.[4] 그림 5.3b에서 호미닌의 시간 분배 비율을 계산할 때 나는 이 점을 고려하지 않고 그 대신 오스트랄로피테쿠스의 경우와 똑같이, 뇌 질량의 상대적인 증가와는 별도로 몸의 주요 기관들에 체중이 고르게 분배되었다고 가정했다. 하지만 만약 뇌에서 늘어난 추가 비용을 실제로 소화기관에서 감소한 비용으로 상쇄했다면 어떨까? 이 전환으로 그들은 섭식 시간을 얼마나 줄일 수 있었을까?

 뇌 크기라는 요소를 배제하고 호미닌의 섭식 요구 시간을 다시 계산하면 (즉 몸집이 커진 점만을 고려하여 조정하고, 뇌 크기의 증가는 소화기관의 축소로 완전히 벌충된다고 가정하면), 초기 호모 종에게는 약 5%p 여유가 생기고, 후기 호미닌에게는 그보다 약간 더 여유가 생긴다(그림 5.4). 비록 대부분의 연구자가 이전에 기대했던 만큼 엄청난 여유가 생긴 것은 아니지만, 어쨌든 시간 예산에 생긴 5%p의 여유는 에르가스테르에게 초과된 30%p의 시간을 25%p로, 에렉투스에게 초과된 34%p의 시간을 29%p로 줄일 수 있다. 여기에 우리가 지금까지 기후 냉각과 긴 다리를 통해서 가까스로 마련한 7.5%p를 합산해주자.

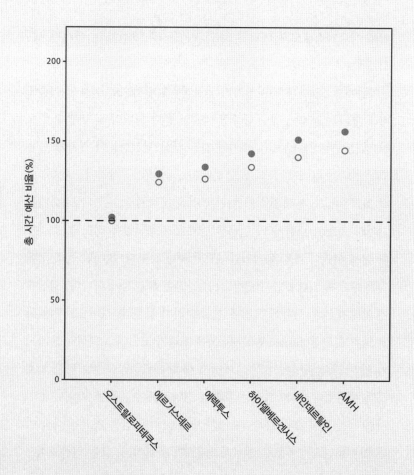

그림 5.4
총 시간 예산에서 섭식 시간에 대한 비싼 조직 가설의 효과로 얻은 여유분. 그림 5.3b에서처럼 오스트랄로피테쿠스의 총 시간 예산을 100%로 잡았을 때, 각 종이 초과한 시간 예산을 검은색 점으로 표시하고, 비싼 조직 가설의 효과를 적용하여 흰색 점으로 표시했다. 큰 뇌의 추가적 에너지 비용은 소화기관 중량의 감소로 상쇄되므로, 결국 체중만이 섭식 시간에 영향을 미쳤을 것이다.

이제 에르가스테르가 채워야 할 초과분은 17.5%p이고, 에렉투스는 21.5%p다.

이들에게 또 다른 선택지가 있었을까? 일반적으로 식물성 식품에 비해 고기는 영양이 매우 풍부한 자원일 뿐만 아니라 뇌 발달에 중요한 영양소인 비타민 B₃(니아신)와 같은 핵심 영양성분이 알차게 함유되어 있다는 점에서, 육식을 또 하나의 선택지로 제시하기도 한다. 비싼 조직 가설도 본래 육식의 이런 장점을 바탕에 두고 있다. 소화기관 크기의 축소는 소화가 더 쉬운 식단으로 벌충되었을 터인데, 소화가 더 쉬운 식단이 바로 육식이었다고 추측한 것이다. 하지만 육식 선택지는 애초에 기대했던 것만큼 그리 간단한 해결책이 아니다. 영장류는 익히지 않은 붉은색 고기를 잘 소화하지 못한다. 하버드의 인류학자 리처드 랭엄(Richard Wrangham)은 요리가 고기의 소화성을 증가시켜 인간 진화 과정에서 생긴 에너지 틈을 메워주었을 것이라고 단호하게 주장했다. 물론 요리는 고기의 영양성분 추출률을 50%나 증가시킨다. 랭엄이 요리(그리고 육식)의 발명 근거로 삼는 자료는 다름 아닌 약 180만 년 전 호모 에르가스테르의 출현이다. 그는 인류학적으로 관찰한 세 가지 중요한 증거가 이 설명을 뒷받침한다고 주장한다. 호모 속의 출현과 동시에 치아와 턱의 크기가 줄어들었다는 것이 첫째 증거다(이는 더 이상 굵고 거친 식물성 식품을 깨물어 부술 필요가 없었기 때문이다.⁵ 그림 5.5). 둘째는 최초로 (요리에 필수인) 불을 사용하기 시작했다는 것이다. 마지막으로는 느닷없이 커진 뇌의 크기가 그 증거라는 것이다.

일반적으로 에르가스테르와 에렉투스가 육식에 매우 의존적이었다

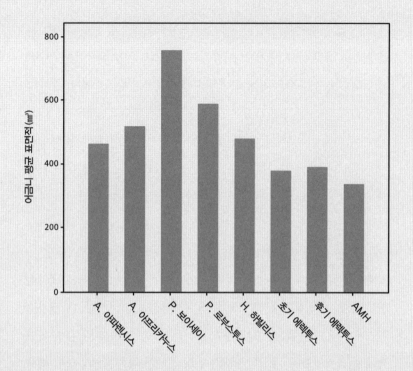

그림 5.5
초기 호미닌과 현생인류의 어금니 평균 표면적. Leonard et al.(2003)

는 사실을 정당화하기 위한 근거로서 이들이 창으로 사냥을 했다는 주장도 심심치 않게 제기된다. 팔을 위로 들어 무언가를 던질 때, 우리의 어깨와 고관절은 마치 정교하게 설계된 스프링처럼 힘을 모았다가 팔을 뻗음과 동시에 투창용 창에 매우 큰 반동력을 전달한다. 여기서 드는 의문은 과연 이 다양한 해부학적 구조가 그런 능력을 제공할 만큼 동시에 발전했느냐다. 사실 오스트랄로피테쿠스 시절부터 가졌던 오래된 구조도 일부 있지만, 해부학적 구조 가운데 상당수가 매우 오랜 시간에 걸쳐 조금씩 축적된 것들이다(어쩌면 20만 년 전 현생인류가 출현하기 전에는 신체 구조의 일부로 완전히 자리 잡지 못했을지도 모른다). 나리오코톰(Nariokotome) 소년[6]의 견대(던지기 기술의 핵심 구조)를 복원한 결과, 소년이 현생인류 범주에 속한다는 사실이 밝혀졌다. 이 결과는 던지기 기술의 진화(즉 사냥 기술의 진화)를 150만 년 전보다 훨씬 이전으로 앞당겨놓았다. 하지만 에렉투스의 견대가 현생인류의 하위 범주에 속한다고 주장하는 것과 던지기 능력이 현생인류와 맞먹을 만큼 뛰어났다고 주장하는 것은 완전히 별개의 문제다. 무엇보다 오늘날 인간이 모두 올림픽 투창 챔피언이나 메이저리그의 투수는 아니지 않은가! 정확히 말해서 우리가 어느 범주에 속하느냐와 던지기를 얼마나 잘하느냐 (금메달을 얼마나 땄느냐는 말할 것도 없고) 사이에는 엄청난 차이가 있다. 모든 것을 종합해보면 초기 호모 종이 일상적으로 창을 던져 사냥을 했다는 주장은 이용 가능한 증거를 타당성의 수준을 넘어 지나치게 확대 해석한 것이다.

한편, 에렉투스가 이따금 돌(아니면 대충 다듬은 나무창)을 던져 먹이를 사냥했을지도 모른다는 주장은 한 번 생각해볼 만하다. 나리오코톰 소년이 살아 있을 즈음까지, 호미닌은 100만 년이라는 시간 대부분을 올도완 석기처럼 간단한 도구를 (기본적으로 돌을) 사용했다. 따라서 맹수를 쫓기 위해서든 사냥을 위해서든 호미닌이 이 석기들을 가끔 던지지 않았다는 것이 오히려 이상할 것이다. 하지만 투창이라고 한다면 문제가 다르다. 뭔가를 던질 수 있는 해부학적 구조를 가졌다는 것은 아주 그럴듯해 보이지만, 거친 나무를 다듬어 적당한 거리를 날아가는 창을 만드는 사고력과 정교한 운동제어 능력을 가졌다는 것은 차원이 전혀 다른 문제다. 게다가 (필시 초기 호모 종은 제작한 적 없는) 예리한 '날'이 없는 창이 (찌르는 용도가 아닌) 투창 무기로 효과적이었는지도 의문이다. 우리가 좀 더 설득력 있는 증거를 찾아내지 않는 한, 가끔 뭔가를 던져 먹이를 획득했다는 설명까지는 인정할 수 있지만, 그토록 일찍 습관적으로 투창 무기를 이용해서 사냥을 했다는 주장은 지나친 억측이 아닐까 한다.

사냥의 배경이야 어찌 됐든, 요리가 고기와 같은 식품의 영양분 추출률을 높여주는 건 분명하다. 열이 세포벽을 파괴하여 소화율을 높여줄 뿐만 아니라, 초식동물에 대한 방어기제로서 식물이 가진 독성 물질도 없애주기 때문이다. 물론 요리를 한다고 모든 식품의 소화율이 다 높아지는 것은 아니다. 소화율 증가의 이점은 붉은색 고기와 땅속 저장 조직에 한정된다. 특히 땅속 저장 조직에 풍부한 녹말은 생으로는 소화하기 어렵지만 요리를 하면 부드러워진다. 하지만 현대의 수렵-채집인조차도 완전히 육식만 하지는 않는다. 이들이 섭취하는 식품에서 고기와 땅속 저장 조직이 차지하는 비율은 45% 정도에 불과하다(표 5.1).

식품 자원 (식단 중 비율)	전 세계	열대 지방	온대 지방
식물성 식품	26.7	40	40
덩이줄기, 뿌리, 구근	8.3		
고기	36	34	40
물고기	29	26	20

표 5.1
현대의 수렵–채집인 식단. 인종지도사전(Ethmographic Atlas)에서 발췌한 현대 수렵–채집인 사회 63곳의 표본. Cordain et al.(2001)

그렇다면 초기 호모 종에게 요리가 어떤 역할을 했을지 살펴보자. 현대 인간의 패턴을 기준으로 삼고, 이들의 식단 중 45%의 식품이 50% 소화율 증가라는 이점을 얻는다고 가정하면, 전반적인 식단에서 22.5%의 질적 향상을 기대할 수 있다.[7] 실질적으로 섭식 시간을 전부 다 (100%) 먹는 데만 투자한다면 영양분 섭취 측면에서는 122.5%p를 획득하는 셈이다. 에르가스테르와 에렉투스가 각자의 큰 몸집과 뇌에 열량을 공급하려면 각각 섭식에 57%와 58.5%를 분배해야 했으므로, 요리를 통해 이들의 섭식 시간은 에르가스테르의 경우 57×(100/122.5)=46.5%로 단축되고, 에렉투스의 경우에는 58.5×(100/122.5)=47.8%로 단축되었을 것이다(결과적으로 두 종은 섭식에서만 각각 12%p와 9%p씩 절약한 셈이다). 실제로 이들이 먹는 음식을 모두 요리했다면, 섭식 시간은 더 줄어서 시간 예산에도 어느 정도 영향을 미쳤을 것이다. 하지만 그랬다 해도 여전히 두 종에게는 각각 5.5%p와 13.5%p씩 시간을 만회해야 할 숙제가 남는다. 물론 이 두 종이 고기와 땅속 저장 조직 섭취를 더 늘려서 이 숙제를 해결했을 수도 있다. 만약 에르가스테르가 식단에서 고기나 뿌리 식물의 비율을 50%와 67.5%로 늘리고, 에렉투스가 그 비율을 130%와 105%로 늘릴 수 있었다면 가능한 얘기다. 이 진화 단계 동안 육식을 증명하는 고고학적 기록이 제한적이라는 걸 고려하면, 두 종의 고기나 뿌리 식물 섭취량은 다 지나치게 높아 보인다. 특히 에렉투스의 섭취량은 확실히 달성 불가능한 수치다. 이들이 전적으로 고기만 (또는 고기와 뿌리 식물만) 먹었다면 가능할지 모르겠지만, 현대의 수렵-채집인들의 식단도 그렇지 않다.

랭엄이 제시한 두 번째 증거는 초기 호모에 이르러 어금니 크기가 작아졌다는 것이다. 호모 에르가스테르의 어금니가 강건형 오스트랄로피테쿠스의 어금니보다 훨씬 더 작은 것은 주목해야 할 사실이다. 하지만 연약형 오스트랄로피테쿠스의 어금니보다는 '그다지' 작지 않았다(그림 5.5). 내가 생각하기에, 호모 속의 어금니가 더 작다는 인상은 대체로 그런 데이터가 체중이나 몸집에 대한 상대적인 수치를 기록한 데서 비롯된 것 같다. 공교롭게도 고인류학 문헌에서는 무의식적으로 모든 것을 체중에 대한 상대적인 수치로 나타내는 경향이 있다. 하지만 이런 경향은 '생물학적'으로 타당한 근거가 없는 한, 증거로 삼기에는 부적절하다. 어금니 크기도 그중 하나다. 실제로 씹는 면적과 효과를 결정하는 것은 상대적인 어금니 크기가 아니라 '절대적인' 어금니 크기다. 따라서 어금니 크기는 우리가 짐작했던 것보다 증거로서의 가치가 크지 않다.

세 번째 증거는 호모 속의 출현과 함께 나타난 뇌 크기의 증가다. 하지만 현실적으로 호미닌 역사에서 이 시점에 증가한 뇌 크기는 후기의 증가 폭에 비하면 상당히 애교스러운 수준이다(그림 1.3). 그런데 여기에 중요한 문제가 있다. 우리가 초기 호모의 뇌 크기에서 나타난 소박한 증가 폭을 설명하는 데 '요리'라는 중대한 요인을 끌어들인다면, 고인류와 해부학적 현생인류의 뇌 크기에서 나타난 현저한 증가 폭은 무엇으로 설명할 것인가?

요리가 어떤 영향을 미쳤든 간에, 이 시점에서는 완벽한 해결책이 아니었던 것이 분명하다. 사실, 호모 속의 출현과 함께 소박하게 증가한 뇌 크기를, 많은 양의 고기를 반드시 요리해 먹었다는 전제로 설명해야 하는지도 의문이다. 무엇보다 날고기라고 해서 전혀 소화가 안 되는 것도 아니다. 요리한 고기만큼은 아니어도 어느 정도 영양분을 얻을 수는 있다. 비록 요리할 줄은 모르지만, 침팬지도 적당한 고기를—그 맛을 즐기면서—먹는다. 침팬지도 그러한데 하물며 초기 호모 속의 종들이 요리하지 않은 고기일망정 고기 섭취를 늘리지 못했을 리는 없다. 굳이 꼬투리를 잡는다면, 그들이 요리를 하지 못해서 고기의 영양분 중 3분의 1을 손해 봤다는 점일 것이다. 육식을 통해 비싼 조직의 에너지 비용에 보탠 5%p의 효과는 총 섭식 시간에서 침팬지의 경우 2%p를 절감시켜 주었고, 초기 호모 종들의 경우에는 약 5%에서 7% 정도를 절감시켜 주었다. 그중에서 요리를 통한 섭식 시간 절감 효과는 약 3.5%p에서 4.5%p 정도로, 아주 미미하다. 사실 너무 미미한 효과라서 굳이 불을 피우느라 노력할 가치가 있었는지 의심스럽다. 한 가지 분명한 사실은 초기 호모 종이 시간 예산의 덫에서 빠져나오려고 육식에 지나치게 의존하지는 않았으리라는 것이다. 게다가 결정적으로, 만약 랭엄의 말이 맞는다면, 그래서 요리된 고기(또는 뿌리 식물)가 그들의 해결책이었다면, 불을 피웠다는 고고학적 증거가 훨씬 더 많이 발견되었어야 마땅하다. 불 없이 요리할 수는 없었을 테니 말이다. 불의 이용에 대해서 고고학적 기록은 어떤 이야기를 들려줄까?

불을 이용했던 흔적들——

불은 열과 빛이라는 두 가지 혜택을 제공한다. 먼 훗날 성공했던 것처럼, 최초의 인간이 유럽과 아시아의 (그리고 물론 나중에는 아메리카 대륙의) 고위도 지역을 침범하는 데에 불은 결정적인 역할을 했다. 하지만 지금 우리가 고민해야 할 문제는 호모 에르가스테르/에렉투스 시절에 요리 도구로 쓸 수 있을 만큼 불을 항상 다루었느냐다. 만약 식단의 절반 정도를 요리했다면, 꾸준히 불을 이용했을 것이고 화덕이나 화로의 흔적이 더 광범위하게 발견되어야 마땅하다.

호미닌이 불을 이용했음을 보여주는 가장 오래된 믿을 만한 증거 (그을리거나 탄 토양의 흔적)는 케냐의 쿠비 포라(Koobi Fora)와 체소완자 (Chesowanja)에 남아 있다. 이 두 증거는 모두 약 160만 년 전—최초의 호모 에르가스테르가 출현한 직후—의 것으로 추정된다. 하지만 이 시점 이후부터는 불을 이용했던 증거가 전혀 없다가 약 100만 년 전 시점부터 드문드문 흔적들이 발견되었다. 100만 년 이후의 증거 가운데 가장 오래된 것은 남아프리카의 스와르트크란스(Swartkrans)에서 발견된 60여 개의 새까맣게 탄 뼛조각들이다. 비교적 고온에서 태운 흔적과 뼈가 절단된 모양 때문에, 뼈들이 우연히 불 속에 던져지거나 떨어진 게 아니라 작정하고 요리를 했다는 주장을 뒷받침해주는 증거로 이용돼왔다. 흑해 북쪽에 면한 보가트리(Bogatyri)에서는 110만 년 전의 것으로 추정되는 불에 탄 뼈가 발견되었고, 이스라엘의 게셔 베노트 야코브(Gesher Benot Ya'aqov)에서는 약 70만 년 전의 것으로 추정되는 불에 탄 나무와 씨앗이 발견되었다. 비슷한 시기의 것으로 추정되는 남아프리카의 윈더베르크(Wonderwerk)에서 발견된 불의 흔적은 아슐리안 도구와 관련이 있다. 이 지역에서 발견된 뼛조각 가운데 거의 절반이 불에 타서 변색된 흔적이 남아 있을 뿐만 아니라,

재가 된 많은 양의 식물 잔해도 함께 발견되었다. 그리고 또다시 오랫동안 화덕을 사용했던 흔적은 사라졌다.[8]

　반면 약 50만 년 전 이후부터는 구세계의 세 대륙 전역에서 불을 사용했다는 흔적이 무수하게 발견된다. 이스라엘의 타분(Tabun), 케셈(Qesem), 움 카타파(Umm Qatafa), 영국의 비치스 피트(Beeches PitBeeches Pit), 독일의 쇠닝엔(Schöningen)에서 화덕이 발견되었는데, 모두 다 약 40만 년 전 것으로 추정된다. 쇠닝엔에서는 불에 탄 나무 말뚝이 발견되었고, 비슷한 시기로 추정되는 영국의 클랙턴(Clacton) 유적지에서는 불로 더 단단하게 만든 것이 분명한 나무창이 발견되었다. 서퍽의 비치스 피트에서는 주먹도끼에서 떨어진 얇은 조각 두 개가 발견되었는데, 두 조각 모두 화덕에 떨어져 불 탄 조각이었다. 오래전 조상 가운데 누군가 불을 피워놓고 그 곁에 앉아 돌도끼를 만드는 장면이 그려진다. 스페인의 애브릭 로마니(Abric Romani), 프랑스 남부의 테라 아마타(Terra Amata), 브르타뉴의 메네즈 드레간 바위 은신처, 지중해와 면해 있는 프랑스 라자레 동굴(Grotte du Lazaret)에서 발견된 화덕도 모두 40만 년 전 이후에 제작된 것으로 추정된다. 실제로 40만 년 전 이후의 유적지에는 거의 모든 곳에서 화덕의 흔적이 남아 있다.

　스페인의 볼로모(Bolomor)에는 네안데르탈인이 작은 포유류(주로 토끼들)를 화덕에서 요리해 먹은 흔적이 남아 있다. 아프리카 잠비아의 칼람보 폭포(Kalambo Falls)에는 18만 년에서 30만 년 전의 것으로 추정되는 불에 탄 장작과 불쏘시개, 뭉툭한 곤봉이 발견되었고, 남아프리카공화국의 플로리스바드(Florisbad)와 핀나클 포인트(Pinnacle Point)에서는 4만 년에서 17만 년 전의 것으로 추정되는 화덕이 발견되었다. 10만 년 전 이후의 것으로 추정되는 화덕의 흔적은 스페인의 라 로카 델스 보우스(La Roca dels Bous) 유적지, 몰도바공화국의 (매머드 뼈 무덤으로 유명한 유적지를 포함하여) 무스테리안(Mousterian) 시대의 여러 유적지, 독일 발레르트하임(Wallertheim)의 간빙기 유적지를 비롯한 여러 곳에서 발견되었다.

아프리카, 유럽, 아시아에서 40만 년에서 50만 년 전보다 오래된 화덕의 흔적이 드문 현상에 대해, 지금까지는 이 시기가 불의 이용에서 주요한 과도기임을 암시한다고 해석해왔다. 이 시기 이전에도 호미닌은 기회가 될 때마다 자연적인 불(가령 번개가 내리칠 때 붙은 불)을 이용했을 테지만, 화덕의 불꽃을 유지할 만큼 불을 다루지는 못했다. 불을 능숙하게 다루기 시작한 것은 약 40만 년 전부터였을 것으로 보인다. 일단 불을 다루기 시작하면서부터는 언제 어디서나 원하는 만큼 불을 유지하거나 다시 지필 수 있었을 것이다. 불의 이용에서 이 과도기는 본격적으로 주거(움막과 동굴을 포함하여)를 기반으로 한 생활을 시작한 시기와 일치하는 듯하다. 제법 큰 화덕은 하루에 약 30kg의 나무를 때야 했을 텐데, 그러려면 시간과 에너지가 꽤 많이 소요되고, 누군가는 책임지고 땔감을 모아야 했으므로 협동심도 필요했을 것이다. 일상적으로 해야 하는 이런 활동은, 감당할 수 있는 한계를 이미 넘어서 버린 시간 예산에 심각한 부담을 안겨주었을 것이다. 게다가 큰 화덕의 불을 유지하려면 몇 사람이 조직적으로 행동해야 했을 것이다. 협동과 순번 정하기가 필요하다는 사실을 인식하는 인지 능력뿐만 아니라 어쩌면 언어까지 동원되어야 했는지도 모른다. 인지 능력과 언어는 큰 뇌에 의존했을 가능성이 크다. 8장에서도 논의하겠지만, 이런 인지 능력을 지원할 만큼 뇌가 커진 것은 약 50만 년 전 고인류가 출현한 이후였다. 요약하면, 비록 일찍부터 요리를 했을 것으로 추정되는 증거가—대개 탄 뼈나 씨앗의 형태로 남은 흔적이—있지만, 요리가 '습관적인' 섭식 형태였음을 입증하는 강력한 증거는 40만 년 전이후에 등장하기 시작한다. 이 해석이 맞는다면 다음과 같이 결론을 내려야 한다. 초기 호모 종은 식단에 획기적인 영향을 미칠 만큼 요리를 습관적으로 하지 않았고, 따라서 요리는 시간 예산 위기를 해결하는 주요한 수단이 아니었다. 인간 진화 과정에서 일어난 다른 여러 현상에 대해서도 그렇지만, 불과 관련한 대다수의 문헌은 불을 이용한 최초의 사례에 초점을 맞추고 있다. 불의 이용이나 요리가 처음 출현한 것을 증명하는 것으로는 요리가 결정적인 역할을 했다고 주장할 수 없다. 매일 꾸준히 '습관적으로' 불을 이용했음을 보여주는 확실한 증거가 필요하다. 고기를 요리할 우연한 기회가 꽤 정기적으로 있었을지는 모르지만, 그런 수준의 정기적인 요리 활동은 초기 호모 종의 시간 부족 문제에 큰 보탬이 될 수 없었다.

웃음이 어떻게 유대감 형성 문제를 해결했을까?——

우리가 아직 고려하지 않은 시간 예산 분배 요소가 하나 있다. 바로 사회적 상호작용 시간이다. 사회적 상호작용 시간은 공동체 크기와 직접적인 관련이 있는데, 제법 큰 규모의 공동체를 유지하기 위해 초기 호모 종들은 오스트랄로피테쿠스보다 거의 두 배나 되는 시간을 그루밍에 분배해야 했을 것이다. 사회적 상호작용 요구 시간을 계산하면서 우리는 각 집단이 원숭이와 유인원 집단과 마찬가지로 그루밍을 통해서 유대를 형성했다고 가정했다. 영장류의 경우, 그루밍은 대부분 일 대 일 활동이다. 동시에 여러 개체를 그루밍 하는 것은 물리적으로(실은 신체적으로) 불가능하기 때문이다. 사실, 이 문제는 우리에게도 해당한다. 현대인인 우리도 특별한 애정을 느끼는 순간 그 애정을 신체적 행동으로 옮기는데, 알다시피 이런 행동은 한 번에 여러 명과할 수 있는 일이 아니다(적어도 그중 누군가는 노발대발하게 된다). 하지만 더 중요한 문제는 원숭이와 유인원이 하루 활동 시간 중 그루밍에 분배하는 시간이 약 20%로 이미 한계에 이른 것처럼 보인다는 사실이다. 다른 활동에도 시간을 분배해야 하기 때문이다. 결과적으로 이들의 집단 규모의 상한선도 약 50개체에 머문다. 초기 호모 종이 이 상한선 이상으로 공동체 규모를 키워야 했다면, 그루밍 시간을 늘리든지 아니면 같은 시간을 투자하면서도 더 많은 사람과 유대감을 형성할 수 있는 좀 더 효과적인 방법을 찾아야 했다. 사실 그들은 같은 시간을 투자해 여러 개체와 동시에 '그루밍' 하는 방법을 찾아내야만 했다.

2장에서 살펴보았듯, 영장류가 뇌에서 엔도르핀을 활성화하려면 그루밍을 통한 신체적 자극이 필요하다. 그리고 이런 엔도르핀 활성화가 유대감 형성에 중요한 역할을 하는 것으로 보인다. 그런데 동시에 몇 명의 사람에게 '그루밍'을 해주는 것과 같은 효과를 내는 한 가지 행동이 있다. 인간과 대형 유인원은 '웃을 수' 있다. 유인원의 웃음은—보통 놀이의 맥락에서 웃음이라는 말을 사용하는데—날숨과 들숨이 연쇄적으로 반복되는 데 반해, 인간의 웃음은 들숨 없이 날숨만 반복된다. 유인원은 숨을 내뱉은 후에는 반드시 숨을 들이마셔야 한다. 그래야 폐를 비우지 않고, 횡격막과 흉벽 근육에 가해지는 압력을 최소화할 수 있다. 이와 대조적으로 인간은 웃을 때 날숨을 빠르게 반복하면서 폐를 비우기 때문에 한바탕 웃고 나면 숨이 차다. 수차례의 실험을 통해 확인되었듯, 웃을 때 흉벽 근육에 가해지는 압력은 엔도르핀을 활성화한다. 따라서 웃음은 공간적으로 멀리 떨어진 상대에게 일종의 '그루밍' 효과를 냄으로써 한 번에 여러 개체에게 엔도르핀 분비 효과를 유도할 수 있다.

뇌에서 엔도르핀 활성화를 유도할 뿐만 아니라 인간의 행동 가운데 특히 전염성이 강한 행동이라는 점에서 웃음은 완벽한 후보다. 똑같은 코미디 영상을 볼 때도 여러 사람과 함께 보면 혼자서 볼 때보다 30배나 더 많이 웃는다. 실제로 웃음은 매우 본능적인 행동이기 때문에, 다른 모든 사람이 웃고 있을 때 혼자만 정색하고 있기는 어렵다. 심지어 웃음을 유발한 농담을 이해하지 못할 때도 자연스럽게 따라 웃는다. 웃음은 시쳇말로, '떼창'의 원형이다. 웃음이 본능적인 행동처럼 보인다는 사실은 그 기원이 상당히 오래되었음을 암시한다. 우리가 꼭 말로 하는 농담이 아닌 것에도 웃음을 터뜨릴 수 있는 이유가 웃음의 진화가 시기적으로 매우 일렀음을 방증한다.

여기서 우리가 주목해야 할 문제는, 그루밍과 비교했을 때 웃음이 얼마나 더 많은 사람에게 영향을 미치느냐다. 달리 말해서, 자연스럽게 터지는 사회적 웃음에 일반적으로 몇 사람이 가담할까? 기욤 데제카체(Guillaume Dezecache)가 이 숫자를 결정하는 실험을 했다. 그는 술집에서 사회적 집단(일행으로 들어와 한 테이블에 둘러앉은 사람)의 크기와 그 집단 내의 대화 집단(같은 주제의 대화에 적극적으로 참여하는 사람)과 웃음 집단(웃음이 터졌을 때 동시에 적극적으로 웃는 사람)의 크기를 조사했다. 이 특이한 표본 조사에서 평균적인 사회적 집단 크기는 약 7명이었지만, 대화 집단과 웃음 집단은 그보다 '훨씬' 작았다. 이전의 연구에서도 그랬지만, 대화 집단의 상한선은 4명이었다. 대화 집단 크기가 4명 이상이 되면, 이 집단은 금세 두 대화 집단으로 나뉜다. 정말 놀라운 점은 웃음 집단(구체적으로 말하면, 한 가지 사회적 상황에서 '함께' 웃는 사람의 집합)의 크기는 심지어 더 작았다. 웃음 집단의 상한선은 3명이었다. 특히 오늘날 우리의 웃음이 대부분 언어를 이용한 농담으로 촉발한다는 점을 고려하면 기대했던 것보다 훨씬 더 작은 숫자다.

웃음 집단의 세 구성원 모두 (한 사람은 농담을 말하면서, 나머지 둘은 농담을 들으면서) 웃기 때문에, 세 사람 모두 엔도르핀이 급증하는 것을 경험한다. 반면에 그루밍의 경우, 엔도르핀 급증을 경험하는 개체는 그루밍 '수혜자'로 한정된다. 웃음이 유대감 형성에 그루밍보다 세 배의 효과가 있는 셈이다. 호미닌이 초기 호모 단계에서 그루밍과 함께 웃음을 유대감 형성 기제로 채택했다면, 실로 엄청난 시간 절약 효과를 얻었을 것이다. 그루밍 시간 비율에 따른 구세계 영장류 집단들의 규모를 예측한 공식에 견주에 보면, 평균 75명으로 이루어진 에르가스테르 집단의 경우는 사회적 상호작용에 하루 활동 시간의 18.5%를 분배해야 했고, 평균 95명으로 이루어진 에렉투스 집단의 경우는 같은 활동에 23.5%의 시간을 분배해야 했다. 만약 그루밍을 보완하는 활동으로 웃음이 그루밍보다 세 배나 큰 효과를 냈다면, 사회적 상호작용에 필요한 시간을 각각 6.2%과 7.8%씩 절약해 주었을 것이다. 이렇게 절약된 시간으로 두 종이 얻은 12%p와 15.5%p씩의 여유 시

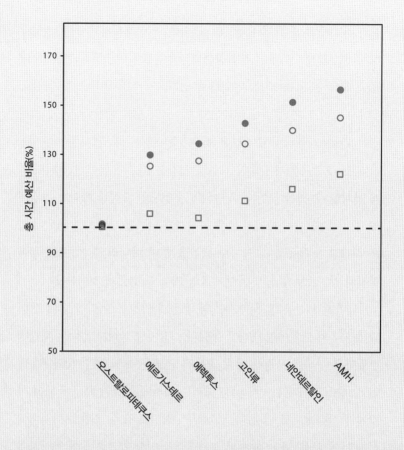

그림 5.6
주요 호미닌 종의 총 시간 예산에 웃음이 미친 영향. 각 종의 총 시간 예산 요구량은 검은색 점으로, 비싼 조직 가설의 효과를 고려한 후의 총 시간 예산 비율은 흰색 점으로 그리고 웃음으로 사회적 상호작용 시간 예산을 절약했을 때의 총 시간 예산 비율은 흰색 네모로 나타냈다.

간과 기후 변화와 두 발 보행 그리고 비싼 조직 가설에서 얻은 12.5%p 의 여유 시간을 합하면, 부족한 시간 예산에서 에르가스테르는 24.5 %p, 에렉투스는 28%p를 만회할 수 있다.

이제 요리를 끼워 넣지 않았어도, 두 종의 시간 예산에서 만회해야 했던 30%p와 34%p에서 남은 것은 5%p에서 6%p뿐이다(그림 5.6). 이 정도 부족분은 우발적인 요리로 시간을 아주 조금만 절약해도 쉽 게 만회할 수 있을 것이다. 식단의 5% 정도만 요리를 했다고 가정해 도, 초기 호모 종이 화덕의 불을 유지하고 먹이를 사냥하는 활동에 많 은 시간과 노력을 쏟지 않아도 되었을 뿐만 아니라, 후기 호모 종이 발전의 발판으로 삼을 만한 여지를 남겨둘 수 있었을 것이다.

지금까지 나는 호모 에렉투스의 공동체 규모를 어림잡을 때 액면 그대로의 뇌 크기에만 바탕을 두었다. 6장에서 살펴보겠지만, 네안데 르탈인은 두개골 용량에 비해 공동체 규모가 더 작았다. 네안데르탈 인은 조도(照度)가 현저히 낮은 고위도 지역에 살았기 때문에 뇌의 시 각계가 상대적으로 더 컸다. 에렉투스 집단도 모두 유럽과 아시아에 서 네안데르탈인과 비슷한 위도 지역에 살았으므로, 시력을 향상시켜 야 하는 선택압을 받았고, 그에 따라 후두부(뇌 뒷부분으로 주요한 시각 처리 과정을 담당하는 부분)의 크기를 키워야 했을 것이다. 비록 증거는 부족하지만, 네안데르탈인과 마찬가지로 에렉투스도 사촌인 에르가 스테르보다 눈구멍과 후두엽이 컸음을 보여주는 몇 가지 지표가 있 다. 만약 그렇다면, 에렉투스의 전두엽 크기는 에르가스테르의 것과 비슷했을 것이다. 네안데르탈인에게 적용해야 하는 것과 같은 비율을 (6장 참고) 에렉투스에게도 적용하여 공동체 규모를 조정하면, 초기 호모 속의 두 종의 차이는 거의 사라진다. 따라서 상대적으로 더 심각해 보였던 호모 에렉투스가 직면한 시간 예산 문제는 거의 말끔하게 해결된다. 다시 말해서, 에르가스테르의 시간 예산 문제를 해결한 게 무엇이었든 간에, 그 해결책이 에렉투스의 시간 예산 문제도 해결했을 것이다.

초기 호모의 뇌는 왜 커졌을까? ——

호모 속의 출현과 함께 일어난 뇌 크기의 증가는 그 속도도 매우 빨랐고 증가 폭도 매우 컸다. 무엇이 이런 극적인 증가를 추동했을까? 아마 호미닌 전체로 놓고 봤을 때, 이 현상을 설명하는 가장 일반적인 견해는 '기후 가변성 모델(climate variability model)'이다. 이 가설에 따르면, 건기와 우기를 조급하게 반복하면서 기후가 유난히 더 불안정해질 때마다 뇌 크기가 증가했다. 기후가 불안정해질 때마다 더욱 열악해진 채집 환경을 극복하기 위해 호미닌은 뇌를 크게 진화시켰을 것이다. 이 가설을 약간씩 수정한 버전들에서는 이런 인지적 변화 때문에 더 나은 품질의 도구를 생산하게 되었다고 말한다. 이 가설을 뒷받침하는 증거로 흔히 유럽의 새를 예로 든다. 겨울 동안에도 유럽의 고위도 지방에 머물러 있는 (따라서 먹이 공급량에 변화가 많은) 새는 겨울을 나려고 열대로 날아가는 철새보다 뇌가 현저히 크다. 예측할 수 없는 환경에서는 큰 뇌가 더 유리한 것이 분명하다.

호미닌에 대해 이 가설이 내세우는 주요한 근거는 지난 400만 년에 걸친 기후의 변화와 관련이 있다. 하지만 이 상관관계는 호미닌이 서로 별개의 종이라는 사실을 무시하고 지질 연대에 따라 표본을 늘어놓았기 때문에 나타난 결과일 수도 있다. 만약 같은 데이터를 종 별로 적용한다면 상관관계는 희미해진다. 특히 초기 호모 종 단계에서는 상관관계가 거의 사라진다. 뇌 크기에서 일어난 변화는 전적으로 종의 차이에 기인하는 것이지, 기후 때문이 아니다. 생태 환경이 영장류 전체의 뇌 크기 진화에 영향을 미쳤다는 증거가 없다는 점도 어쩌면 놀랄 일이 아니다. 무슨 마법을 부린 것도 아닌데 한 혈통 내에서 어느 날 갑자기 호미닌만 완전히 다르게 행동했다면 그게 더 이상하다. 그뿐 아니라 도구의 복잡성이 뇌 크기와 관련이 있다는 주장을 뒷받침하는 설득력 있는 증거도 없다. 도구는 시간이 흐르면서 점차 복잡해진 것은 맞지만, 도구의 복잡성이 뇌 크기의 변화와 보조를 맞추지는 않는다(대개 도구는 뇌 크기의 변화보다 한 발씩 늦었다). 기후 변화가 중요한 가속 원인이었을 수는 있지만, 기후 가변성 가설은 절대적 해답이 될 수 없다.

초기 호모 종의 출현과 함께 뇌 크기에 일어난 극적인 증가가 우기 동안 이따금 동아프리카 열곡이 에티오피아 남부 오모 계곡에서 케냐 중앙의 배링고 호수까지 하나의 거대하고 깊은 호수를 이루었던 시기와 일치한다는 사실을 암시하는 증거가 있다. 우기 동안 이보다 더 남쪽에 더 큰 호수가 발생했음은 의심할 여지가 없다. 이런 지형의 변화는 일부 호미닌 집단의 영역을 더욱 방대하게 확장시켜 주었을 수도 있다. 그 덕분에 호미닌 집단은 이전에는 넘볼 수 없었던 새로운 서식지를 점유할 수 있었을 것이다. 어쨌든, 생태적인 조건 그 자체가 호미닌에게 큰 뇌가 필요했던 '이유'를 설명해주지는 않지만, 그들에게 진화를 허락한 환경을 제공한 것은 사실이다. 이 열곡을 메운 거대한 호수들은 빈번하게 (그것도 매우 빠른 속도로) 마르곤 했는데, 이런 환경의 변화는 새로운 서식지를 점유하던 호미닌 집단에 매우 심각한 선택압으로 작용했을 것이다. 물이 말라가는 환경에 빠르게 적응하지 않으면 멸종했을 테니까.

이제 우리에게는 가능한 두 가지 시나리오가 남았다. 하나는 영장류의 오랜 숙적인 포식의 위험이고, 또 다른 하나는—포식자의 또 다른 이름인—경쟁 (호미닌) 공동체의 위협이다. 포식의 위험은 초기 호미닌에게 적용할 수 있는 꽤 그럴듯한 시나리오인데, 탁 트인 육상 서식지로 이동하면서 맹수에 대한 잦은 노출이 불가피해졌기 때문이다. 일례로 포식 위험이 큰 트인 삼림지대와 숨을 곳이 별로 없는 초원지대까지 넓은 영역에 흩어져 사는 개코원숭이는 원숭이와 유인원 중에서도 가장 크고 안정적인 집단을 형성한다. 그뿐 아니라 더 넓게 트인 사바나 유형의 서식지를 점유하는 개코원숭이 집단은 그 규모가 항상 더 크다. 에티오피아 고지대에서 풀을 먹고 사는 겔라다개코원숭이에게는 이 현상이 더욱 극단적으로 나타난다. 이 종은 소규모 일부다처 가족 단위를 기반으로 하는 매우 복잡한 이합집산 사회 구조를 이루고 살아간다. 이런 소규모 단위의 구성원 숫자는 지역을 막론하고 서식지의 포식 위험도에 따라 달라진다. 그럼에도 불구하고 포식자로부터 도망갈 나무가 없는 트인 고지대에서 채집 활동을 하는 경우에 무리 규모가 가장 크다.[9]

하지만 이 시나리오에도 한 가지 문제가 있다. 인간과 침팬지 모두 포식자로부터 비슷한 수준의 위협을 받았지만, 사회 구조 (공동체) 계층 수가 더 많은 집단과 포식의 위험 사이에 어떤 식으로든 상관관계가 있음을 입증할 만한 증거는 두 종 모두에서 발견되지 않는다. 두 종 모두 이합집산 사회 구조로 되어 있었기 때문에, 바깥 층위의 집단 구성원은 포식자에 대한 방어 효과를 낼 만큼 물리적으로 밀집해 있지 않았다. 침팬지의 포식 대응 집단은 3에서 5개체로 이루어진 채집 무리이고, 수렵-채집 인간의 경우에는 (사냥 집단의 경우에는 5명의 남성, 채집 집단의 경우 10에서 15명의 여성으로 이루어진) 채집 집단과 30에서 50명으로 이루어진 야영 집단(또는 무리)이다. 야영 집단의 규모가 더 큰 까닭은 현생인류가 포식자에 대해 야간에 더욱 취약했기 때문이다. 원숭이와 유인원은 항상 나무 위나 절벽 위에서 잠을 자지만, 그런 곳까지 쉽게 올라갈 수 없는 인간은 포식자의 위험을 감수하더라도 땅 위에서 잘 수밖에 없다. 게다가 영장류답게 밤눈도 아주 어두웠으니 인간에게 밤은 극도로 위험하다. 어느 쪽이든, 두 종 모두 사회 구조상 더 바깥쪽 층위의 (침팬지의 경우 50개체로 이루어진 공동체, 인간의 경우 150명으로 이루어진 공동체) 집단은 지리적으로 너무 분산되어 있기 때문에 포식자에 대한 방어 수단으로서 기능하지 못한다.

침팬지의 경우 사회 구조의 공동체 층위가 어떤 기능을 했던 간에, 침팬지보다 약간 더 큰 규모의 (두 분류군 모두 대략 75에서 80명으로 이루어진) 공동체를 이뤘을 것으로 예측되는 초기 호모 종들도 기능적인 차이는 없었을 것으로 보인다. 침팬지의 공동체에 대한 한 가지 설득력 있는 해석은 실질적인 영토 수호가 목적이었다는 것이다. 식량 자원의 독점권이나 영토 내 암컷에 대한 생식적 접근권을 확보하기 위해서일 수도 있다. 영장류에서는 전자도 가능하지만, 그다지 흔한 현상은 아니다. 많은 영장류가 영역을 확보하는 경향이 있지만 실제로 수컷이 영역을 방어하는 목적은 생식기의 암컷을 독점하기 위해서다. 영장류가 영토를 수호하는 보다 일반적인 변수로는 후자가 더 적합하다. 수컷 침팬지가 동맹하여 이웃 공동체 수컷의 공격에—때에 따라서는 거의 몰살시킬 정도로—대응한다는 사실도 이를 강력하게 뒷받침한다. 침팬지 공동체는 수컷 스스로 목숨을 방어하는 동시에, 자기들의 방어권 내에 있는 생식기 암컷을 독점하기 위해 결탁한 일종의 자기방어 동맹처럼 보인다.

초기 호모 종들은 단순히 침팬지의 습성에서 영역이 더 넓어지고 집단이 확장된 수준에 불과하다는 주장도 일견 타당해 보이지만, 그렇다고 실제로 초기 호모 종들이 동맹 방어를 했다는 것은 이치에 맞지 않는다. 초기 호모 종들이 충분히 협동하여 방어할 수 있었던 영역을 뇌 크기에 따른 비용을 감수하면서까지 갑자기 더 확장하여 큰 공동체를 유지할 필요가 있었을까? 여기에 대해서는 어떤 뚜렷한 동기도 없는 것처럼 보인다. 게다가 결정적으로, 동맹하여 짝짓기 영역을 방어하는 침팬지 수컷의 동료애가 언제까지나 마냥 유지되는 것은 아니다. 침팬지나 개코원숭이와 같은 난혼 짝짓기 시스템을 가진 집단은, 최고 서열의 수컷이라도 일단 집단 내 다른 경쟁 수컷이 다섯 마리가 넘으면 '자신'의 암컷과 다른 수컷이 짝짓기 하는 것을 막지 못한다. 한 집단 내에 암컷의 수가 얼마이든 상관없이, 경쟁 수컷의 수가 많아질수록 최고 서열 수컷이 암컷을 독점하는 능력은 급격히 떨어진다. 집단 내 모든 암컷에 대한 접근을 방어하는 대신, 이 수컷은 발정기에 이른 개별적인 암컷에 집중하려 한다. 만약 동시에 두 마리의 암컷이 발정기에 이르면, 이 수컷은 둘 중 한 마리를 다른 수컷에게 곧바로 인계한다. 침팬지뿐만 아니라 개코원숭이와 마카크원숭이에서도 이런 패턴이 관찰된다. 즉 이 패턴은 이합집산의 사회성이라기보다, 지배 수컷이 신경 써야 하는 경쟁 수컷의 숫자에 따른 단순한 결과다. 서열이 높은 수컷이 그 집단 내에서 여러 마리의 수컷을 용인하고 암컷을 기꺼이 공유하는 경우, 여기에는 필시 어떤 강압적인 동기가 작용하며, 그 동기는 집단 외부에서 가해지는 것이 분명하다. 그 강압적 동기가 포식 위험이 아니라면, 침팬지가 늘 겪던 동종(바로 우리 종의 일원들)의 습격에 대한 방어이거나 아니면 넓은 지역에 퍼져 있는 식량 자원에 대한 접근 기회일 것이다. 초기 호모 종들이 이것 중 어떤 동기 때문에 더 큰 공동체를 이뤄야 했고, 따라서 더 큰 뇌가 필요했는지는 확실히 알 수 없다. 이 문제에 대해서는 7장에서 다시 논의할 것이므로, 지금 당장은 물음표로 남겨두기로 하자.

우리가 확신할 수 있는 한 가지 사실은 초기 호모 종들이 일부다처혼을 따랐다는 것이다. 성적 이형태성의 수준은 (약 1.25로) 대부분의 오스트랄로피테쿠스 속보다 약간 더 낮지만 현생인류보다는 여전히 높은 수준이며, 일부다처 혼이나 난혼을 따랐을 확률이 매우 높았음을 암시한다. (침팬지와 개코원숭이의 경우처럼) 남성이 생식기에 이른 여성에 대한 접근을 놓고 서로 경쟁했는지 아니면 (겔라다원숭이와 개코원숭이 또 어쩌면 고릴라처럼) 여성이 지배적인 남성이 독점하는 하렘으로 분산되었는지, 성적 이형태성 수준만으로는 확실히 알 수 없다. 오스트랄로피테쿠스의 경우에도 그랬듯, 어쩌면 이들의 채집 집단이 얼마나 크고 얼마나 분산되었느냐에 따라 짝짓기 패턴이 달라졌는지도 모른다. 하지만 침팬지와 오스트랄로피테쿠스보다 다소 큰 규모의 공동체를 유지했다는 사실을 고려할 때, 일부다처 혼의 양상을 띠었다는 것이 가장 설득력 있는 결론인 것 같다.

지금까지는 이야기가 비교적 수월하게 진행되었다. 처음에는 오스트랄로피테쿠스로, 그다음에는 초기 호모 종들로, 두 번의 전환과 관련된 시간 예산의 변화는 다소 소박한 편이었다. 식생활에서 일어난 미묘한 변화, 이동성에서 얻은 약간의 이점 그리고 적어도 두 번째 전환점에 한해서는 유대감을 형성하는 새로운 기법(함성처럼 터지는 웃음)의 도입으로 시간 예산 문제를 제법 쉽게 해결할 수 있었다. 사실 따지고 보면 이것은 두 전환점과 관련된 뇌 크기와 몸집의 증가가 우리가 가끔 무심코 믿어버리는 것처럼 그렇게 급격하지 않았기 때문일는지도 모른다. 우리가 도입한 적응이 사소하진 않지만—그 적응 중 어떤 것도 현존하는 대형 유인원의 특질을 단순히 업그레이드시킨 수준은 아니다—그 적응만으로 우리는 요리와 불을 끌어들이지 않고도 초기 호미닌 두 집단을 무사히 진화의 '여정'에 오르게 했다. 향후 뇌 크기에서 일어날 더 큰 변화를 위해 요리를 남겨두었으니, 우리로서는 아주 유리해진 셈이다. 요리와 불을 보류해 놓은 것이 다행인 또한 가지 이유는 고인류로의 세 번째 전환점을 맞으면서 뇌 크기가 더욱 괄목할 만하게 증가하기 때문이다. 물론 우리의 이야기도 그에 못지않게 복잡해질 것이다.

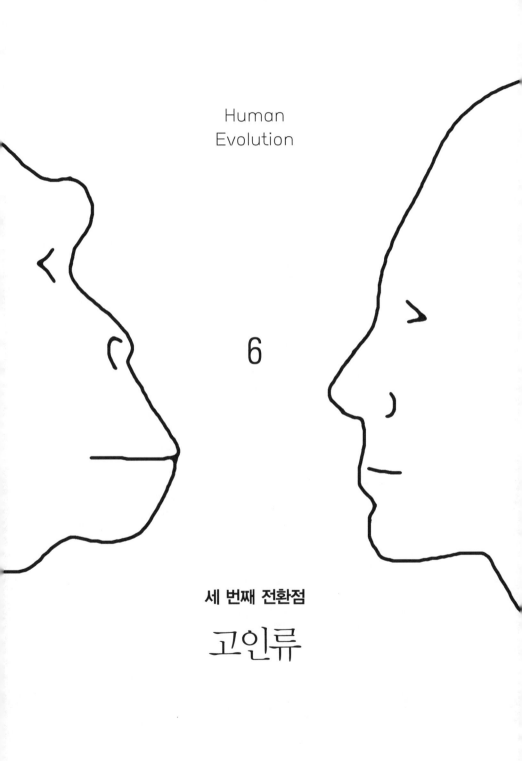

Human
Evolution

6

세 번째 전환점

고인류

세계 기후가 전반적으로 꽤 오랫동안 결코 안정적이지는 않았지만, 지난 100만 년 동안은 이전 어느 때보다도 훨씬 더 불안정했다. 그린란드 대륙빙하에서 채취한 빙핵의 산소 동위원소, 아프리카 대서양 연안의 심해핵 속의 먼지 축적물, 아메바형 원생생물의 껍질에 함유된 산소 동위원소 비율을 측정한 결과에 따르면, 극지의 거대한 대륙빙하가 전진하거나 후퇴하는 것과 발맞춰 지구에는 춥고 더운 기간이 번갈아가며 나타났다.[1] 심할 때는 대륙빙하가 지표면의 3분의 1을 덮기도 했다.

빙결로 인한 기온의 변화는 매우 심각했다. 현재와 비교했을 때, 적도 인근 지방의 평균 기온은 $3°C$가 떨어졌고, 유럽은 $16°C$까지 떨어졌다. 엄청난 양의 물이 빙하에 갇히자 해수면은 지금보다 150m나 낮아졌고, 그로 인해 잠겨 있던 대륙붕이 드러나면서 브리튼 섬과 유럽 본토처럼 이웃한 섬과 섬이 연결되었다. 대륙빙하가 거침없이 그 세를 키우면서 5,000만km^3에 달하는 물을 가두었고, 비를 뿌려야 할 대기 중 수분의 양은 급격하게 감소했다. 빙하기가 이어질 때마다 기후는 지금보다 훨씬 더 건조해졌다. 빽빽했던 숲은 초원으로 바뀌고,

초원은 사막으로 바뀌었다. 심해핵 조사에 따르면, 빙하기 동안 이웃한 대륙에 일어난 대규모 침식작용 때문에 바람에 실려 온 먼지의 양도 극적으로 증가했다.

지난 75만 년 동안 빙하기-간빙기 주기는 여덟 차례가 반복되었다. 각각의 빙하기는 약 10만 년이 넘는 기간 동안 서서히 빙하를 축적하면서 (기온을 떨어뜨리고) 지속하다가 간빙기를 예고하는 갑작스러운 기온 상승과 함께 멈추었다. 뒤를 이어 찾아온 간빙기 기간은 상대적으로 몹시 짧았다(심지어 1만 년에 불과한 적도 있었다). 사실 빙하기 동안 기온이 무작정 내려가기만 했던 것은 아니었고, 더 추운 기간과 조금 더 따뜻한 기간이 짧은 주기로 반복되었다.

가장 최근 〔바로 앞선 '간빙기-마지막 빙하기-현재의 온난한 시기(또는 간빙기)'로 이어진〕 주기는 12만 7000년 전에 시작되었다. 약 11만 5000년 전, 간빙기가 끝나면서 기온은 꾸준히 떨어졌다. 울창했던 유럽의 숲은 삼림지대에 자리를 내주었다. 그러다 약 7만 년 전부터, 기온이 급격하게 떨어지면서 마지막 빙하기가 맹위를 떨쳤다. 최후까지 남아 있던 유럽의 숲이 사라지고, 그 자리에 대륙빙하의 전령처럼 총생초본(뿌리에서 많은 줄기가 무리 지어 자라는 풀)과 사초 과의 식물이 특징인 툰드라가 펼쳐졌다. 툰드라 지대를 따라서 한때 북쪽의 경관을 지배했던 순록, 사이가산양, 털코뿔소, 초원들소, 사향소, 매머드 무리가 찾아왔다. 이들과 함께 남하한 맹수 중에는 현존하는 각자의 사촌보다 덩치가 훨씬 큰 거대한 동굴 곰, 동굴 사자, 동굴 하이에나도 있었다.

4만 년 전 즈음에 이르자, 유럽 전역과 아시아 서부 기후가 완전히 빙하기로 돌아섰고, 1만 8000년 전 빙하기가 절정에 이르면서 유럽 북부의 대부분과 중앙까지도 빙하의 마수에 사로잡혔다. 그러다 1만 4000년 전부터 기온은 상승세를 타기 시작했다. 약 1만 년 전 신드라이아스 사건(Younger Dryas Event)[2]이 끝날 무렵, 반세기도 안 되는 짧은 기간 동안 기온이 무려 7°C나 상승해 마지막 빙하기의 종말을 재촉했다. 이 극적인 기온의 변동으로 생태 환경은 이루 말할 수 없이 불안정해졌을 것이다.

에르가스테르/에렉투스 분기군의[3] (180만 년 전에서 50만 년 전까지 거의 100만 년에 이르는 시간 동안 해부학적 구조나 물질문명에서 거의 변화가 없는) 장구한 존속은 환경 조건이 변화에 대한 선택압을 강요하지 않을 때는 아무 일도 일어나지 않는다는 사실을 일깨워준다. 그러다 60만 년 전쯤 아프리카에서 느닷없이 새로운 종이 출현했다. 마침내 (일반적으로 호모 하이델베르겐시스로 정의하는[4]) 고인류가 등장한 것이다.

하이델베르겐시스가 (영국 복스그로브에 50만 년 전으로 추정되는 흔적을 남긴 것으로 미루어) 매우 이른 시기에 유럽과 서아시아를 점유하기 시작했고, 그 후 20만 년 동안 꽤 지속적으로 그곳을 지배한 것이 분명하다(그림 6.1). 하지만 30만 년 전쯤에 이르면서 유럽의 하이델베르겐시스는 초기 네안데르탈인으로 진화를 시작했다. 더 동쪽에 있던 무리는 고인류의 또 다른 한 종인 데니소바인이 혈통을 이은 것으로 보인다. 지금까지 데니소바인은 시베리아 남부의 알타이 산 동굴에서 발견된 소량의 뼛조각으로만 확인되었는데, 약 4만 년 전에 매장된 것으로 추정된다. 그런데 데니소바인의 DNA는 마지막 공통 조상과 약 80만 년 전에 한 뿌리에서 갈라져 나왔음을 암시할 만큼 네안데르

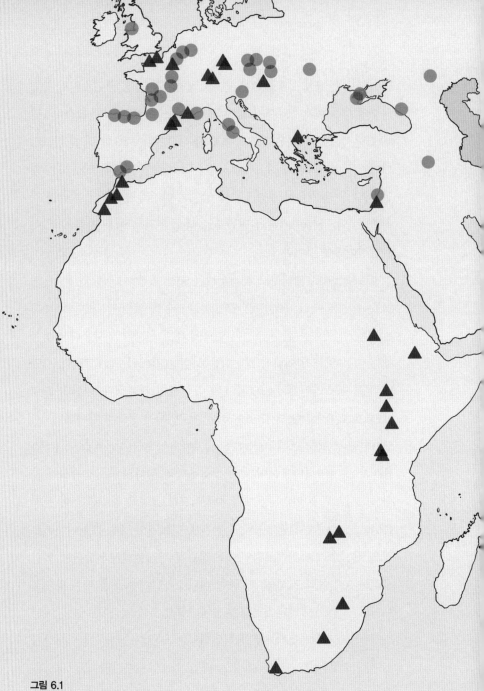

그림 6.1
주요 고인류 종의 유적지 분포.

▲ 고인류 (호모 하이델베르겐시스, 초기 네안데르탈인, 초기 현생인류, 데니소바인)
● 네안데르탈인

After Klein(2000), Bailey and Geary(2009) and Osaka City University(2011)

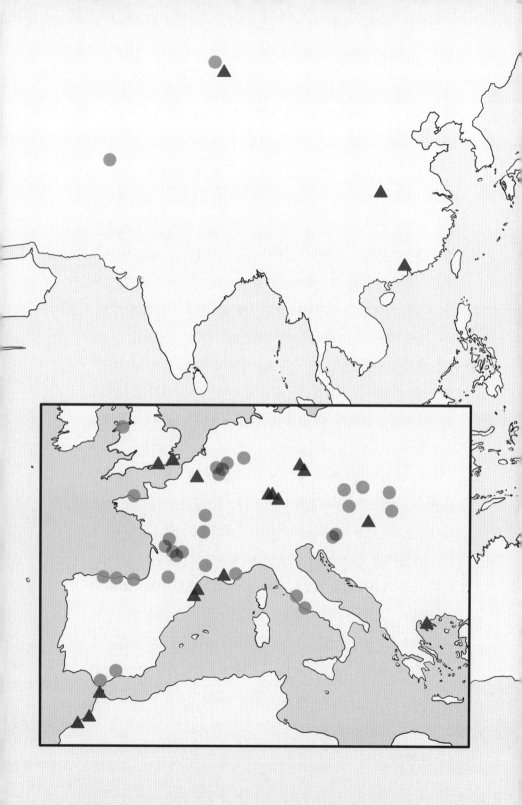

탈인이나 해부학적 현생인류와 다르다. 모든 가능성을 종합해 보건대, 데니소바인들은 일찍이 유라시아를 평정했던 하이델베르겐시스의 동쪽 무리가 분명하다.

고인류는 초기 호모 종을 연상케 할 만큼 체격이 건장했는데, 유라시아의 네안데르탈인까지도 이 체격을 유지했다. 하지만 네안데르탈인은 이 시기를 지나는 동안 뚜렷하고 독자적인 진화의 여정을 걸으면서 두개골 부피가 증가하고 체격이 더욱 건장해져 유라시아 남부의 추운 기후에 훨씬 더 잘 적응한 것처럼 보인다. 네안데르탈인의 다부진 체격과 약간 짧은 팔다리는 오늘날의 에스키모인을 연상시킨다. 두 집단은 각자 추운 기후 환경에 적응하면서 열 손실을 줄이기 위해 이런 체형을 발달시켰다. 일각에서는 네안데르탈인의 석기가 이 세 번째 전환기 막바지에 이르면서 모양도 복잡해지고 미학적인 면에서도 괄목할 만하게 발달했다고 주장하기도 하는데[5], 여기에 대해서는 아직 이렇다 할 결말이 나지 않았다.

호모 에르가스테르(760cc)와 호모 에렉투스(930cc)에 이어 뇌 크기도 꾸준히 증가해서 하이델베르겐시스에 이르러서는 (에르가스테르보다 55% 증가한) 평균 1,170cc까지 커졌다. 네안데르탈인은 1,320cc까지 그리고 우리 종의 화석 구성원(해부학적 현생인류)에 이르러서는 1,370cc까지 증가했다. 이처럼 극적이면서 빠른 변화가 모두 합해 30만 년도 채 안 되는 기간에 벌어진 것이다(그림 1.3). 결국 이 기간에 뇌 크기를 증가시켜야 하는 강력한 선택압이 있었음을 암시한다고 볼 수 있다. 뇌 크기의 급격한 증가는 우리가 고고학적 기록에서 발견하는 도구와 물질문명의 종류와 품질에도 지대한 영향을 미쳤다. 이런 이유에서 나도 관행을 따라, 하이델베르겐시스를 필두로 한 나중의 두 분류군만을 '인간'으로 간주하고자 한다. 이들에 이르러서야 비로소 초기 호모 종보다 모든 면에서 월등해 보이기 시작한다.

최초의 가족——

스페인 북부 부르고스(Burgos) 인근의 아타푸에르카 산맥의 시마 데 로스 우에소스(소위 '해골의 구덩이'라고 부르는) 동굴 지대는 호미닌 화석 유적지로 가장 주목받는 곳 중 하나다. 철도 건설 중에 발견되어 1900년대에 잠깐 발굴 작업이 진행되기도 했지만, 실제로 주목받기 시작한 것은 1960년대에서 1970년대에 본격적으로 발굴이 진행되면서였다. 오랜 기간에 걸쳐 다양한 인간 종이 이 동굴 지대를 점유했다는 사실이 속속 드러났다. 1983년에 암벽 틈으로부터 13m 아래에 천정이 낮고 작은 방이 발견되었다. 이것이 오늘날 이른바 '해골의 구덩이'로 알려진 방이다. 이 방에서 지금까지 발견된 것 중 가장 많은 호미닌 화석이 발견되었다. 남녀노소 구별이 가능한, 최소한 32구의 유골에서 1,000개 이상의 뼈가 발견된 것이다. 35만 년 전의 것으로 밝혀진 이 유적지의 거주자가 하이델베르겐시스였는지 (보다 최근에 제기된 바대로) 초기 네안데르탈인이었는지는 여전히 논란이 많다. 어느 쪽이었든, 모든 고인류의 표준이라고 할 만큼 전 연령대와 성별의 뼈를 모두 갖춘 매우 독특한 모음이다.

다른 고인류와 마찬가지로, 구덩이 속 사람은 현생인류와 고인류의 특징을 혼합해 놓은 것처럼 보인다. 두개골은 두터운 눈썹선과 낮은 이마가 특징이었고, 뚜렷하게 돌출된 턱이 없었다. 뇌 크기는 현생인류 기준에는 약간 못 미치지만 에르가스테르/에렉투스 화석의 평균보다는 훨씬 더 큰 1,125cc에서 1,390cc였다. 이들은 강건했고 무거운 뼈를 가지고 있었다. 일례로 이들의 다리뼈는 뼈 두께를 거의 다 차지할 만큼 피층이 (현대인의 피층 두께가 몇 mm에 불과한 것에 비하면) 상당히 두꺼웠는데, 이는 평생 동안 체중 부하나 다른 압박을 받았음을 암시한다. 평균 신장은 남성의 경우 1.75m, 여성의 경우 1.70m로 현대인과 거의 비슷했다. 그중 몇 구는 신장이 최소한 1.8m 정도였을 것으로 추정된다. 눈썹 뼈, 비스듬한 이마, 턱이 없고 세 번째 어금니 뒤로 빈틈이 뚜렷한 것으로 보아, 후기 네안데르탈인보다 앞선 종이었다. (최근 〈사이언스〉지에 발표된, 해골의 구덩이 속 유골 DNA 분석 결과에 따르면, 이 구덩이 속 사람의 DNA는 네안데르탈인의 대립유전자를 더 많이 보유하고 있었다. 따라서 네안데르탈인 계통군에 속한다고 볼 수 있다. 또한 이 결과로 인해 현생인류가 데니소바인과 네안데르탈인의 공통조상에서 분기된 시점도 지금까지 생각했던 것보다 10만 년에서 40만 년 앞섰을 것으로 추측된다고 한다—옮긴이)

이 화석이 그 집단의 무작위적인 표본이라면, 성인기 이전에 사망했다는 점이 확실히 중요한 의미를 가진다. 모든 표본의 절반이 18세가 채 안 돼서 사망했다. 앞니의 마모가 특히 심하고, (거의 모든 화석이) 두 개골로 이어진 턱 관절뼈 표면에 관절염을 앓았던 흔적이 남아 있었다. 이것은 음식은 물론이고 종종 (살가죽이나 도구 같은) 음식이 아닌 물건을 절단하는 바이스로 앞니를 이용했음을 암시한다. 치아의 성장선들은 사는 동안 생리학적으로 겪은 (질병이나 영양실조와 관련된) 스트레스를 보여주는데, 대부분 젖을 뗄 무렵인 4세쯤 발생했을 확률이 높다. 치아의 상태는 대단히 좋았고 충치를 앓은 흔적도 거의 없었다. 어쩌면 이쑤시개를 자주 사용했기 때문인지도 모른다. 어금니 틈 사이에나멜 표면에 세로로 긁힌 홈들은 마치 가느다란 물건을 이쑤시개로 사용했던 흔적처럼 보인다.

하지만 또 한 가지 분명한 사실은 이들이 매우 심각한 수준의 질병을 앓았다는 점이다. 아타푸에르카 5번 유골의 두개골에는 패혈증으로 사망했다는 흔적이 남아 있다. 패혈증은 치아에서 점점 번져 눈구멍에까지 이르렀는데, '극심한' 고통이 뒤따랐을 것이다. 또 다른 유골 한 구에서는 최초로 귀머거리의 흔적이 발견되었다(한 남자 유골의 외이도가 일종의 골질성 혹으로 막혀 있었는데, 이는 귓병의 전형적인 후유증이다). 골절의 흔적은 없었지만, 몇 구의 두개골에는 강한 충격을 받은 흔적이 남아 있었다. 넘어졌든지 단단한 물체로 맞았든지, 둘 중 하나일 것이다. 아타푸에르카 5번 유골에서는 이런 상흔이 무려 13개나 발견되었다. 몹시 덜렁대는 사람이었을 수도 있고 아니면 툭하면 싸움을 일삼던 사람일 수도 있다.

아타푸에르카 화석 표본이 왜 구덩이에 몰아넣어져 있었는지는 지금도 의문이다. 이 깊은 구덩이에 뼈가 쌓여 있는 까닭을 설명하는 가장 일반적인 두 견해(맹수들이 사냥한 사체를 모아놓는 동굴 은신처였다는 설과 동굴 표면에서 죽은 후 그 뼈가 지하수에 휩쓸려 쌓였다는 설)는 별로 신빙성이 없어 보인다. 맹수에게 먹혔거나 오랜 시간에 걸쳐 뼈가 하나씩 떨어져 쌓였다고 보기에는, 적어도 일부 뼈는 보존 상태가 지나치게 완벽하기 때문이다. 게다가 어떤 뼈에도 맹수의 이빨에 씹힌 흔적 따위는 없었다. 사후에 누군가 의도적으로 시신을 그곳에 던져 넣었을 가능성—맹수가 시체를 파먹지 못하게 하기 위해서였든 아니면 동굴 입구에서 시체가 부패하면 생활공간을 오염시킬 것을 염려해서였든—도 얼마든지 생각해볼 수 있다. 어쩌면 그 구덩이가 저승으로 통하는 입구였는지도 모르고 (8장에서도 살펴보겠지만, 이는 샤머니즘에 흔한 주제다), 매장의 한 형식이었는지도 모른다. 그 이유가 무엇이었든, 유골의 배치에서 어떤 격식이나 규정을 따른 듯한 증거는 없다. 유골은 마치 수직굴 속으로 던져 넣은 것처럼 난잡하게 쌓여 있었다.

해골 구덩이 사람들이 살았던 세상——

5장에서 보았듯, 호모 하이델베르겐시스에게 요구된 섭식 시간은 하루 활동 시간의 64%에 해당했다(그림 5.2). 호모 에르가스테르의 섭식 시간 비율보다는 아주 약간 높은 수준이다. 비싼 조직 가설 효과를 근거로 조정하면 하이델베르겐시스의 섭식 시간 비율은 56%까지 줄어든다(그림 5.4). 물론 더 커진 뇌 덕분에 하이델베르겐시스의 공동체 규모도 괄목할 만한 수준으로 증가했고, 그에 따라 이들은 섭식 시간뿐만 아니라 큰 공동체를 유지하기 위한 사회적 상호작용 시간도 늘려야 했다. 우리의 공식이 예측한 바에 따르면, 하이델베르겐시스의 공동체는 평균 약 125명으로 이루어진 집단이었는데, 74.5명으로 이루어진 호모 에르가스테르의 공동체에 비해 무려 68%나 증가한 셈이다(그림 3.3). 이런 규모의 공동체를 유지하려면 에르가스테르의 그루밍 시간보다 거의 12%p 늘어난, 하루 활동 시간의 30.5%를 그루

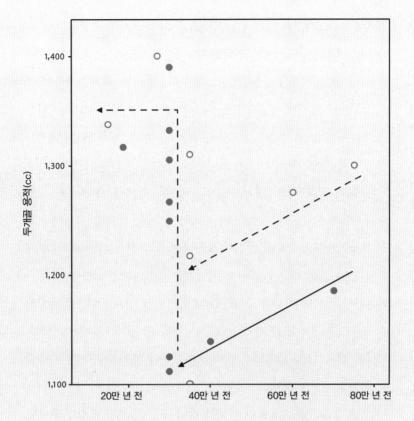

그림 6.2

호모 하이델베르겐시스 표본의 두개골 용적 변화.

● 고위도 지방의 집단(유럽)
○ 저위도 지방의 집단(아프리카)

30만 년 전까지 뇌 크기는 감소세를 보이는데, 위도뿐 아니라 점차 떨어진 기온의 영향을 받았기 때문일 것이다. 그 후부터는 습관적인 요리와 온기를 위한 불의 사용 그리고 무엇보다 하루 활동 시간의 연장 등으로 뇌 크기가 폭발적으로 증가했다.

De Miguel & Heneberg(2001)

밍에 투자해야 했다(그림 5.3a). 비싼 조직 가설 효과의 조정을 거친 후에 하이델베르겐시스에게 필요한 총 시간 예산은 에르가스테르보다 거의 10%p 늘어난 134.5%였다(그림 5.3b). 다행히 이 시기에 지속적으로 한랭해진 기후 덕분에 휴식 시간을 줄일 수 있었을 테지만, 아무리 줄여봐야 2%p정도에 불과했을 것이다. 하이델베르겐시스에게도 역시 부족한 시간과의 사투가 크나큰 숙제였다.

하지만 우리가 종의 평균치에 집중하느라 간과한 사항이 하나 있다. 바로 하이델베르겐시스의 뇌 용적이 30만 년 전 즈음부터 매우 급격하고 현저하게 증가한 것처럼 보인다는 사실이다(그림 6.2). 비록 표본의 양이 적을 때는 단언하기 어렵지만, 그림 6.2를 보면 에르가스테르를 기점으로 초기에 증가하던 뇌 용적이 50만 년 전을 전후로 감소세로 기울다가 30만 년 전 어느 시점부터 매우 가파르게 증가했다. 주목할 점은, 초기 단계에서 열대지방 표본의 측정점(흰색 점)이 유럽의 측정점(검은색 점)보다 일반적으로 매우 높게 나타난다는 점이다. 이는 고위도 지방을 점유한 북쪽 집단이 매우 큰 부담을 감수해야 했기 때문에 뇌 용적을 (그리고 에렉투스의 경우와 마찬가지로 몸집도) 희생해야 했다는 의미로 보아야 할 것이다. 아마도 시간과 에너지 예산의 균형을 유지하기 위해서였던 것으로 보인다. 하지만 30만 년 전을 기점으로 뇌 크기는 매우 극적으로 증가했고 그와 동시에 고위도와 저위도 집단의 차이도 사라졌다. 이는 하이델베르겐시스 집단이 해결책을 찾았을 가능성을 시사한다. 이 시점이 불을 이용하기 시작한 직후였다는 사실도 결코 우연은 아니다(5장에서 보았듯, 불을 이용한 것은 40만 년 전이었다). 어쩌면 불을 이용해 습관적으로 고기를 요리하는 것으로써 이 고인류는 이전에 겪었던 뇌 크기에 대한 압박을 극복할 수 있었을 것이다.

이처럼 나중에 뇌 크기를 증가시킨 촉발 인자가 무엇이었든 간에, 그것은 예측된 집단의 규모와 총 시간 예산에 중대한 영향을 미쳤을 것이다. 시기와 위도의 차이를 조정한다면, 30만 년 전을 기점으로 그 이전 집단의 평균적인 총 시간 예산은 저위도 집단은 142.2%, 고위도 집단은 139.4%가 된다. 또 30만 년 전 이후 총 시간 예산은 저위도 집단이 146.7%, 고위도 집단이 142.4%가 된다. 우리가 에르가스테르/에렉투스에게 부족했던 시간 예산을 만회했다고 가정하면, 우리가 해결해야 할 추가 시간 예산은 에렉투스에게 애초에 필요했던 129.5%의 시간 예산과 하이델베르겐시스에게 필요한 시간 예산의 차이뿐이다. 바꾸어 말하면, 초기 하이델베르겐시스의 경우에는 11%p만 만회하면 되고, 후기 하이델베르겐시스는 저위도 집단에서 13%p, 고위도 집단에서 12.5%p를 만회하면 된다.

물론 가장 유력한 해결책은 요리다. 잘 익힌 고기와 덩이줄기 식단은 영양소 흡수율이 50%가량 증가한다. 결과적으로 하이델베르겐시스의 섭식에 필요한 시간을 14.7%p까지 줄일 수 있다(그림 6.3).[6] 그 정도면 저위도 하이델베르겐시스 집단의 시간 부족분은 충분히 만회하고도 남으며, 고위도 집단의 경우에도 오히려 5%p가량의 여유가 생긴다. 자, 이제 하이델베르겐시스 집단은 시간이 남아돌게 생겼다. 즉 식단에 오르는 모든 고기와 덩이줄기를 요리해야 했다고 억지 주장을 할 필요가 없어진 것이다. 초기 하이델베르겐시스 집단이 불을 이용하는 방법과 요리법을 배울 시간적 여유가 생겼으니, 우연한 요

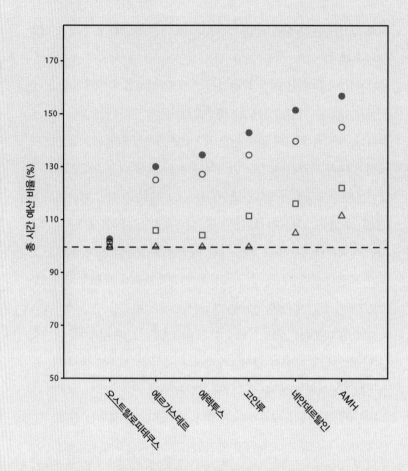

그림 6.3

주요 호미닌 종의 총 시간 예산 비율에 미친 육식 식단의 영향. 그림 5.6에서처럼, 본래 각 종
에서 초과된 시간 예산은 검은색 점으로, 비싼 조직 가설의 효과를 적용한 시간 예산은 흰색
점으로, 웃음의 효과는 흰색 네모로 표시했다. 흰색 세모는 요리를 통한 육식 비중이 높아진
식단의 영향을 적용한 것이다.

리(에렉투스)에서 약간 규칙적인 요리로(초기 하이델베르겐시스), 그다음에는 더 많은 음식을 요리하는(후기 하이델베르겐시스) 식으로 점진적으로 발전했다는 주장에 더욱 힘이 실리게 되었다. 초기 하이델베르겐시스가 가용할 수 있는 시간 여유분은 아마 30만 년 전을 기점으로 뇌 크기가 급격하게 증가하는 데 결정적인 역할을 했을 것이다. 그림 6.3에서 삼각형은 요리를 통해 육식의 양을 늘림으로써 비싼 조직 가설 효과를 충분히 이용한 경우, 총 시간 예산이 어떻게 달라지는지를 표시한 것이다.

요리는 뜻밖의 이득이었다. 설치류의 섭식 행동 조절 메커니즘에 관한 최근의 연구에서도 밝혀졌듯, 식사 과정은 엔도르핀 시스템을 활성화한다. 우리가 과식한 후에 특히 더 만족감을 느끼고 나른해지는 이유도 어쩌면 엔도르핀 활성화의 효과일 수 있다. 푸짐하게 먹고 나면 엔도르핀이 활성화된다. 그러니 잔칫날이나 축제 때 여럿이 모여서 음식을 먹는다면, 사회적 결속 측면에서 틀림없이 유리할 것이다. 물론 이것도 요리 덕분에 가능해진 일이다. 우리는 함께 음식을 먹는 사람에게 친근감과 동지애를 느낀다. 어쩌면 우리가 여럿이 함께하는 식사를 대단히 중요하게 여기는 까닭도 그 때문인지 모른다. 특히 호감이 가는 사람과 음식을 먹으면서 이야기하면 그 사람에 관해 자연스럽게 더 많은 것을 알게 될 것으로 생각하는 까닭도 식사의 사회적 결속력 때문인지도 모른다. 이런 식의 사회적 식사는 거의 모든 문화권에서 중요한 의미가 있는 듯하다. 하지만 지금까지는 그 이유에 대해 심각하게 고민해본 적은 없다. 사회인류학자도 식사의 사회적 의미를 따져보고, 신석기시대를 연구하는 고고학자도 그 시대에 축제를 열었다는 증거에 열광하지만(9장에서 다룰 것이다), 우리가 왜 그토록 사회적 식사에 공을 들이는지를 고민하는 사람은 없는 듯하다. 학자조차도 사회적 식사를 인간의 당연한 행위로만 보는 것 같다. 어쨌든 사회적 식사의 가장 확실한 동기는 결속력(또는 유대감)이다. 그게 맞는다면, 사회적 식사는 고인류에게 사회적 상호작용 시간 예산을 절감해주었을 테고, 그 절감 효과는 뇌 용적의 증가에도 차원이 다른 영향을 미쳤을 것이다.

이처럼 요리의 발견은 하이델베르겐시스가 당면한 시간 예산 문제를 해결하는 데 혁신적인 도구가 되었던 듯하다. 그뿐 아니라 더 커진 집단을 결속하는 데 필요한 추가적인 상호작용 시간도 요리를 통한 공동 식사로 어느 정도—비록 하이델베르겐시스 시절에 일어난 공동체 규모의 엄청난 성장을 다 설명할 수는 없지만—만회할 수 있었을 것이다. 무언가 다른 해결책이 분명히 더 있었을 텐데, 그 해결책이 웃음은 아니었다. 왜냐하면 오늘날 우리도 세 명 이상 모이면 한꺼번에 같은 화제로 웃을 수 없기 때문이다. 웃음이 만드는 결속의 효과는 에르가스테르/에렉투스 시절에 이미 그 한계에 이른 것처럼 보인다. 이 장의 끝에서 웃음의 한계 시점에 대해 다시 논의하기로 하겠다. 그보다 우선, 다른 고인류 종, 즉 네안데르탈인의 경우 시간 분배 문제를 어떻게 해결했는지 살펴보자.

수수께끼 같은 네안데르탈인——

인간 진화 이야기에서 네안데르탈인만큼 대중의 상상력을 자극하는

SCIENTIST

패러데이와 맥스웰의 이론은 삶의 방식을 변화시킨 방대한 양의
새로운 기술을 가능하게 했다. _〈패러데이와 맥스웰〉

패러데이와 맥스웰

낸시 포브스 · 배질 마혼 공저 | 박찬 · 박술 공역 | 23,000원

전자기 시대를 연, 물리학의 두 거장

전기와 자기력의 관계를 발견하고, 전자기장이라는 개념을 찬조해낸 두
천재 과학자의 생생한 일대기. 19세기 유럽을 배경으로, 전자기장이라는
혁명적인 이론이 어떻게 탄생했는지 생동감 있게 전해준다.

니콜라 테슬라 평전   *2013 아마존 최고의 과학도서 *2014 가디언 최우수 과학도서

W. 버나드 칼슨 지음 | 박인용 옮김 | 27,000원

몽상가에서 최고의 과학자로, 거의 모든 것을 발명한 남자

테슬라의 일생을 단순한 발명가로서가 아닌, 한 시대를 바꾸고자 한 인물로
조망한 책이다. 그가 전기공학 분야에 남긴 많은 아이디어와 노력뿐 아니라
기술에 대한 윤리적이고 철학적인 고민도 담고 있다.

공기의 연금술   *2008 커커스리뷰 최고의 도서 *2016 아침도서 추천도서

토머스 헤이거 지음 | 홍경탁 옮김 | 18,000원

생명과 죽음의 원소, 질소를 둘러싼 프리츠 하버와 카를 보슈 이야기

질소는 식량 생산에 필수적인 비료와 많은 목숨을 앗아간 폭탄까지, 생명과
죽음에 동시에 관여했다. 공기 중 질소를 암모니아로 변환해 비료를 만드는,
역사상 가장 중요한 발견을 이루어낸 두 과학자에 관한 이야기.

과학지식 시리즈

일상적이지만 절대적인 화학지식 50 헤일리 버치 지음 | 임지원 옮김 | 13,000원
일상적이지만 절대적인 뇌과학지식 50 모헤브 코스탄디 지음 | 박인용 옮김 | 정용 감수 | 13,000원
일상적이지만 절대적인 양자역학지식 50 조앤 베이커 지음 | 배지은 옮김 | 13,000원
일상적이지만 절대적인 생물학지식 50 JV 차마레이 지음 | 김성훈 옮김 | 13,000원 (근간)
일상적이지만 절대적인 과학철학지식 50 개러스 사우스웰 지음 | 김지원 옮김 | 13,000원 (근간)

IT'S SCIENCE

뇌가 필요하지 않을 수도 있다는 발상은 마음에 단순한 물질 이상의 무언가가
있다고 믿고 싶은 사람들에게 특히 매력적이다. _〈뇌, 인간을 읽다〉

01 뇌, 인간을 읽다

마이클 코벌리스 지음 | 김미선 옮김 | 12,000원

마음을 들여다보는 20가지 뇌과학 이야기

뇌를 이해하는 것은 결국 인간을 알아가는 것이다. 어떤 과학자도 명쾌하게
설명하지 못했던 우리의 신체 뇌에 얽힌, 알면 알수록 재미있는 이야기들을
화려한 일러스트와 함께 풀어냈다.

02 우주, 일상을 만나다

플로리안 프라이슈테터 지음 | 최성웅 옮김 | 김찬현 감수 | 14,000원

도시에서 즐기는 22가지 천문학 이야기

저 멀리 우주에서 벌어지는 일들은 정말 우리의 삶과 상관없는 걸까? 바람과
구름, 사계절, 조석, 노을, 별 등 일상 곳곳에 숨어 있는 우주의 원리를
흥미진진하게 풀어냈다.

*2014 독일 올해의 과학도서 수상작

과학과 만난 인문학

위대한 공존

브라이언 페이건 지음 | 김정은 옮김 | 18,000원

숭배에서 학살까지, 역사를 움직인 여덟 동물

한때는 인간과 유대를 맺고, 나중에는 필요에 따라 쓰였으나 오히려 인간의
역사를 송두리째 바꾼 위대한 동물들. 과연 동물과 인간은 서로에게 어떤
존재였을까? 동물과 인간이 서로 어떻게 영향을 주고받았는지 역사의
흔적을 따라 살펴보며, 두 개체의 관계가 일방적이지 않았음을 밝힌다.

*2016 우수환경도서

꽃을 읽다

스티븐 부크먼 지음 | 박인용 옮김 | 18,000원

꽃의 인문학 ; 역사와 생태, 그 아름다움과 쓸모에 관하여

인류는 모든 문화관을 막론하고 꽃에 매혹되었고 꽃을 찬양했으며, 상상
가능한 온갖 목적과 기쁨을 위해 꽃을 이용해 왔다. 이 책은 누구도 미처
알지 못했던 꽃과 인간의 역사를 추적하며 독자들에게 향기로운 지적
즐거움을 선사한다.

과학한다는 것

에른스트 페터 피셔 지음 | 김재영 외 옮김 | 23,000원

왜 과학은 우리에게서 멀어졌을까?

과학이 대중에게 다가가려면 예술성과 인간적 감성을 가져야 한다. 저자는
니체, 칸트, 고흐 등 수많은 철학가와 예술가들 사이를 종횡무진 누비면서
과학이란 지식이나 이론이 아니라 이 세계를 어떻게 바라보아야 하는지에
대한 '시각'을 갖는 것임을 강조한다.

*2015 우수과학도서

과학의 미해결문제들

다케우치 가오루 · 마루야마 아쓰시 공저 | 홍성민 옮김 | 최재천 추천 | 15,000원

우리의 지적 호기심을 자극하는 과학사의 12가지 미해결문제들

생물의 진화를 증명할 수 있을까? 뱀장어의 번식지는 어디일까? 性이
존재하는 이유는 무엇일까? 삼라만상을 하나의 방정식으로 설명할 수
있을까? 아직까지도 풀리지 않은 과학 영역의 문제들을 쉽게 설명하면서
과학의 참재미를 느끼게 한다.

과학은 반역이다

프리먼 다이슨 지음 | 김학영 옮김 | 이명현 추천 | 19,000원

물리학의 거장, 프리먼 다이슨이 제시하는 과학의 길

서평 전문지 〈The New York Review of Books〉에 실렸던 리뷰 모음집으로
과학과 기술, 전쟁과 평화, 여러 정치 이슈에 대한 노과학자의 통찰력이
돋보인다. 더불어 20세기 과학의 주요현장을 누볐던 여러 과학자들의 삶도
생생하게 살펴볼 수 있다.

*2015 세종도서 교양부문 선정

죽기 전에 알아야 할 5가지 물리법칙

야마구치 에이이치 지음 | 정윤아 옮김 | 15,000원

만유인력의 법칙부터 양자역학까지, 인물로 읽는 과학혁명의 순간들

과학사에 중요한 혁명을 일으킨 물리학자들의 창조적 사고과정과 위대한
발견, 그리고 그들의 파란만장한 생애가 흥미진진하게 펼쳐진다. 뉴턴의
만유인력법칙에서 하이젠베르크의 양자역학까지. 독자들의 삶을 단단하게
만들어 줄 물리학 입문서.

위대한 수학문제들 *2014 세종도서 교양부문 선정

이언 스튜어트 지음 | 안재권 옮김 | 김민형 추천 | 23,000원

고통스럽지만 매혹적인, 난해하지만 흥미로운 수학사의 14가지 난제들!

페르마의 마지막 정리에서 P/NP 문제까지, 도전을 거듭했던 수학자들의
열정이 생생하게 담겨 있다. 우리의 삶과는 무관해 보이는 수학난제들이,
실제로 우리와 어떻게 연관되어 있는지 흥미롭게 설명해 준다.

세상의 모든 공식

존 M. 헨쇼 지음 | 이재경 옮김 | 16,000원

도플러 효과에서 군중규모 추산에 이르기까지 세상을 풀어내는 52가지 공식 이야기

수학은 세상의 원리와 인과관계를 설명하지만 그밖에도 흥미로운 수많은
이야기를 담고 있다. 특히 공식이 그렇다. 모든 공식의 뒤에는 이야기가
있다. 52가지 공식에 얽힌 52가지 이야기!

교양인을 위한 수학사 강의

이언 스튜어트 지음 | 노태복 옮김 | 24,000원

도전을 거듭해온 수학의 장대한 역사를 알차게 정리한 이언 스튜어트의 수학사

수학은 인간 사회에 어떤 영향을 미쳤고 우리의 삶을 어떻게 바꾸어 놓았는가.
이언 스튜어트는 고대 바빌로니아부터 뉴턴을 거쳐 괴델에 이르기까지, 주요
키워드를 선별해 흥미로운 수학사의 세계로 우리를 안내한다.

내가 사랑한 수학 *2013 아마존 최고의 책 *미국수학협회 오일러 도서상

에드워드 프렝켈 지음 | 권혜승 옮김 | 20,000원

수학과 사랑에 빠진 한 수학자가 독자들을 위해 쓴 사랑 고백록

'난 사실 수학은 지루하고 재미없는 학문이라 여기며 눈길도 주지 않았다.
그런데 어느 날 대반전이 일어났다. 우연히 수학이란 학문을 제대로 만나게
되었고, 그 참모습을 보고 홀딱 반했다. 수학과 나는 천생연분이었다!'

세상을 움직이는 수학개념 100

라파엘 로젠 지음 | 김성훈 옮김 | 15,000원

브로콜리에서 프랙털을, 종소리에서 순열을 발견할 수 있는 흥미로운 수학 이야기

수학은 형태, 패턴, 숫자, 논증 그리고 약간의 보물을 모아놓은 집합체다.
수학은 당신이 들이마시는 공기 속에도, 당신이 걷는 인도 위에도 매일 아침
타는 버스에도 들어 있다. 일상 속에서 만날 수 있는 수학개념을 흥미로운
이야기들과 함께 풀어냈다.

원자는 우리의 전부다. _〈원자, 인간을 완성하다〉

퀀텀 스토리

짐 배것 지음 | 박병철 옮김 | 이강영 해제 | 27,000원

양자역학 100년 역사의 결정적 순간들!

1900년에 발표된 막스 플랑크의 양자가설로부터 현재의 초전도이론과 초끈이론에 이르기까지, 양자역학과 관련된 모든 분야가 일목요연하게 정리되어 있으며 20세기 물리학 혁명을 이끈 천재들의 기쁨과 눈물, 실패와 절망도 만날 수 있다.

*서울백북스 추천도서

만물의 공식

루크 도멜 지음 | 노승영 옮김 | 17,000원

인간이 알고리즘을 정의하는가, 알고리즘이 인간을 정의하는가?

우리 삶 깊숙이 들어와 있는 알고리즘은 어떻게 구성되고, 작동하며, 인간을 정의해 나가는 것일까? 우리의 관계, 미래, 사랑까지 수량화하는 알고리즘의 세계를, 다양한 분야의 흥미로운 사례들과 함께 살펴본다.

*2015 우수과학도서

원자, 인간을 완성하다

커트 스테이저 지음 | 김학영 옮김 | 19,000원

이 세상에 대한 새로운 관점을 만나는 여행서

산소와 수소, 철과 칼륨, 질소, 나트륨에 이르기까지 우리 안의 원자들을 중심으로 우주와 인간 사이의 아름다운 순환 고리를 우아하게 펼쳐놓았다. 우리의 세계를 원자적 관점에서 바라봄으로써, 과학이 인간의 삶과 얼마나 밀접하게 결합돼 있는지 느낄 수 있다.

*한국경제 추천도서 *2015 우수과학도서

생명 설계도, 게놈

매트 리들리 지음 | 하영미 · 전성수 · 이동희 옮김 | 18,000원

23장에 담긴 인간의 자서전

세계적인 과학저술가이자 베스트셀러 작가 매트 리들리와 함께 하는 흥미로운 게놈 여행! 게놈에 대한 전체적인 이해도를 높일 수 있도록 23쌍의 각 염색체마다 하나의 특징적 유전자를 선택해 어떻게 이 유전자가 발견되었으며 인간에게 어떤 영향을 미치는지 흥미롭게 설명한다.

*뉴욕타임스 선정 2000년 최고의 책 10선

종은 없다. 대개 사람은 네안데르탈인을 둔하고 느린 혈거인(穴居人)으로, 가장 미개한 원시인의 상징인양 여긴다. 영리하고 창의적인 현생인류에게 당연히 패배할 수밖에 없는 진화의 낙오자, 인류판 공룡쯤으로 치부하곤 한다. 사실, 네안데르탈인은 진화의 낙오자와는—또는 그 점에서는 머리가 둔한 것과도—거리가 한참 멀다. 네안데르탈인은 무려 25만 년 이상을—현생인류가 존재했던 기간보다 긴 시간—동쪽으로 대서양과 면한 우즈베키스탄과 이란까지, 북쪽으로 영국 남부까지, 남쪽으로 레반트에 이르는 유럽을 성공적으로 점유했다. 그들은 빙하기의 혹독한 환경도 잘 헤쳐나갔고, 큰 동물을 사냥하는 기술도 가장 뛰어났다.

네안데르탈인이 현생인류와 아주 다른 생활방식을 가졌던 것은 분명하다. 유럽 네안데르탈인 뼈의 콜라겐에서 추출한 질소와 탄소의 동위원소를 분석한 결과에 따르면[7], 같은 지역에 서식하는 초식동물보다 질소 동위원소 수준이 현저히 높을 뿐만 아니라 현재 (북극여우와 늑대와 같은) 육식동물의 뼈에 함유된 동위원소 수준과 거의 맞먹었다. 또한 탄소 동위원소 수준도 이들이 주로 육상 포유류를 먹었다는 사실을 보여준다. 물고기나 물새류 같은 물이 많은 환경에 서식하는 종은 별로 선호하는 식량이 아니었다(그림 6.4). 레반트 유적지에서 나온 증거에 따르면, 네안데르탈인은 무거운 창을 제작했는데, 대부분 르발루아(Levallois)식으로 다듬은 뾰족한 삼각형 모양의 돌날이 달린 독특한 창이었다.[8] 이런 창은 대개 '매복식 사냥'에 이용했을 가능성이 크다. 사냥꾼은 사냥감을 가까이 대치하는 상황으로 끌고 가 창으로 찔렀을 것이다. 더 나중에 현생인류가 사용했던 창과 달리, 네안데르탈인의 창은 투창용이 아니라 꼬챙이처럼 찌르는 용도였을 것이다. 현생인류보다 상대적으로 짧은 네안데르탈인의 팔로는 투창하듯 창을 던져도 멀리 높게 날아갈 수 없다. 날아가는 거리나 속도로 짐작건대, 그들에게 투창은 그리 효율적인 사냥 기술이 아니었다. 대신 네안데르탈인의 다부지고 육중한 몸과 강인한 상체는 근거리 사냥에서 확실히 유리했을 것이다.

　네안데르탈인이 지역에 따라 다른 먹이를 표적으로 삼았다는 것은 이들이 환경에 맞게 사냥 전략을 바꾸었음을 암시한다. 크로아티아 크라피나(Krapina)의 네안데르탈인 암석 보호구에서 발굴된 (약 13만 년 전 마지막 간빙기 초로 추정되는) 코뿔소와 여러 생물의 뼈는 대부분 새끼의 뼈였는데, 아마 사냥해 통째로 동굴로 가져왔던 것 같다. 한편 그보다 나중에 생활공간으로 사용했던 동굴에서는 약 12만 년 전의 것으로 보이는 동물의 두개골과 뿔이 발견되었는데, 대개 노쇠한 개체의 것이었다. 다른 지역의 네안데르탈인은 성체 동물을 주로 사냥한 것으로 보인다. 가장 북쪽의 네안데르탈인 거주지 중 한 곳에서는 〔독일의 잘츠기터-레벤슈테트(Salzgitter Lebenstedt)〕 성체 순록만 거의 독점적으로 사냥했다. 그 후 약 4만 년 전 마지막 빙하기의 네안데르탈인은 붉은사슴과 다마사슴처럼 중간 크기의 초식동물을 조직적으로 사냥했던 것으로 보인다. 스페인 볼로모에는 토끼를 일상적으로 요리했던 흔적이 남아 있다. 이 모든 증거는 네안데르탈인이 어떤 환경에 처했든, 주어진 조건에서 이용 가능한 먹이를 잡기 위해 사냥 전략을 바꿀 만큼 다재다능했음을 보여준다. 지금까지 일부 지역에서 먹잇감이었던 동물 상당수가 늙은 개체였다는 사실에 대해, 네안데르탈인이

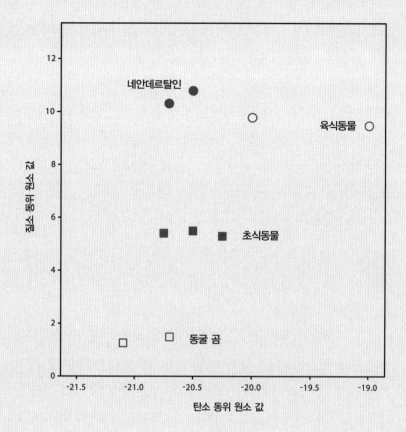

그림 6.4

크로아티아 빈디자(Vindija) 동굴에서 발견된 (약 2만 8500년 전 것으로 추정되는) 네안데르탈인
(●)과 (여우와 늑대 같은) 육식 동물(o), (들소와 사슴 같은) 초식 동물(■) 그리고 동굴 곰(□)의 뼈
에 함유된 탄소 동위원소(δ13C)와 질소 동위원소(δ15N)의 비율. Redrawn from Richards et
al.(2000)

대개 자연사했거나 (주로 늙고 병든 동물을 표적으로 삼는) 다른 육식동물에게 희생된 동물의 사체를 먹었다는 의미로 해석돼왔다. 하지만 그 뼈에 육식동물의 이빨 자국이 전혀 없다는 것은 오히려 이들이 먹잇감을 스스로 사냥했음을 방증하는 것일 수 있다. 먹잇감 중에는 (매머드처럼) 덩치가 제법 큰 동물도 많았는데, 이런 동물을 사냥하려면 사냥꾼 몇 명이 먹잇감을 가까이에서 에워싸고 일제히 창으로 찔러야 했을 것이다. 앞에서도 언급했던 것처럼, 네안데르탈인의 유골에 자주 나타나는 충격의 흔적으로 미루어보면, 이것은 매우 위험한 사냥법이었다. 왜냐하면 유골에 남은 충격의 흔적이 창에 찔린 거대한 동물이 화가 나 날뛸 때 입은 상처처럼 보이기 때문이다. 실제 학계에서도 그렇게 해석하곤 한다.

네안데르탈인의 매복 사냥 기술에 집약된 협동심의 수준은 달리 말하면, 이들의 인지 능력과 관점이 현대인과 거의 다를 바 없었다는 의미로 볼 수 있다. 협동하지 않으면 그런 사냥은 불가능하기 때문이다. 그리고 그 능력은 곧 그들도 우리처럼, 현생인류의 중요한 행동 양상인 친사회적이고 이타적인 행동을 할 수 있었다는 증거이기도 하다. 실제로 이란의 샤니다르(Shanidar) 유적지에서 발굴된 신체적 장애를 가진 늙은 네안데르탈인의 유골과 프랑스 라 샤펠(La Chapelle) 유적지에서 발견된 늙은 남성 네안데르탈인의 유골은 직접 먹이를 사냥하지 못할 만큼 신체적으로 몹시 무력했던 것으로 보인다. 이런 2차적 증거에 대해서 '네안데르탈인이 늙고 병든 동료를 그냥 버리지 않고 보살폈음을 암시한다'는 해석이 큰 호응을 받고 있다.

물론 고대와 현대의 모든 인간 종을 통틀어 가장 큰 뇌를 가진 네안데르탈인이 지적으로 열등하지 않았다는 데는 반박의 여지가 없다. 그렇긴 해도 그들의 낮은 이마와 불룩 튀어나온 (네안데르탈인의 번(bun)이라고도 하는) 뒤통수의 혹은 이들에게 틀림없이 뭔가 다른 게 있다는 신호로 해석된다. 두개골 안쪽에 남은 희미한 자국을 분석한 결과는 역시 이들의 뇌가 우리의 혈통과 한 라인에서 조립되지 않았을지도 모른다는 의심을 낳았다. 그들의 뇌는 확실히 우리의 뇌와 (종종 언어 사용의 흔적으로 짐작되는) 비대칭성의 패턴도 같았고, (뇌 표면의 주름을 뜻하는) 자이리피케이션(gyrification)도 유사했지만, 공처럼 생긴 우리 뇌와 달리 앞뒤로 더 길쭉한 타원형에 가까웠다. 측두엽과 후각망울도 작았으며 전두엽이 차지하는 면적도 작았다. 이 차이는 어디서 비롯되었을까? 이 차이가 그들의 사회적이고 인지적 삶에 초래한 결과는 무엇이었을까?

모든 것은 눈 속에 있다 ──

뇌는 크기만으로 판단해서는 안 된다. 사회적 뇌 관계에서 살펴보았듯, 어느 한 종의 집단 크기를 결정하는 부분은 뇌의 특정한 영역(신피질. 그중에서도 전두엽)이다. 이 영역 외에도 뇌는 여러 가지 특화된 일을 담당하는 영역으로 이루어져 있다. 예를 들어, 시각 처리는 뇌의 뒤쪽 후두엽에서 이루어진다. 입력된 시각 정보는 연속된 여러 영역을 겹겹이 통과하고 전두엽에 이르러 더 세부적으로 분석되지만(실제로 우리는 여기서 처리되는 시각적 이미지에 의미를 둔다), 뇌의 뒤쪽 영역 대부분은 망막을 통해 들어온 시각 정보를 처리하는 데 쓰인다.

어쩌면 이것이 네안데르탈인이 감당해야 했던 일을 설명해줄 실마리인지도 모른다. 네안데르탈인을 구분하게 해주는 뒤통수의 '혹'은 그들이 비범한 시각 시스템을 가지고 있었다는 사실을 말해준다. 만약 그게 맞는다면, 이유가 무엇일까? 네안데르탈인이 우리보다 시각적인 적응력이 더 뛰어났다는 사실이 밝혀졌지만, 그 이유는 조금 색다른 데 있었다. 일단 그들의 변명부터 한 번 들어보자.

열대지방에 살았던 선조들과 달리, 네안데르탈인은 새로운 난관에 맞닥뜨렸다. 겨울의 짧은 낮 길이와 낮은 조도, 심지어 여름에도 조도가 낮았던 환경이다. 남북회귀선 안쪽의 지역은 낮의 길이가 거의 일정하다. 유별나게 구름이 많은 날을 제외하면 태양도 밝고 강렬하다. 하지만 회귀선을 벗어나 북쪽과 남쪽으로 갈수록 낮의 길이는 계절성이 더 뚜렷해지고(태양에 대해 지구의 자전축이 기울어 있는 덕분에 겨울 낮은 짧고 여름 낮은 길다), 태양 빛도 점점 더 약해진다(더 두꺼워진 대기층을 통과해야 하기 때문이다. 고위도 지방으로 갈수록 추워지는 것도 그 때문이다). 겨울은 특히 더 힘겨운 시간이었을 텐데, 그 이유는 추위 때문만이 아니라 모든 채집 활동을 (그리고 어쩌면 사회적 활동까지도) 짧은 낮 동안 해결해야 했기 때문이다. 위도 30° 지역(지중해 북부 연안쯤)까지만 올라가도 12월 중순의 낮은 10시간밖에 안 되고, 위도 45°(간빙기 동안 네안데르탈인이 올라갈 수 있었던 가장 먼 북쪽 지역)까지 올라가면 낮은 8시간으로 줄어든다. 고위도 지역에서 네안데르탈인은 매일 4시간씩 낮을 손해 보았지만, 그럼에도 각각의 활동에 시간을 분배하려면 주어진 시간 예산을 어떻게든 잘 꾸려나가야 했다. 야생 염소도 (적어도 유럽 북부에 서식하는 야생 염소는 주행성이 강하다[9]) 바로 이 난관을 겪는다. 염소의 시간 예산 분배와 생물지리학적 모델에 따르면, 이 동물이 고위도 서식지를 점유하는 능력은 유럽 북부로 갈수록 짧아지는 겨울의 낮 길이에 매우 큰 영향을 받는다.

　낮의 길이 말고도 네안데르탈인에게는 또 다른 문제가 있었다. 고위도 지역은 조도가 매우 낮아서 멀리 있는 물체를 잘 볼 수 없다. 사냥꾼에게 조도가 낮다는 것은 여간 심각한 문제가 아니다. 새끼 코뿔소를 잡으려는데 어두운 숲 모퉁이에서 어미 코뿔소가 다가오고 있는 걸 볼 수 없다면, 어떨지 상상해보라! 조도가 낮은 환경에서 산다는 것은 연구자 대다수가 상상하는 것 이상으로 시력에 과중한 할증을 부과한다.

　낮은 조도에 대한 진화적 반응은 시각 처리 시스템의 규모를 확장하는 것이다. 재래식 망원경에 그 원리가 숨어 있다. 밤하늘의 흐릿한 불빛 아래서는 반사경의 크기가 클수록 관찰하려는 대상으로부터 더 많은 빛을 모을 수 있다. 같은 이유로, 망막이 크면 더 많은 빛을 수용할 수 있으므로 낮은 조도를 상쇄할 수 있다. 망막이 클수록 망막을 담는 안구도 커질 수밖에 없다. 야행성 영장류가 주행성 영장류보다 안구가 훨씬 더 큰 것이 그 좋은 예다. 하지만 왕방울만 하게 큰 (우리가 흔히 '눈'이라고 하는) 빛 수용 기관만 있어 봐야 소용없다. 그 기관이 입수한 과도한 양의 정보를 통합 처리할 만큼 큰 슈퍼컴퓨터(시각 처리 영역)를 가지고 있지 않는 한은 말이다. 시각 시스템은 계층적—망막에서 시신경을 지나 중간 기착지인 시신경 교차와 외측 슬상핵을 통과하고, 후두엽 바로 뒤쪽의 1차 시각피질(V1), 2차, 3차, 4차, 5차 시각피질(V2~V5) 층을 지나 측두엽과 두정엽에 이르는—구조를 갖기 때문에 연속된 각 부분의 규모는 비례적으로 커질 수밖에 없다.

바로 이 부분에 명백한 증거가 있다. 네안데르탈인은 같은 지역에서 거주했던 해부학적 현생인류보다 약 20% 정도 더 큰 안구를 가지고 있었다. 고위도 지역의 낮은 조도에서 생활하기 위해 이례적으로 큰 시각 시스템을 발달시켰기 때문이라고 봐야 하지 않을까? 만약 그렇다면 네안데르탈인의 큰 뇌는 시각에 과도한 노력을 할애하느라 사회적 인지 능력을 결정하는 뇌의 전면부에는 상대적으로 소홀할 수밖에 없었던 것은 아닐까?

아마 그랬을 것으로 보이지만, 이 결론은 여러 가지 퍼즐 조각을 꿰맞추어 얻은 것이므로 정답이라고 할 수는 없다. 이 퍼즐 조각 중 하나는 놀랍게도 현대 인간과도 관련이 있다. 엘리 피어스는 나의 제자였던 시절에 박물관에 전시된 세계 각지의 역사적 인물 표본에서 두개골의 크기를 측정했다. 그녀는 이 표본 집단에서 안구의 용적과 두개골 용적이 서로 관련이 있음을 증명했는데, 우연히도 이 두 용적이 위도와도 상관관계가 있었다. 고위도 지역에 살았던 모집단의 경우, 적도 부분에서 살았던 모집단보다 두개골과 안구 용적이 모두 더 컸다. 세계 각지 사람들의 뇌 영상 촬영 표본을 분석한 후속 연구에서 그녀는 후두엽에 있는 시각 영역의 크기에도 이런 상관관계가 있음을 증명했다. 하지만 (안과 병원의 인조 불빛이 아니라) 자연광 조건에서의 시력은(가령, 작은 글씨를 읽는 능력은) 각 모집단이 태어나고 자란 위도 지역과 상관없이 일정했다. 서로 다른 위도 지역의 모집단 시력이 거의 비슷한 수준이었지만, 대신 이 시력을 유지하기 위해서는 극지방으로 갈수록 더 큰 시각 시스템이 필요한 것처럼 보인다. 다시 말하면, 심지어 현대의 인간도 고위도 지역에서는 시각 시스템의 크기를 늘림으로써 낮은 조도를 상쇄하여 거의 엇비슷한 시력을 유지한다고 볼 수 있다. 지능과 사회적 능력을 결정하는 뇌의 앞부분을 희생하는 것 같지는 않다.

여기서 요점은 두개골 둘레와 시각 시스템 크기 사이의 상관관계다. 만약 우리가 이 관계를 이용해서 화석 종의 뇌 용적을 측정한다면, 뇌의 시각 시스템 영역을 제외하고 실질적으로 공동체 규모를 결정하는 뇌 영역의 용적을 보다 정확하게 계산할 수 있을 것이다. 3장에서 살펴보았듯, 영장류 자료에 따르면, 사회적 집단의 규모를 가장 잘 예측하는 인자는 뇌의 전두엽이다. 하지만 우리에게는 화석 종의 두개골에서 이 부분만을 측정할 정밀한 방법이 없다. 우리가 시각 시스템 영역을 제외할 수 있다면, 적어도 집단의 규모에 전혀 영향을 미치지 않는 뇌의 상당 부분을 제거하는 셈이 되고, 보다 정확한 뇌 용적의 측정이 가능할 것이다.

두개골 둘레와 시각 시스템 크기 사이의 상관관계를 유럽에 거주했던 네안데르탈인을 비롯한 고인류 그리고 해부학적 현생인류 화석에 적용하여 주요한 시각 피질 영역의 크기를 측정하고, 뇌의 총 용적에서 이 측정값을 빼면, 각 종이 실제 가졌던 사회적 뇌의 크기를 더 정확히 알 수 있다. 이렇게 얻은 각각의 화석 종의 뇌 크기를 유인원의 사회적 뇌 공식에 대입한 것이 그림 6.5이다. 네안데르탈인은 당시의 해부학적 현생인류보다 규모가 훨씬 작은 공동체를 이루었을 것이다(물론 우리가 시각적 시스템 크기를 고려하지 않은 뇌 용적으로 예측한 공동체보다 훨씬 더 작은 공동체를 이루었을 것이다). 그림이 보여주듯, 실제로 네안데르탈

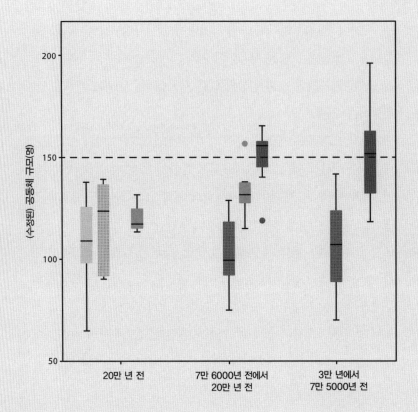

그림 6.5
중기 구석기시대와 후기 구석기시대 호미닌 종의 평균 (50%에서 95%까지 표시한) 공동체 규모. 각 종의 두개골 용적을 그림 3.1의 유인원 회귀 공식에 대입하여 계산했다. 고인류와 네안데르탈인 표본의 두개골 용적은 시각 시스템에 대한 위도의 영향을 고려한 것이다(Pearce et al., 2013). 호모 에렉투스의 두개골 용적이 위도에 맞게 수정되지 않았음을 주목하자.

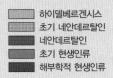
하이델베르겐시스
초기 네안데르탈인
네안데르탈인
초기 현생인류
해부학적 현생인류

인 공동체 규모는 하이델베르겐시스와 거의 같았다(해부학적 현생인류 공동체 규모의 약 3분의 2 수준으로 대략 110명이 한 공동체를 이룬다[10]). 즉 네안데르탈인은 고위도 지역에 적응하기 위해 전두엽이 아닌 시각 시스템 크기를 키운 것이다. 해부학적 현생인류도 사실상 (자신의 부모 집단인) 하이델베르겐시스와 같은 규모의 공동체에서 출발했지만, 이들은 낮은 조도 문제를 겪을 필요가 없던 아프리카 열대 지역에서 이미 진화 초기 단계에 (뇌 크기의 진화와 보조를 맞춰) 집단의 규모를 키웠다.

　네안데르탈인과 해부학적 현생인류의 집단 규모 차이는 눈에 띄게 현저한데, 이 차이는 주로 네안데르탈인이 사회적 상호작용에 분배한 시간에 영향을 미쳤다. 물론 섭식 시간 비용에는 영향을 미치지 않았을 것이다. 왜냐하면 섭식 시간 비용은 뇌뿐만 아니라 몸집의 크기에 좌우되기 때문이다. 어쨌거나 현생인류와 비교했을 때 사회적 공동체 규모에서 나타나는 약 40명의 차이는 결과적으로 네안데르탈인의 사회적 상호작용 시간을 약 11%p의 절감하는 효과를 냈을 것이다. 네안데르탈인에게 이 절감 효과는 실로 엄청났다. 이들은 여전히 하루 활동 시간의 67.5%를 섭식에 분배해야 했지만(그림 5.2), 사회적 상호작용 시간에서 얻은 11%p의 절감 효과 덕분에 네안데르탈인이 만회해야 했던 (비싼 조직 효과를 고려한) 시간 예산은 39%에서 28%로 줄어들었다. 시간 예산 부족분이 하이델베르겐시스 수준으로 떨어진 것이다(그림 5.3b). 이것은 곧 하이델베르겐시스가 시간 예산 위기를 해결했던 것과 같은 방법이 네안데르탈인에게도 만족할 만한 해법이 될 수 있다는 의미다. 그리고 어쩌면 요리를 통한 시간 절약 효과 덕분에 네안데르탈인들은 그 조상인 하이델베르겐시스보다 뇌를 (141cc 또는

12%) 발달시키는 데 시간을 조금 더 할애할 수 있었을 것이다.

노래하는 네안데르탈인 ——

영국의 고고학자 스티븐 미슨(Steven Mithen)은 '노래하는 네알데르탈인'이라는 주제로 엄청난 분량의 글을 쓴 사람으로 유명하다. 그의 주장에 따르면, 네안데르탈인은 (그리고 현생인류도) 발성과 말하는 능력을 진화시켰고, 이것이 빙하기의 혹독한 시련에서 그들을 생존케한 결정적인 능력이었다. 비록 네안데르탈인의 (그리고 하이델베르겐시스의) 공동체가 해부학적 현생인류의 공동체보다 규모가 더 작았던 것은 분명하지만, 그들의 공동체 역시 그루밍과 웃음만을 효과적인 유대감 형성 수단으로 이용했다고 단정하기에는 너무 컸다. 필시 그 틈을 메울 또 다른 전략이 있었을 것이다.

유력한 한 가지 해결책은 바로 음악이다. 노래 부르기는 웃음만큼 지속성을 가질 뿐만 아니라, 정확히 똑같은 해부학적, 생리학적 과정이 관여한다. 노래하기와 웃음은 둘 다 호흡 조절이 필요하고 흉벽 근육과 횡격막에 부담을 주는 활동이다. 결과적으로 두 활동 모두 엔도르핀 활성화에 효과적인 수단이 될 가능성이 크다. 노랫말 없이 노래부르기(가령 허밍)도 웃기와 말하기의 특징을 그대로 가지고 있다. 발성을 포함하여 조음(調音), 악구 나누기, 동시성과 같은 것이 특징인데, 이 특징이 말하기와 웃기 사이의 이상적인 전환을 가능케 해준다. 음악에 대한 자세한 내용은 8장에서 다시 다루기로 하고, 우선은 음악과 관련지어 생각할 수 있는 신체적 활동에 주목해보기로 하자. (노랫말 없이) 노래 부르기, 춤추기, (북을 두드리거나 손뼉을 치거나 단순한 여러 종류의 도구를 이용한) 리듬 있는 음악 만들기 등이다.

영장류 중에 이런 활동을 먼저 시작했을 가능성이 있는 종이 있다. 겔라다개코원숭이는 중간 규모의 생식 단위(번식기의 수컷 한 마리, 또는 때에 따라 그 수컷을 따르는 또 한 마리의 수컷을 중심으로 번식기의 암컷 3~6마리와 그 새끼로 구성된 하렘)를 이루고 사는데, 이런 단위가 여럿이 한데 모여 평균적으로 대략 100에서 120마리의 개체로 이루어진 무리를 이룬다(다른 어떤 영장류 집단과는 비교도 안 될 만큼 큰 무리다). 이처럼 너무 많은 개체가 모여 있는 큰 집단 안에서는 하렘 단위의 개체 간에 사회적 유대를 형성하는 데에 엄청난 스트레스가 따르기 마련이다. 그러므로 겔라다개코원숭이는 그루밍에 실로 엄청난 (지금까지 기록된 야생영장류 가운데 가장 많은) 시간을 투자한다. 하지만 (그림 2.1에서처럼) 그루밍 시간과 집단 규모 관계 측면에서, 겔라다개코원숭이는 자연적인 집단 규모보다 그루밍에 의외로 적은 시간을 투자한다. 평균 집단 규모를 110개체로 가정했을 때, 우리가 예상한 대로라면 겔라다개코원숭이는 하루 활동 시간의 36%를 그루밍에 투자해야 한다. 하지만 실제로 투자하는 시간은 평균 17%에 불과하다. 이 딜레마를 해결한 겔라다개코원숭이들의 해법은 보컬 그루밍(vocal grooming)인 듯하다.

겔라다개코원숭이는 모든 영장류를 통틀어 가장 뛰어난 가수라고 할 수 있다. 다른 어떤 원숭이 종보다 (또는 유인원보다) 크고 다양한 소리를 낼 수 있다. 그중에서도 이들의 연락 신호는 다른 개코원숭이나 마카크원숭이보다 훨씬 복잡한 체계를 가지고 있다. 겔라다개코원숭이는 그루밍을 하는 동안에도 이 복잡하고 다양한 연락 신호를 이용하지만, 그보다 중요한 사실은 먹이를 먹는 동안 이 신호를 지속해서 이용한다는 점이다. 그루밍 파트너 간에 (인간이 대화하듯) 부르고-대답하기를 반복할 때는 물론이고, 한 하렘 내의 어른 개체가 함께 합창할 때도 이 신호를 이용한다. 개체 간에 이 연락 신호를 외치는 타이밍은 매우 섬세하게 미세 조정되는 듯하다. 신호 사이 간격이 너무 짧아서 서로의 신호에 바로 응답할 수는 없지만, 상대방의 신호 패턴을 예측하고 자신의 신호를 적절한 시기에 끼워 맞춰 보내는 것이 분명하다. 이런 신호는 일종의 장거리 보컬 그루밍의 기능을 하는 것처럼 보이는데, 실제로 섭식이나 이동 등의 활동으로 물리적 접촉이 불가능할 때는 이 신호를 이용해 그루밍 파트너나 하렘 구성원과 상호작용을 지속할 수 있다.

지금 우리 이야기의 맥락에서 이 신호가 특히 더 흥미로운 까닭은 바로 뚜렷한 음악적 특징을 가졌다는 점 때문이다. 그중에서도 영장류만 가진 노래 부르기의 특징을 빼놓을 수 없다. 어쩌면 유독 겔라다개코원숭이가 영장류 표준보다 이례적으로 큰 사회적 집단에서 살아가는 사실도 이 특징에 상응하는지 모른다. 이런 다양한 연락 신호를 내기 위해 겔라다개코원숭이는 실제로 소리를 내는 공간 (입술과 혀 그리고 구강) 전반을 통합적으로 관리할 수 있어야 하는데, 그 방식은 다른 비인간 영장류와 독특하게 구별될 뿐만 아니라 인간이 말을 할 때와 비슷하다. 그런 점에서, 이들의 발성 방식은 호미닌 혈통에게서 '어울려 노래 부르기'가 시작될 수 있었던 실마리를 알려줄 완벽한 모델인 셈이다.

음악이 그루밍과 웃음의 확장형으로 작동한다면, 틀림없이 음악에도 엔도르핀 활성화 효과가 있을 것이다. 우리는 (5장에서) 웃음에 대해 실시했던 것과 유사한 실험 상황을 연출하고, 다양한 종류의 음악 활동을 대상으로 일련의 실험을 진행하면서 엔도르핀 효과를 조사했다. 엔도르핀 활성화 수준을 검사하기 위해서 음악 활동을 한 그룹(노래하면서 예배하기, 드럼 치기, 춤추기)에 대해 동통 역치(pain threshold, 또는 고통 임계)의 변화를 살펴보았고, 이를 음악 활동을 전혀 하지 않은 그룹과 비교했다. 결과가 어땠을까? 어떤 형식이든 음악 활동에 참여한 경우에는 엔도르핀 분비가 가속되었지만, 그보다 정적인 활동을 하거나 수동적으로 음악을 듣기만 한 경우에는 엔도르핀이 분비되지 않았다. 따라서 음악은 사회적 유대감 형성에 필요한 약리학적 메커니즘을 활성화하는 데도 충분히 이용할 수 있는 활동이다.

웃음과 비교했을 때, 음악 활동은 사회적 유대감 형성 메커니즘으로서 두 가지 중요한 이점이 있다. 하나는 동시에 여러 개체가 참여할 수 있기 때문에 '그루밍' 무리를 급진적으로 확장해준다는 점이다. 아직은 음악 활동 효과의 한계가 어디까지인지는 밝혀지지 않았지만, 최대세 명(혹은 개체)으로 한정된 것으로 보이는 웃음보다는 훨씬 더 큰 것이 분명하다. 어쨌든 음악의 효과가 세 명 이상의 집단에게 영향을 미치는 한, 그에 비례해 더 큰 집단을 결속하게 해줄 것이다. 음악 활동 (노래 부르거나 악기 연주 또는 춤추기 등)의 또 다른 이점은 참여하는 모든 사람이 같은 리듬에 맞추어야 하므로 동시성을 수반한다는 점이다.

동시성이 정말 특별한 까닭은 신체적 활동을 통해 분비되는 엔도르핀양을 거의 두 배 가까이 증가시키는 것처럼 보이기 때문이다. 우리는 이를 입증하기 위해 로빈 에즈먼드-프레이(Robin Esmond-Frey)와 엠마 코헨(Emma Cohen)이 이끄는 옥스퍼드 대학 보트 클럽의 회원들과 함께 상당히 멋진 실험을 실시했다(로빈 에즈먼드-프레이는 보트 클럽 주장이자 이미 조정 경기에서 3연패를 달성한 전력이 있는 훌륭한 선수다). 조정 경기는 사실 육체적 힘과는 별로 관련이 없다. 조정 선수라면 일단 누구나 똑같이 강인하고, 우열을 가리지 못할 만큼 체력이 좋다. 경기의 승패를 좌우하는 것은 한 팀의 선수들이 노 젓는 속도와 타이밍을 얼마나 오랫동안 일관되게 유지하느냐다. 만약 여덟 명의 한 팀 선수들의 노 젓는 타이밍이 맞지 않으면 보트를 전진시키는 추진력이 생기지 않는다. 바로 이점 때문에 행위의 동시성 효과를 관찰하는 데 조정 경기가 훌륭한 시험대가 될 수 있다.

우리는 조정 선수들이 아침 일찍 체육관에서 로잉 머신(rowing machine)으로 훈련하는 동안 동통역치의 변화를 측정하여 선수들의 엔도르핀 분비량을 측정했다. 우선 선수 한 사람씩 로잉 머신으로 훈련하게 하고, 날짜를 달리 하여 한 팀 전체가 가상 보트를 운전하게 했다. 가상 보트 운전에서는 실제 물 위에서 노를 젓는 팀원 모두가 노를 젓게 했다. 결과는 놀라웠다. 가상 보트 실험에서 (동통역치의 변화로 측정한) 엔도르핀 활성화 수준은 혼자서 로잉 머신으로 훈련할 때보다 두 배나 높았다. 물론 혼자일 때나 팀일 때나 동력 출력 수준은 같았다. 하지만 신기하게도 동시성이 큰 행동을 할 때는 엔도르핀 효과가 극적으로 높아진 것이다.

(어쩌면 처음에는 웃음처럼 노랫말이 없이 이구동성으로 외치는 소리였다가 나중에는 음악 연주와 춤 같은 익숙한 형식으로 발전한) 음악이 일종의 장거리 그루밍처럼 작용해서 더 많은 사회적 관계망 층들을 아우르면서 에르

가스테르와 에렉투스의 전형적인 규모의 공동체 구성원의 수를 75명까지 늘리기 시작했다면, 모든 구성원이 대면 접촉으로 유대를 형성할 수밖에 없는 경우보다 사회적 상호작용에 요구되는 시간을 꽤 많이 절약할 수 있었을 것이다.

우리가 현재 사회적 관계망을 어떻게 유지하는지 살펴보면, 그 문제의 규모를 짐작할 수 있다. 오늘날 우리의 관계망 층은, 관계망 바깥쪽 층으로 갈수록 개인에게 투자하는 시간이 급격하게 줄어든다(그림 3.5). 우리가 각자의 사회적 관계망에서 150명 층위에 속하는 사람 중 100명을 일 대 일로 만나는 횟수는 대략 1년에 두 번 가량이지만, 가장 안쪽의 5명 층위의 사람들은 거의 매일 만난다. 이 5명의 사람에게 우리는 우리가 투자할 수 있는 총 사회적 노력의—그리고 정서적 노력의—40%를 투자한다. 가장 바깥쪽 층위의 사람에게 기울이는 노력은 20% 미만이고 각 사람과 만나는 시간은 짧지만, 평균 200명 정도를 1년에 한 번씩 만난다고 가정하면 이들에게 투자하는 시간의 총량도 만만치 않다. 특히 이 바깥 층위에 속한 사람들이 대체로 멀리 떨어져 있는 점을 고려하면 이동 시간까지 더해야 한다. 수렵-채집인 집단의 경우나 현대 사회의 경우나, 관계망의 바깥쪽 층위 사람은 대개 최소한 하루 정도 떨어진 거리에 있다. 그림 3.5의 유럽인을 대상으로 사회적 관계망과 접촉 빈도를 조사한 연구에서 각 개인의 사회적 관계망 바깥 층위 구성원의 평균 거리는 약 17.8시간이었다. 이틀 정도의 시간이 걸린다고 응답한 사람도 제법 많았다.

물론 대부분 사람이 가족과 한집에 살고 있으니 가장 접촉 빈도가 높은 안쪽 층위의 5명을 따로따로 만나는 평균 시간을 구하기는 어렵다. 어쨌든 한 번 만나는 데 하루가 걸린다고 해도 150명 층위의 사람 중 100명을 만난다면, 우리는 멀리 떨어진 친구나 친지를 방문하는 데만 1년에 약 38일을 투자해야 한다. 그보다 안쪽인 50명 층위의 중요한 인맥에 투자하는 시간은 더 말할 것도 없다. 그중에는 거의 매일 만나다시피 하는 사람도 있을 것이다. 이런 접촉을 1년마다 열리는 무도회에서 음악 활동을 통해 한 번에 해결할 수 있다면, 매년 하루나 이틀만 투자해도 지인이나 중요한 인맥에 대한 '그루밍'을 하는 셈이니 시간 비용은 엄청나게 줄어들 것이다. 설령 3일 동안 노래하고 춤추는 축제를 벌인다고 해도 매년 35일을 절약할 수 있으므로, 바깥쪽 층위의 관계망 전체를 관리하고 유지하는 비용은 거의 공짜나 다름없다. 하이델베르겐시스가 큰 공동체를 유지하는 데 추가로 필요했던 6%의 사회적 상호작용 시간을 1년으로 환산하면 22일인데, 이 시간이 3일로 축소된다면 엄청난 비용 절감 효과를 보는 셈이다. 이는 에르가스테르의 사회적 시간 비용보다 불과 1% 늘어난 수준이다. 그 정도면 하이델베르겐시스는 자신의 시간 예산 범위 안에서 충분히 해결할 수 있었을 것이다.

하지만 여기에도 옥에 티가 하나 있다. 무도회와 같은 형식의 연례 행사를 열기 위해서는 반드시 언어가 필요하다는 점이다. 따라서 이런 의문이 들 수밖에 없다. 과연 고인류들 중 누구라도 언어를—아니면 최소한 공동체를 이끌어 그런 행사를 개최할 수 있을 만큼만이라도 복잡한 언어를—가지고 있었느냐는 것이다. 언어가 언제 발달하기 시작했는지는 일단 다음 장으로 논의를 미루고자 한다. 언어의 진화를 논하기 전까지, 일단 행사와 관련된 언어 메커니즘에 대해서는 물음표를 남겨두자. 하여튼 음악은 고인류에게서도 당연히 진화하고 있었을 것이다. 설령 방대한 규모의 공동체를 결속하는 메커니즘으로서 작동하지는 않았다고 해도, 최소한 웃음을 보완하여 중간 규모의 집단에서 유대감을 형성하는 데에는 큰 보탬이 되었을 것이다.

우리가 고인류가 직면한 시간 예산 위기를 그럭저럭 해결할 수 있었던 것은 마지막으로 도입한 '요리'의 효과가 크지만, 음악 활동도 어느 정도 도움이 되었다. 고고학적 증거에 따르면, 약 30만 년 전, 네안데르탈인이 유럽에 진출하려던 바로 그즈음에 뇌 크기에 대한 주요한 압박을 해결한 결정적인 전환점이 있었던 게 분명하다. 나는 이 전환점이 요리의 출현과 불의 이용 시점과 일치한다고 주장했다. 이제 우리는 해부학적 현생인류에게도 똑같은 질문을 던져야 한다. 이것이 우리가 밝혀야 할 네 번째 전환점이다.

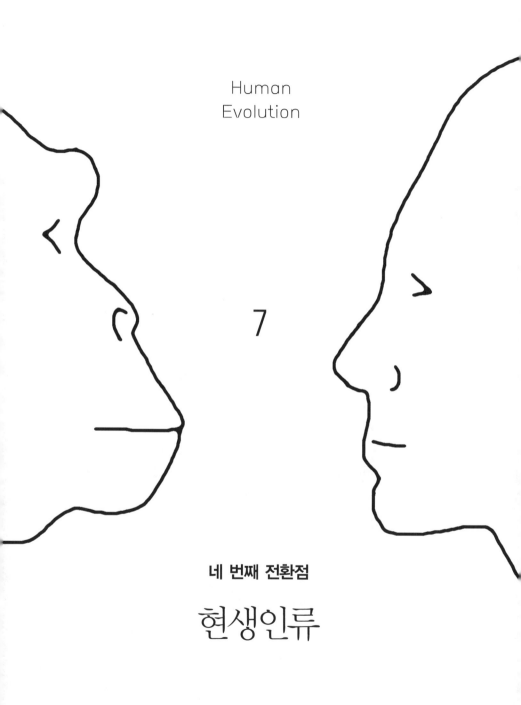

Human
Evolution

7

네 번째 전환점

현생인류

약 20만 년 전, 아프리카에서 몸매가 한 층 더 날씬한 호미닌 종이 출현했다. 마침내 해부학적 현생인류 또는 호모 사피엔스가 등장한 것이다. 다소 단편적인 화석 증거로 보건대, 이 새로운 형태의 인간 종은 아프리카의 고인류를 매우 빠르게 대체 했다. 10만 년 전에 이르렀을 때, 아프리카의 고인류 집단은 모두 사 라지고 없었다. 물론 마지막까지 남아 있던 고인류 집단에게 무슨 일 이 벌어졌는지는 명확하게 밝혀지지 않았다. 하지만 유럽 본토와 아 시아의 고인류가 유일한 호미닌 종으로 그 명맥을 유지했는데, 네안 데르탈인과 데니소바인이 그들이었다. 극동에는 호모 에렉투스 집단 도 더러 남아 있었다. 늦어도 7만 년 전에, 이 새로운 인간 종은 아프 리카와 유라시아를 연결하던 육로인 레반트를 가로질러 이동하기 시 작했다. 시기는 각기 달랐지만, 이 종의 일부는 홍해 북쪽을, 또 일부 는 홍해 남쪽을 가로지르며 유라시아를 향한 이주행렬이 이어진 것이 다(그림 7.1). 약 7만 년 전에 일어난 아프리카 탈출 사건을 지금은 '아 프리카 기원설(Out of Africa)'이라고 부른다.

레반트를 거치는 북쪽 노정을 택한 집단은 틀림없이 네안데르탈인과

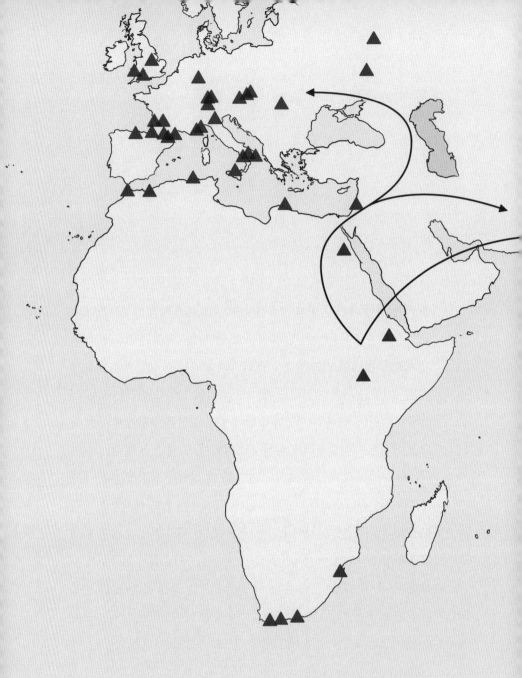

그림 7.1
해부학적 현생인류의 화석 유적지 분포. 화살표가 가리키는 대로, 처음에는 호르무즈 해협을
건너 아시아 남부로, 나중에는 레반트를 지나 중앙아시아로 그리고 마침내 유럽으로까지 이주
했다. After Klein(2000), Bailey and Geary(2009) and Osaka City University(2011)

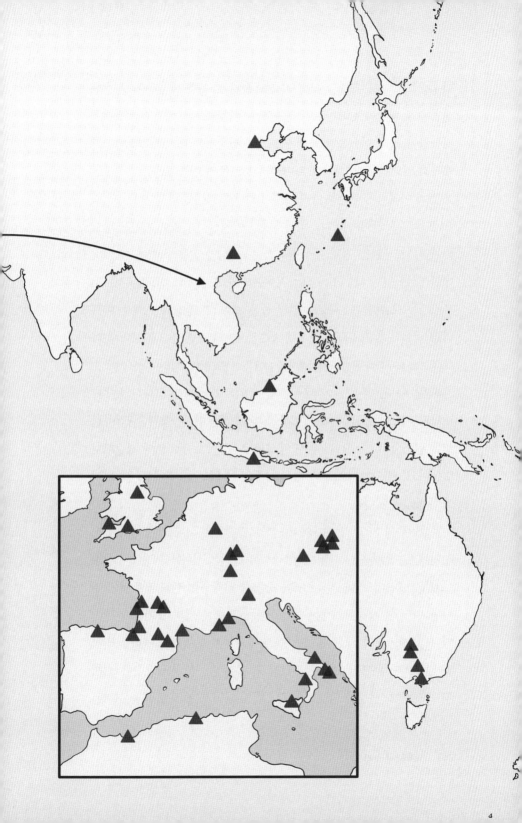

마주쳤을 것이다. 사실, 아프리카를 탈출할 때 북쪽 노정을 택했던 현생인류는, 처음에는 레반트에 거주하던 네안데르탈인에게 제지당했을 가능성이 크다. 아마도 최초의 아프리카 탈출자는 네안데르탈인이 거주하지 않았던 홍해 남쪽 끄트머리의 호르무즈 해협(Strait of Hormuz)을 건너 아라비아 해안을 따라 아시아 남부로 이주했을 것이다.

네안데르탈인이나 데니소바인과 마찬가지로, 이 새로운 인간 종도 하이델베르겐시스 집단에서 진화했다. 하지만 최근 증거에 따르면, 네안데르탈인과 데니소바인이 북아프리카 집단에서 진화한 것으로 추정되는 데 반해, 이 새로운 인간 종은 (남위 14°, 동경 12° 어디쯤) 아프리카 남서부에 거주하던 하이델베르겐시스의 후손일 가능성이 높다 (그러므로 해부학적 현생인류의 마지막 유전적 공통조상의 뿌리는 유라시아의 고인류만큼 오래된 셈이다). 이 새로운 종에 이르면서 뼈의 경량화가 두드러지고 뇌 크기도 대폭 증가했다. 일각에서는 이 두 가지 특징이 한 번에 일어난 것이 아니라 먼저 약 20만 년 전에 1차로 뼈의 경량화가 일어나고, 뇌 크기는 그보다 훨씬 나중인 약 10만 년 전에야 증가했다고 주장하기도 한다.

현생인류의 뇌 크기 증가와 네안데르탈인들의 뇌 크기 증가가 같은 시기에 일어났지만(혹은 정말 나중에 일어났을 수도 있지만), 6장에서 살펴보았듯, 네안데르탈인의 뇌 크기 증가가 시각 시스템과 후두엽에 관련된 반면, 현생인류의 경우에는 전두엽과 측두엽의 증가와 관련이 있다. 현생인류의 뇌 크기 증가는 사회적 인지 능력에서 놀라운 발전을 일으키며 동시에 그들이 유지할 수 있는 공동체의 규모를 36%까지 확장했다. 하지만 이렇게 갑작스럽게 뇌가 커진 이유에 대해서는 아직까지도 명확히 밝혀진 바가 없다. 초기 호미닌 종의 경우도 그랬지만, 10만 년 전에 뇌 크기가 급격히 증가한 것도 동아프리카 열곡대의 호수에 일어난 지형 변화와 관련이 있는 듯하다. 이 지역 호수가 말라간 것과 때를 맞춰 뇌 크기가 증가한 까닭은 어쩌면 초기 인간 집단이 더 나은 서식지를 찾아 마른 호수 사이의 회랑 지대로 올라가야 했기 때문인지도 모른다. 더 나은 채집 기술을 찾기 위해 큰 뇌가 필요했던 것인지 아니면 더 큰 인간관계망에 대한 요구 때문이었는지는 여전히 의문이다.

해부학적 현생인류의 출현은 두 가지 중대한 결과를 낳았다. 첫째, 이 종은 지구 곳곳의 살기 적합한 지역으로 빠르게 퍼져나갔다. (최초로 아프리카를 떠난 지 불과 3만 년 만인) 4만 년 전까지 현생인류는 오스트레일리아를 점령했고, 늦어도 1만 6000년 전 즈음에는 최북단 진입 지점이었던 알래스카에서 대륙 최남단까지 이르면서 말 그대로 아메리카 초대륙 전체를 거침없이 헤집고 다녔다. 현생인류가 이동용 동물을 길들이기도 전에 오로지 걸어서 아메리카 대륙을 점유한 속도는 거의 기적에 가깝다.[1] 둘째, 4만 년 전 현생인류의 유럽 도착이 네안데르탈인의 멸종과 시기적으로 일치한 것처럼 보인다는 점이다. 네안데르탈인은 현생인류가—유사 이래 모든 침략자가 그랬던 것처럼—러시아 스텝 지역에서 동쪽으로 진출하기 전까지, 20만 년이라는 시간 동안 유럽과 서아시아를 매우 성공적으로 점유하고 있었다. 그랬던 네안데르탈인이 현생인류가 출현한 지 10만 년 만에 지구에서 사라졌다. 이들이 사라진 까닭은 지금도 우리의 호기심을 자극하는 대표적인 의문으로 남았다. 인류 역사로 따지면 바로 어제나 다름없는 매우 최근에 사라졌다는 점은 정말 미스터리가 아닐 수 없다. 아프리카에서 넘어온 침략자에게 살해당했을까? 아니면 결국 마지막 빙하기의 혹독함에 무너지고 만 것일까?

이 문제에 대해서는 이 장의 끝에서 다시 한 번 짚어보기로 하자. 우선 우리는 현생인류라는 새로운 인간 종을 좀 더 면밀하게 조사해야 한다. 그런 다음 그들이 어떻게 눈부신 성공을 거두었는지, 그 원인을 살펴보기로 하자.

유전자에 기록된 역사 ——

지난 20년 동안 분자유전학은 집단 역사 연구에 놀라운 신세계를 열었다. 살아 있는 사람의 DNA 분자의 상세한 구조와 비교가 가능해지면서 현생인류의 이주 역사를 아주 세세한 부분까지 재구성할 수 있게 된 것이다. 어쩌면 가장 놀라운 발견은 모든 유럽인과 아시아인, 태평양 섬의 주민들, 오스트레일리아 원주민과 아메리카 원주민이 모든 아프리카인과 현재 겉으로 나타난 차이보다 평균적으로 훨씬 더 가깝다는 사실이다. 이것은 우리가 모두 아프리카에 거주했던 소수 무리의 자손임을 암시한다. 약 7만 년 전에 아프리카를 떠난 이주민에게 최초로 우리의 관심이 쏠리기 시작한 것도 이 증거가 계기였다. 비아프리카 인종 사이에서 약간의 유전적 변이가 나타난 시점도 (그리고 각 인종의 새로운 유전적 변이들이 하나의 공통 조상으로 수렴되는 시점도) 약 7만 년 전에서 10만 년 전이었다.

이런 유전자 분석이 대개 미토콘드리아 DNA(mtDNA)를 대상으로 하는데, mtDNA는 모계 혈통으로만 유전된다(남성과 여성 모두 어머니의 미토콘드리아를 가지고 있다). 달리 말하면, 어떤 사람의 mtDNA를 추적하면 그 사람과 이어진 꽤 먼 모계 쪽 조상을 확인할 수 있다는 의미다. 아버지로부터 남성 후손으로만 전달되는 Y 염색체도 그 패턴은 매우 비슷하다. 하지만 (일부일처 혼이 표준일 때보다 훨씬 더 적은 수의 남성이 아버지가 되는) 일부다처 혼의 영향이 반영되기 때문에 수렴되는 데이터가 (6만 년 전까지로) 매우 피상적이다.

아프리카에서 유래한 주요한 mtDNA 단상형[하플로타입(haplotype)이라고도 하며, 유전적 혈통 또는 가계]은 네 개가 있다. 이 단상형은 아프리카 대륙에서 더 오랜 역사를 가진 현생인류를 판별하게 해줄 뿐만 아니라 유전적 분기를 유리하게 만든 지리적 확산을 보여준다. 그 네 개의 mtDNA 혈통은 L0, L1, L2, L3 단상형으로 알려져 있으며, 각각 여러 하위 혈통을 가진다. 앞의 세 단상형은 차례대로 아프리카 남부와 동부[주로 코이산(Koisan) 어와 하드자(Hadza) 어 같은 고대 흡착음[2]을 쓰는 원시 수렵-채집인 집단과 관련이 있다], 서부와 중앙(특히 피그미 족 사람들과 관련이 있다), 서부와 남동부에서 발견된다. 그중 L2 혈통이 가장 흔하다. L3 혈통은 가장 젊다(말하자면 가장 최근에 나타난 혈통이다). 이 혈통은 (동아프리카에서 처음 출현했지만 서아프리카로 대대적인 팽창을 겪었고, 3000년 전부터는 아프리카 남쪽으로 2차 팽창을 겪기 시작했던) 반투 족뿐만 아니라 아프리카 북부와 아라비아 반도의 셈 족과 반(半)셈 족 대부분과도 관련이 있다(우연히 유대인도 여기에 포함된다). 아프리카 외부를 대표하는 단 두 개의 mtDNA 단상형은 (유럽인과 아시아인, 오스트레일리아인과 아메리카인이 속한 M형과 N형 거시 혈통으로 알려져 있으며) 역사적으로 동아프리카에 존재했던 L3 단상형의 특정한 하위 집합에서 유래했다.

유전적 자료를 보면, 가장 오래된 세 단상형 혈통은 지난 15만 년에 걸쳐 서서히 일관된 속도로 팽창했다. 반면, L3 단상형은 동아프리카에서 (약 9만 년 전에) 새로운 변이로 출현한 후, 약 7만 년 전부터 급격하고 지속적으로 팽창했다. 이와 대조적으로 인구 팽창의 증거를 보여주는 또 다른 유일한 단상형인 L2는 약 2만 년 전까지는 전혀 팽창하지 않았다. L3 단상형 혈통의 인구 팽창이 아프리카 탈출 사건 이전이었는지(그리고 그 원인이 아무도 살지 않는 새로운 거주지를 찾기 위한 것이었는지) 아니면 그 후였는지(또 그 원인이 새로운 점유지를 찾아 아시아로 이주한 후에 생태적 압박을 해결하기 위한 것이었는지)는 아직 알 수 없다. 아프리카 탈출과 인구 팽창 중 어느 것이 앞섰는지 판단하기에는 각 사건의 시기가 분명하지 않다. 한 가지 분명한 사실은 L3 혈통의 급격한 인구 팽창이 현생인류가 최초로 아프리카를 벗어나 이주한 시기와 일치할 뿐만 아니라 매우 밀접한 관련이 있다는 점이다.

불가능한 문제를 푸는 독창적인 해결책 ──

해부학적 현생인류와 네안데르탈인은 뇌 크기가 비슷했다. 하지만 앞에서 살펴보았듯, 사회적 뇌 관계 가설이 예측한 현생인류의 공동체 규모는 고인류의 공동체보다 3분의 1이나 더 컸으므로, 해부학적 현생인류는 네안데르탈인보다 사회적 상호작용 시간이 더 필요했다. 공동체 규모 측면에서만 따져도 해부학적 현생인류는 사회적 상호작용을 위해 12%p의 추가 시간을 어떻게든 마련해야 했다. 즉 하루 활동 시간 예산을 150%까지 끌어올려야 하는 불가능한 문제에 직면한 것이다. 이 불가능한 시간 예산 위기를 어떻게 돌파했을까?

6장에서 네안데르탈인이 식단의 절반 정도를 요리하는 것으로 시간을 균형 있게 분배할 수 있었다고 주장했다. 그리고 알다시피 고기는 네안데르탈인 식단의 중요한 특징이었다. 그렇다면 현생인류 역시 사회화에 필요한 여분의 시간을 충당하기 위해 요리의 비중을 (그리고 고기의 양을) 점차 늘렸다는 시나리오를 생각해볼 수 있다. 부족한 12%p의 시간을 섭식 시간에서 마련해야 했다면, 현생인류는 요리를 통해서 추가로 18%p를 얻어야 했을 것이다. 다시 말하면 네안데르탈인이 이미 식단의 42.5%를 요리했다는 것을 전제로, 현생인류는 거기에 추가로 20%를[3] 더 요리해야 한다. 즉 전체 식단의 42.5＋20＝62.5%를 고기와 덩이줄기로 채워야 했다는 의미다. 현대의 수렵-채집인들도 실제로 식단의 45% 정도만 요리한 음식이라는 점에서 보면, 62.5%를 요리했으리라고는 도저히 믿기 어렵다(표 5.1). 현대의 수렵-채집인 식단에서 고기의 비율은 거주하는 위도에 따라 약간의 차이가 있지만 평균적으로 총 식단의 35%에서 50%에 지나지 않는다. 현대의 수렵-채집인 집단 중에서도 (60° 이상의) 아주 고위도 지역에 거주하는 집단의 경우에는 고기 의존도가 높지만, 그것도 대부분 물고기다(일본식 요리를 먹어본 사람은 알겠지만, 생선은 날것으로 먹어도 소화가 잘 된다). 게다가 현생인류가 그런 고위도 지역에 정착한 것은 큰 뇌를 진화시키고 나서도 한참 후인 1만 년 전에야 가능했을 것이다. 현생인류는 순수한 붉은색 살코기의 육식동물을 섭취하는 것에 완전히 적응하지 못했기 때문에 이 시나리오는 아무리 잘 생각해도 현실성이 없는 듯하다.

만약 현생인류가 더 많은 음식을 요리하는 방법으로 시간 부족분을 만회한 게 아니라면, 대체 어디서 시간을 절약했을까? 앞 장 마지막 부분에서 나는 고인류가 함께 모여 노래하고 춤추면서 집단 구성원을 늘리는 동시에 결속을 강화했는지도 모른다는 견해를 제기했다. 나는 고인류가 이 방법을 통해 75명 남짓이었던 초기 호모 종의 전형적인 집단 구성원 수를 고인류의 전형적인 구성원 수인 100명으로 늘릴 수 있었다고 생각한다. 비록 음악과 춤이 (무리 또는 야영 집단처럼) 지엽적인 공동체의 유대를 강화하는 기능을 했던 것이 분명하고, 이것이 웃음의 유대감 형성 효과를 보강하기 위해 발전했을 가능성도 크지만, 언어가 없었다면 함께 모여 춤을 춘들 그것이 더 큰 공동체 규모에서 제대로 효과를 발휘했을 리는 없다. 온전한 언어는 아닐지라도 적어도 구성원을 한자리에 모이게 할 만큼은 복잡한 언어가 있어야 했을 것이다.

정기적으로 함께 모여 춤추기가 가능한 수준의 언어가 있었다면, (에르가스테르와 비교했을 때) 150명으로 구성된 대단히 큰 현생인류의 공동체 성원의 유대감을 높이는 데 필요한 추가 시간은 하루 활동 시간의 약 1%로까지 줄일 수 있었을 것이다. 하지만 이 사실을 기억하길 바란다. 영장류의 그루밍 시간은 가까운 친구들에게 집중되지만, 동시에 그 그루밍 시간은 집단 또는 공동체의 전체 규모에 비례한다(2장 참고). 이것은 가까운 동료에게 투자해야 하는 필수 시간이 공동체의 나머지 성원에게 받는 스트레스에 비례하기 때문이다. 함께 모여 춤추기가 공동체의 지엽적인 성원에게 투자해야 하는 시간을 줄여줄 수는 있지만, 언제든지 달려와 도움을 줄 수 있을 만큼 가까운 동료와의 유대를 공고히 하는 데 필요한 시간까지 줄여준다는 보장은 없다.

유대감 형성 메커니즘으로서의 언어는 그루밍보다 월등한 이점을 가지고 있다. 언어는 효과적인 의사소통을 가능케 하기 때문이다. 언어의 효과를 따져보면, 우선 첫째로 동시에 여러 명과 상호작용을 할 수 있다.[4] 둘째, 다른 활동을 하는 중에도 그 효과를 발휘한다(우리는 산책을 하거나 요리할 때, 또는 식사할 때도 말을 한다. 이런 활동은 사실 그루밍과 동시에 할 수 없는 일들이다). 셋째, 언어는 사회적 관계망 전반에 대한 정보를 얻게 해준다(원숭이와 유인원의 경우처럼 개체 하나하나를 관찰해야 정보를 얻을 수 있다면 관계망 전체의 상황을 파악하기는 불가능하다). 그리고 마지막으로 언어는 관심을 진작시켜 준다(우리도 자신의 장점을 부각하거나 타인의 장점을 과소평가하면서 관심을 유도한다). 이상 네 가지는 모두 언어를 매우 효과적으로 사용했을 때 얻는 이점들이다. 물론 시간 절약 측면에서도 굉장한 효과를 낼 수 있다. 하지만 이런 장점은 모두 언어의 신생 특성들이다. 즉 '일단 다른 여러 동기를 충족하는 언어를 가진 후'에 등장하는 언어의 새로운 이용법이라는 말이다. 그보다 중요한 것은 대화한다고 해서—적어도 지금까지 우리가 아는 한—유대감 형성에 매우 중요해 보이는 엔도르핀이 저절로 분비되는 것은 아니라는 점이다.

지금까지 인간 진화에 대한 논의에서 철저히 간과되었던 또 하나의 가능한 시나리오가 있다. 언어가 불과 결합했을 때 무슨 일이 벌어질까? 고고학 문헌에서 상투적으로 논의하는 '불'은 오직 두 가지 기능만 가진다. 요리와 난방이다. 요리의 진화에 불이 결정적이었다는 것은 의심할 여지가 없다. 불은 오랜 역사를 가졌다. 비록 에르가스테르/ 에렉투스 시절은 요리를 목적으로 한 불의 역사가 간헐적이었다지만, 하이델베르겐시스 시절, 특히 40만 년 전 이후부터는 요리를 위한 불의 역사는 집중적이고 뚜렷하게 나타났다. 누가 뭐래도 불은 고위도 지역의 삶에서, 특히 열대의 밤과 비교가 안 될 정도로 기온이 현저히 떨어지는 겨울밤의 혹독한 추위를 누그러뜨려 주는 중요한 수단이다. 대륙빙하가 세를 넓히면서 기온이 급격히 떨어진 유럽과 서아시아에서 고인류와 현생인류가 생존할 수 있었던 것도 40만 년 전 이후부터 불의 이용이 활발해졌기 때문이다.

하지만 그것 말고도 불에는 엄청난 이점이 또 하나 있다. 하루 활동 시간을 늘려줄 수 있는 인공적인 빛 자원이라는 점이다. 낮의 길이가 8시간밖에 안 되는 고위도 지역의 겨울을 밝혀준 불은 중요한 빛 자원이었다. 심지어 열대지방에서도 평소 12시간이었던 활동 시간을 더 연장할 수 있다면, 시간 예산에 대한 압박을 완화해주는 엄청난 이점이 아닐 수 없다. 원숭이와 유인원에게 밤은 죽음의 시간이다. 영장류는 모두 (다른 대다수 포유류보다) 밤눈이 어두운 편이라 일단 해가 저물면 잠자는 것 말곤 달리 방도가 없다. 적어도 잠을 자는 동안은 야행성 맹수를 피할 수 있기 때문이다. 그런데 불이라는 빛 자원이 가만히 앉아서 도구를 만들거나 어쩌면 더 중요한 사회성 활동을 할 수 있는 여분의 시간을 허락해준다면, 낮 동안에는 채집 활동과 같이 이동성이 큰 활동에 조금 더 투자할 수 있는 여유가 생길 것이다.

현대 인간의 하루 수면시간은 약 8시간이다. 8시간을 최소 수면시간이라고 가정한다면, 어두워진 후에도 모닥불 주변에 둘러앉아 다른

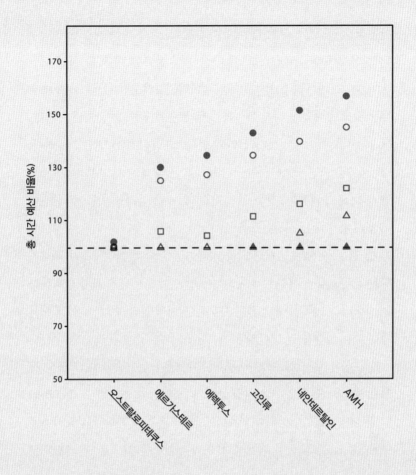

그림 7.2
불의 이용으로 세 인간 종이 추가로 획득한 활동 시간 비율. 그림 6.3에 불의 이용으로 인해 고인류와 네안데르탈인 그리고 해부학적 현생인류가 추가로 얻은 활동 시간을 색을 채운 세모 로 표시한 것이다.

활동을 할 수 있는 4시간의 여유가 생긴다. 하루 활동 시간 12시간에 4시간을 더하면, 실질적으로 호미닌 종이 운용할 수 있는 시간 예산은 100%가 아니라 133%가 되는 셈이다. 그 정도면 현생인류가 초과했을 것으로 예측한 시간 예산의 상당 부분을 흡수할 수 있다. 그것도 심지어 네안데르탈인보다 요리의 양을 더 늘리지 않고도 가능하다. 그림 5.4를 보면, 현생인류는 (비싼 조직 가설을 적용하면) 시간 예산에서 약 45%를 초과했다. 활동 시간을 3분의 1만 늘려도 이들이 다른 데서 만회해야 하는 시간은 145-133=12%p다. 우리가 더 눈여겨보아야 할 점은, 이렇게 늘어난 활동 시간이 해부학적 현생인류가 초과한 사회적 상호작용 시간 (그림 5.3a에서 보듯 35%) 전체를 거의 만회한다는 점이다. 그림 7.2에서 검은색 삼각형은 세 인간 종의 총 시간 예산에서 활동 시간을 늘린 결과다.

이 그림만 보면 해부학적 현생인류는 언어 없이도 유대감 형성 문제를 해결할 수 있었던 것처럼 보인다. 하지만 여기서 반드시 고려해야 할 사항이 있다. 먼저 저녁 여유 시간을 온전히 사회적 상호작용에 투자했는지, 그렇게 일 대 일 그루밍에 투자하는 것으로 그들의 더 큰 공동체의 결속을 강화하기에 충분했는지 여부다. 다른 활동도—요리, 그중에서도 식사는—함께 (적어도 가족 단위로) 모여서 했을 때 더욱 효율적이었을 테니, 저녁 시간에 이루어져야 했을 것이다. 식사하면서 대화를 나눌 수 있지만, 동시에 두 활동을 한다고 해서 시간 대비 효율이 완벽하게 두 배가 되었다고는 볼 수 없다.

게다가 사회적 상호작용 시간 동안 모든 성원이 다 적극적으로 참여하는 것은 아니다. 일례로 겔라다개코원숭이는 매우 독특하게도 아침마다 식량 채집을 시작하기 전에 가장 먼저 사회적 상호작용 시간을 갖는데, 때로는 몇 시간씩 지속할 수도 있다. 하지만 우리가 수집한 자료에 따르면, 사회성을 높이는 아침 시간 상호작용에 적극적으로 (그루밍을 해주든지 아니면 받든지) 참여하는 개체는 40% 정도밖에 되지 않는다. 나머지는 드러누워 쉬거나 졸고, 간혹 신기한 음식을 입에 넣고 우물거리면서 무료하게—실제로는 누군가 다가와 그루밍을 해주기를 기다리며—앉아 있다. 현생인류가 모닥불 둘레에 앉아서 사회적 상호작용을 했다고 가정하면, 총 사회적 상호작용 시간의 14%p를 저녁에 사용할 수 있었을 것이다. 그렇게 되면 낮의 활동 시간 예산에서 21%p의 적자를 메울 일만—웃음이나 음악을 동원해서 사회적 상호작용 시간을 최대한 단축하든지—남는다. 물론 이것은 모닥불 둘레에서 나누는 모든 대화가 일 대 일 상호작용(그루밍)을 하는 것만큼 효과적일 뿐만 아니라 모든 성원이 적극적으로 참여했을 때를 전제로 한다. 하지만 여러 경험을 토대로 보건대, 정말 그랬을 것 같지는 않다.

모닥불을 사이에 두고 나눈 대화가 한 쌍이 하는 그루밍만큼 강력했다고 가정하더라도 결정적인 문제가 남는다. 대화 집단은 얼마나 컸을까? 우리가 모은 자료에 따르면, 인간의 대화 집단은 하나같이—말하는 이 1명과 듣는 이 3명—4명의 구성원을 넘지 않으며, 3명 정도가 가장 일반적이다. 만약 언어가 그루밍만큼 유대감 형성에 효과적이라면, '그루밍 제공자'의 수 측면에서 대화가 두 배 내지 세 배 더 효과적일 것이다. 언어가 그루밍 상호작용 효과를 두 배로 낸다고 가정하면, 해부학적 현생인류는 상호작용 시간이 두 배로 늘었으므로 시간을 28%만 분배한 셈이 된다. 이제 이들이 낮 동안 만회해야 하는 시간은 7%p만 남는다. 고인류보다 요리를 더 많이 해야 할 필요가 없어진 것이다. 하이델베르겐시스와 네안데르탈인의 시간 예산 문제를 해결하기 위해 이미 요리의 양을 (현대의 수렵-채집인 수준까지) 최대로 끌어올려야 했다는 점을 기억한다면, 이것은 절대 간과할 수 없는 이점이다.

여기서 가장 중요한 문제는 과연 대화가 그루밍만큼 사회적 결속에 효과가 있느냐는 것이다. 다시 말해, 대화하는 동안 엔도르핀이 분비될까, 된다면 어느 쪽일까? 5장에서 나는 에르가스테르/에렉투스 혈통이 사회적 상호작용 시간의 효율성을 높이기 위해 웃음을 진화시켰다고 설명했고, 6장에서는 고인류가 유대감으로 구성원의 범위를 더 넓힐 요량으로 노래와 춤을 진화시켰다고 주장했다. 짐작건대 이런 활동은 모두 저녁 시간에 이루어졌을 것이다. 실제로 춤은 전통적인 사회에서 거의 보편적으로 저녁에 하는 활동이다. 심지어 오늘날 우리에게도 낮에 추는 춤은 밤에 추는 것만큼 마법 같은 효과를 내지 못한다. 사실상 저녁에는 심지어 스토리텔링조차도 심리적으로 매우 특별하게 느껴진다.

하지만 춤이란 것이 매일 할 수 있는 활동도 아니고, 다소 친밀성이 떨어진다는 점에서 관계망 바깥쪽 층위의 느슨한 관계에만 효과적일 수도 있다. 집단의 규모가 커졌을 때, 영장류가 관계망 안쪽 층위의 핵심 관계를 강화하는 독특한 패턴을 보인다는 점을 고려하면(2장 참고), 어쩌면 우리에게도 안쪽 가까운 관계 층위에도 날마다 시간을 더 투자하기 위한 어떤 다른 대책이 필요한지도 모른다. 저녁에 모닥불 주변에 둘러앉아서 구식 그루밍이나 수다 또는 웃음처럼 더 친밀한 사회적 활동을 하는 것이 여전히 중요할 수 있다.

어둠이 내려앉아 모닥불 주변에 둘러앉아 있을 때는 시각적으로 할 수 있는 일에 상당한 제약이 따른다. 따라서 이 시간을 충분히 활용하기 위해서는 음성이나 소리를 통한 활동이 유리하다. 웃음은 아주 그럴듯해 보이지만, 일상의 경험에서 보면 멀리 떨어져 있는 사람이 웃는 걸 본다고 똑같이 낄낄거리기는 어렵다. 방 저편에서 벌어진 흥미로운 일을 알고 나서 뒤늦게 따라 웃을 수는 있지만 왁자하게 박장대소를 하는 일은 거의 없다. 음성 채널이 중요한 역할을 한다면, 여기에는 단순히 누군가의 행동을 관찰하는 것 이상의 엄청난 행위가 관련되어야 한다. 바로 이 시점에서 언어에 대한 막중한 선택압이 있었던 것처럼 보인다. 언어는 특히 시각 채널이 제대로 기능할 수 없을 때 매우 중대한 정보 교환 효과를 발휘한다.

그런 의미에서 언어의 두 가지 특별한 측면은 사회적 유대감 형성에 유리하게 작용한다. 하나는 언어를 이용해 농담을 함으로써 웃음을 유도한다는 점이다. 물론 언어가 없어도, 슬랩스틱 코미디를 보고 웃듯이, 특정한 사건에 대한 반응으로 일제히 소리를 내는 형태로 웃을 수 있다. 하지만 그런 사건은 언제 일어날지 예측할 수 없고, 무엇보다 전적으로 시각에 의존하기 때문에 낮 동안에만 가능하다. 언어는 농담을 통해 웃음의 빈도와 맥락을 조절할 수 있을 뿐만 아니라 웃음을 통제하거나 그 효과를 근본적으로 더 늘려줄 수도 있다. 모닥불가의 대화가 갖는 두 번째 중요한 특징은, 스토리텔링의 기회를 제공한다는 점이다. 이야기는 두 가지 결정적인 이유에서 확장된 공동체의 유대감 형성과 직접 관련이 있다. 하나는 사회의 역사를 이야기로 구성해 어떻게 연합된 하나의 공동체가 되었는지를 역사적인 사실로 강조할 수 있다는 것이다. 또 한 가지는 보이지 않는 세계를—가상의 세계와 정신의 세계를—이야기할 수 있다는 점이다. 이야기가 없었다면 아마 소설과 종교가 탄생할 수 없었을 것이다.

소설과 종교에 대해서는 할 이야기가 많은데, 다음 장으로 미루기로 하겠다. 여기서는 '언제' 언어가 진화했는지에만 초점을 맞추고자 한다. 특히 지금까지 제기돼왔던 언어 진화의 시기는 인간의 진화만큼이나 그 범위가 넓다. 신경생리학자 테리 디컨(Terry Deacon)은 약 180만 년 전 호모 에르가스테르의 출현과 동시에 언어가 진화하기 시작했다고 주장한다(그의 대표적이고 혁신적인 주장이기도 하다). 반면 일부 고고학자는 비교적 최근인 5만 년 전에 언어가 진화하기 시작했다고 주장한다(소형화된 도구와 공예품, 동굴 예술과 조각품이 극적으로 증가했던 유럽의 후기 구석기 혁명과 같은 시기다). 우리가 주목해야 할 점은 이 두 주장이 (그리고 거의 모든 고고학적 관점도) 상징적인 언어의 이용에만 초점을 맞추고 있다는 것이다. 즉 일상의 중요한 개념을 언어적 기호로 만들 수 있는 능력을 갖추었는지에만 초점을 맞춘 주장이다. 나는 이런 식의 정교한 언어 능력은 훨씬 더 나중에 사회적 소통과 스토리텔링이 가능할 만큼 언어를 더 일상적으로 이용한 후에야 (최소한 고고학자가 주장하는 5만 년 전쯤은 되어서야) 가능했을 것으로 생각한다.

만약 언어의 역사가 아주 오래되었다면(예를 들어 초기 호모 시절부터였다면), 지금까지 나의 설명은 이치에 맞지 않는다. 마찬가지로 언어의 역사가 매우 짧다면(가령 고작 5만 년 전부터였다면), 해부학적 현생인류의 유대감 형성 문제를 해결하는 데 아무런 도움도 주지 못했을 것이다. 주어진 근거를 바탕으로 가설을 세운다면, 언어는 해부학적 현생인류의 출현과 동시에 또는 바로 직전에 진화해야 했을 것이다.

언어는 언제 진화했을까? ——

언어가 진화한 시점을 결정하기란 보통 어려운 문제가 아니다. 고고학자는 (우리가 가령 '신'이나 '조상'과 같은 대상에 대해 대화를 나눌 수 없다면, 그처럼 상징화된 '생각'을 가졌다는 것도 말이 안 된다는 타당한 근거에 기반을 두고) 상징화의 증거나 뇌의 좌우 기능 분화의 증거에 초점을 맞춘다. 현대 인간의 경우 언어 기능은 뇌의 왼쪽이 담당하는데, 공교롭게도 좌뇌가 우뇌보다 크다. 물론 좌우 뇌의 크기 차이가 언어 기능과 '어떤' 관련이 있는지는 사실 전혀 다른 문제이긴 하다. 그렇지만 고인류학자는 뇌의 (좌뇌가 우뇌보다 더 커진) 좌우 기능 분화의 증거가 곧 언어의 증거라고 생각하고, 지금까지 줄곧 화석 두개골 안에서 뇌의 좌우 기능 분화의 흔적을 필사적으로 찾았다.

하지만 실제로 뇌의 좌우 기능 분화나 상징화 주장은 모두 의심스러운 구석이 있다. 상징화에 대한 믿음직한 고고학적 증거는 (실제 사람이나 개념을 상징적으로 표현하거나 '의미하는' 것으로 해석되는 동굴 벽화와 작은 입상들인데) 후기 구석기에 이르러서야 (대부분 3만 년 전 이후에야) 드러나기 시작한다. 이런 증거는 상징화의 시작이 아니라 완전히 무르익었던 최근 연대만을 알려준다. 어떤 대상을 물리적 실체로 표현하려면 그보다 더 오래전에 사람들은 이미 그 대상에 대해 상징적으로 수없이 이야기를 나누었을 것이다. 반면에 뇌의 좌우 기능 분화는 어쩌면 다른 어떤 것보다 '던지는 팔'과 관련이 있었는지도 모른다.[5] 실제로 뇌의 좌우 기능 분화는 훨씬 더 고대로 거슬러 올라간, 광범위하게 나타나는 진화 현상이다. 척추동물에서도 매우 일찍부터 진화하기 시작했으며(선사시대 상어들에서도 나타난다) 호미닌에 이르러 더 발달한 것뿐이다. 유전학이 우리를 도와줄 수 있을까? 우리가 언어와 관련 있는 유전자를 찾아낼 수 있다면, 진화유전학의 정교한 통계를 이용하여 이 특별한 변이가 언제 처음 일어났는지 밝힐 수 있을 것이다. 그 점에서 (오늘날 인간의 말하는 능력과 문법 능력의 결핍과 관련한 돌연변이 대립유전자인) FoxP2 유전자와 (유인원의 큰 턱 근육과 관련이 있으나 현생인류는 활성화하지 않았고 오늘날 우리에게는 조금만 남아 있는) 미오신 유전자 MYH16이 특별한 관심을 받고 있다.

처음에 추측하기로 FoxP2 유전자의 발생 시점은 약 6만 년 전이었다. 상징적 예술의 최초 증거를 후기 구석기 시대로 앞당기기가 유리했으니, 일부 고고학자에게는 대단히 반가운 추측이었을 것이다. 하지만 나중에 네안데르탈인의 게놈에서도 FoxP2 유전자가 발견되면서 이 종에게 언어가 있었다는 증거로 해석되었다. 이것은 FoxP2 유전자의 기원이 네안데르탈인과 해부학적 현생인류의 유전적 혈통이 갈라진 시점인 약 80만 년 전임을 암시했다. 동시에 모든 고인류와 현생인류가 (그리고 심지어 어쩌면 후기 에렉투스 일부 집단도) 언어를 가지고 있었음을 의미했다. 하지만 뒤이어 새에서도 이 유전자가 발견되면서, 이 유전자의 진짜 기능이 어쩌면 언어보다 발성을 통제하는 것과 관련이 있는지도 모른다는 주장이 제기되었다. 다시 말해서 FoxP2

유전자로 우리가 알 수 있는 것은 언어가 아니라 말하기(어쩌면 더 그럴 듯하기로는 노래 부르기)인지도 모른다는 것이다.

미오신 유전자가 인간에게 처음 등장한 시기는 약 240만 년 전으로 추측되는데, 이는 언어가 매우 초기의 호모 속에서, 아니 어쩌면 그 전임자인 후기 오스트랄로피테쿠스 속에서 이미 진화를 시작했다는 주장으로 이어졌다. 하지만 정말 진지하게 따져봐야 할 문제는 미오신 유전자가 실제로 어떤 역할을 하느냐다. 현실적으로, 미오신 유전자가 언어와 관련이 있는지 없는지는 확인하기 어렵다. 즉 더 작은 턱이 언어에 (그리고 웃음에도) 필요조건은 될 수 있지만, 충분조건인지는 확실치 않다. 그보다 미오신 유전자는 식단의 변화와 관련이 있을 가능성이 더 크다. 적어도 식단의 변화 시점이 고기의 양이 증가한 초기 호모 시절이었다는 건 장담할 수 있다(5장 참고). 만약 작은 턱 근육이 언어의 필요조건(물론 아직 입증된 바는 없지만)이라 해도, 그것은 훨씬 더 훗날 언어를 진화할 수 있게 하기 위해 미리 마련해야 할 여러 전제 조건 가운데 하나에 불과했을 것이다.[6] 작은 턱 근육은 언어를 사용한 표시가 아니라 언어의 중요한 전제조건이다.

하지만 언어의 기원 시점을 결정하기 위해 우리가 이용할 수 있는 접근법은 세 가지가 더 있다. 하나는 발성기관을 관리하는 신경해부학적 증거이고, 또 하나는 호미닌 진화 역사 전반에 걸쳐 사회적 상호작용에 요구된 시간을 계산해 보는 방법이다. 그리고 세 번째 방법은 심리화 능력의 진화 패턴을 살펴보는 것이다. 당연히 이런 방법 중 어느 것도 단독으로 신뢰할 수 있는 증거를 구성한다고 장담할 수는 없지만, 한데 모아 놓으면 하나의 상태로 수렴되는 것처럼 보인다.

신경해부학적 증거는 두 가지 형태로 드러나는데, 그 둘 다 대형 유인원 및 다른 영장류와 현대 인간의 차이점에 기반을 둔다. 가슴 부위의 흉부 척수(횡격막과 흉벽 근육을 조절하는 신경이 통과하고 있는 척추)의 크기와 두개골 맨 아래쪽에 있는 (혀와 입을 자극하는 뇌신경 XII가 통과하는 구멍인) 설하신경관의 크기다. 이들 두 신경해부학적 증거는 대형 유인원이나 원숭이와 비교했을 때 현대 인간의 경우가 체격에 비해 현저하게 확장되어 있다. 이는 필시 말하기와 관련이 있다(흉부 척수의 크기는 말하기에 필요한 길고 꾸준한 날숨을 유지하도록 횡격막을 조절하고, 설하신경관은 발성 공간을 조절한다). 화석 기록에서 이 두 해부 기관이 확장된 시기를 밝힐 수 있다면, 비록 언어까지는 아니더라도 최소한 발성 공간(즉 말하기)을 조절하기 시작한 시점은 알 수 있을 것이다. 화석 자료가 너무 단편적이고 중구난방인 듯해 보이지만, 한데 모아서 종합하면, 두 해부학적 기관 면에서 오스트랄로피테쿠스와 초기 호모 종은 모두 유인원과 비슷한 반면, 하이델베르겐시스와 네안데르탈인 그리고 해부학적 현생인류는 모두 현대 인간과 유사하다.[7]

지난 몇 년간 또 다른 두 개의 해부학적 증거가 대두되었다. 그중 하나가 설골의 위치다. 설골은 매우 섬세한 뼈로, 후두 맨 윗부분과 혀의 맨 아랫부분을 잇는 고리 역할을 한다. 침팬지의 경우에는 설골이 목구멍의 윗부분에 있지만, 인간의 경우에는 목구멍 아랫부분에 있다. 인간의 말하기에 필요한 몇몇 소리(특히 모음들)를 내는 데 중요한 역할을 하는 것으로 보인다. 설골은 아주 작고 섬세해 화석에 남아 있는 경우가 드물다. 하지만 이스라엘 케바라(Kebara) 동굴에서 설골이 원 위치에 그대로 남아 있는 네안데르탈인의 화석이 발견되었다.

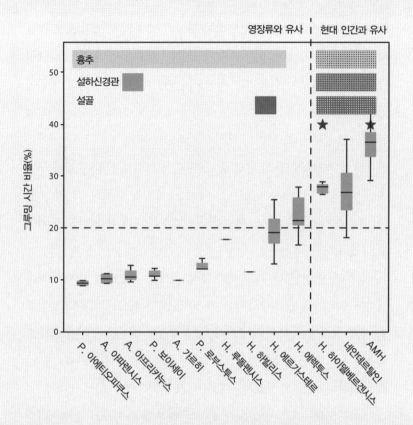

그림 7.3

말하기 진화 시점. 그림 2.1의 그루밍 시간 회귀 공식과 그림 3.3의 공동체 규모 자료를 바탕으로 예측한 주요 호미닌 종의 평균 (50%에서 95%까지 표시한) 그루밍 시간 비율. 도표 상단의 색칠한 막대는 각 종의 흉추와 설하신경관, 설골이 유인원과 닮았는지, 인간과 닮았는지 그 정도를 색의 농도로 표시한 것이다. ★은 인간의 음성을 듣는 외이도의 능력을 표시한 것이다. 말하기와 자각과 관련한 모든 해부학적 증거가 인간과 유사한 형태를 띤 것은 약 50만 년 전 고인류(호모 하이델베르겐시스)와 함께 출현한 것으로 보인다. [이 도표가 그림 5.3a와 다른 까닭은, 후자의 경우 하이델베르겐시스와 네안데르탈인의 시각 시스템에 (그리고 그로 인해 전두엽 신피질 부피에) 고위도 지역의 환경이 미친 영향을 고려했기 때문이다.) Pearce et al.(2013)

물론 현대 인간의 설골처럼 목구멍 아래쪽에 있었다. 그 후로 다른 몇몇 호모 종의 설골 위치를 판단하는 것이 가능해졌다. 초기 호모 종들의 경우에는 유인원과 비슷하게 목구멍 위쪽에 있었던 것으로 보인다. 두 번째 해부학적 증거는 외이도와 관련이 있다. 두개골 내부에 있는 골질로 둘러싸인 외이도는 소리를 들을 수 있게 해주는 반고리관이 있는 기관이다. 외이도 역시 인간과 침팬지가 다른데, 그 차이는 인간의 말하기를 가름할 만큼 중요하다. 스페인 북부의 '해골의 구덩이'에서 발견된 (약 50만 년 전으로 추정되는) 고인류 화석의 CT 촬영 영상으로 보건대, 구덩이 속 사람들도 현대인과 유사한 외이도를 가지고 있었다.

지금까지 발견된 네 개의 해부학적 증거를 종합하면, 언어까지는 아니어도 적어도 말하기 능력은 약 50만 년 전 어느 시기부터 고인류와 함께 진화했던 것으로 보인다. 그림 7.3은 다양한 호미닌 종별로 예측한 사회적 상호작용 요구 시간과 해부학적 증거의 상관관계를 나타낸 것이다. 사회적 상호작용 요구 시간이 처음으로 20% 장벽을 (가로 점선) 넘어선 직후 발성을 조절하는 해부학적 증거가 출현했다는 점을 주목하자. 다른 어떤 영장류 종도 하루 활동 시간의 20% 이상을 사회적 상호작용에 투자하지 않았던 것을 보면, 바로 이 시점부터 사회적 유대를 강화해야 할 필요가 절실해진 것으로 보인다. 그러므로 이 시점부터 발성을 조절하는 해부학적 기관이 변화를 겪었다는 것도 어쩌면 그리 놀랄만한 일은 아니다.

하지만 우리는 (발성의 형태로서) 말하기와 (문법적으로 정연하게 말하는 능력으로서) 언어를 명확하게 구별해야 한다. 앞서 말한 해부학적 증거는 단지 고인류와 현생인류가 복잡한 발성을 할 수 있을 만큼 발성 조절 능력이 있었다는 사실만 보여준다. 이 사실이 '언어'와 관련이 있느냐 없느냐는 완전히 별개의 문제다. 6장에서 나는 노랫말 없는 허밍과 노래 부르기가 고인류 사이에서 진화했을 수도 있다고 주장했다. 노래 부르기는 말하기와 정확히 똑같은 발성 기관을 이용할 뿐만 아니라 발성 조절 방식도 똑같다. 지금 우리가 종종 노랫말을 흥얼거리긴 하지만, 노래하는 데 반드시 언어가 필요한 것은 아니다.

요컨대, 해부학적 증거로 발성 조절이 나타난 시기를 알 수는 있지만 언어가 진화한 시기까지는 알 수 없다. 물론 발성 조절 능력의 향상과 더욱 다양하고 복잡해진 발성 레퍼토리는 언어의 진화를 예고하는 중요한 징조다. 호미닌 진화 역사에서 매우 이른 시기에, 점점 더 늘어나는 집단 규모에 대한 반응으로 발성 레퍼토리가 더 복잡하고 다양해졌을 가능성도 크다. 실제로 이와 똑같은 반응이 새와 원숭이에서도 발견된다. 토드 프리버그(Todd Freeberg)는 아주 특별하게 설치한 야외 및 실내 실험을 통해 (북미에 서식하는 박샛과의) 미국 박새들이 날마다 집단 규모가 조금씩 증가할수록 울음소리도 복잡해진다는 사실을 증명했다. 또 미국의 인류학자 세스 돕슨(Seth Dobson)은 영장류 실험에서 더욱 흥미로운 사실을 밝혀냈다. 영장류는 집단의 규모가 클수록 표정과 몸짓이 복잡해진다는 (그리고 이것을 처리하는 뇌의 영역도 더 크다는) 사실을 증명한 것이다. 한편 영국의 생물학자 캐런 맥콤브(Karen McComb)와 스튜어트 셈플(Stuart Semple)은 영장류의 발성 레퍼토리에서도 같은 결과를 입증했다. 따라서 집단 규모에 대한 반응으로, 의사소통용 발성 레퍼토리를 (그리고 몸짓도) 다양하고 복잡하게 발달시키는 능력은 대단히 오래전에 시작되었으며, 인간에게만 국한된 것도—언어의 존재 여부에 좌우되는 것도—아니다.

세 번째 접근법의 토대는 심리화 역량과 관련이 있다. 심리화는 말하는 이와 듣는 이 양편 모두 서로의 의도를 이해하기 위해 노력하는 과정으로 언어의 진화에 매우 중요한 역할을 한다. 말하는 이 입장에서는, 자신이 말하는 내용을 상대방에게 이해시키려는 의도를 가지고 있어야 한다. 듣는 이 입장에서는 그와 정반대의 의도를 가진다(그림 2.2). 듣는 이는 의도성의 제2층위만으로도 충분하겠지만, 말하는 이는 제3층위 수준의 의도성을 가져야 한다. 두 사람이 제3자에 대해 숙덕거리려고 해도 기본적으로 이 정도 수준의 의도성을 가지고 있어야 한다. 심리화 역량이 언어의 진화에 중요한 또 다른 이유도 있다. 심리화의 재귀적 구조가 문장의 문법적 구조에서 절의 배태성과 신비로울 정도로 닮은 것도 바로 이 이유 때문이다. 즉 심리화나 문장이나 모두 그 한계가 5층위인 것처럼 보인다는 점이다. 우리가 알고 있는 언어에서 의미를 분석하는 것은 오직 제5층위의 의도성을 다룰 줄 아는 사람만이 할 수 있다.

뇌 영상 촬영 실험은 우리에게 심리화 역량이 뇌의 심리화 네트워크 용적과 관련이 있다는 사실을 알려주었다. 구체적으로는 안와전두피질과 관련이 있는데(2장 참고), 이것은 영장류 전반에 걸쳐 심리화 역량이 전두엽 크기에 비례한다는 주장을 강력하게 뒷받침한다(그림 2.4). 이 사실을 바탕으로, 우리는 그림 2.4의 공식을 이용해서 화석 호미닌 종들의 심리화 역량을 계산할 수 있다. 정의상, 화석 호미니 종들은 대형 유인원과 현생인류 그 중간 단계가 분명하기 때문이다.

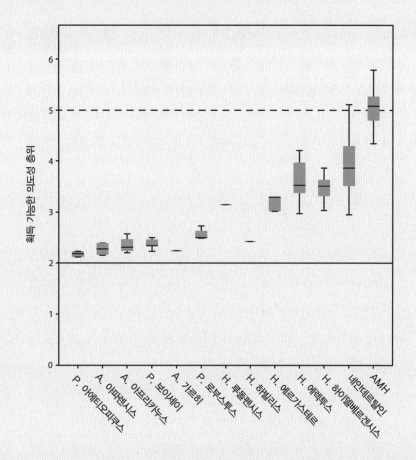

그림 7.4
주요 호미닌 종들이 획득할 수 있었던 의도성 층위. 그림 2.4의 공식에 (전두엽 용적 대신) 두개골 용적을 대입하여 각 호미닌 종이 획득했음직한 의도성 층위의 평균값을 (50%에서 95%까지) 표시했다. 의도성 제2층위에 그은 실선은 대형 유인원의 상한선이고, 의도성 제5층위에 그은 점선은 현대 인간의 평균값이다. 고인류와 네안데르탈인의 두개골 용적은 시각 시스템에 대한 고위도 효과를 적용한 것이다. 호모 에렉투스의 두개골 용적은 고위도 효과를 적용하지 않았다. Pearce et al.(2013)

그림 7.4는 그 결과를 나타낸 것이다. 오스트랄로피테쿠스 화석군은 다른 대형 유인원과 나란히 의도성의 제2층위를 가뿐하게 넘어섰다. 초기 호모 집단은 모두 의도성의 제3층위에 안착했고, 고인류와 네안데르탈인은 제4층위를 가까스로 넘겼다. 해부학적 현생인류 화석 종에 이르면서 비로소 (그들의 현존하는 후손과 마찬가지로) 제5층위를 획득한다.

이 결과를 토대로 우리는, 설령 (많은 사람이 주장하고 싶은 것처럼) 네안데르탈인이 언어를 사용했다고 하더라도, 그들의 언어가 현생인류의 언어만큼 복잡하지 않았다고 자신 있게 주장할 수 있다. 언어에서 심리화 역량이 중대한 역할을 한다는 사실을 고려하면, 네안데르탈인과 현생인류의 뇌에서 나타나는 구조적 차이는 곧 네안데르탈인의 언어가 질적으로—개념적으로나 통사구조에서도—매우 달랐다는 뜻으로 해석될 수밖에 없다.

지금까지 고고학자는 네안데르탈인이 완전히 발전된 (우리가 언어라고 알고 있는 언어) 언어를 사용했다고 추측하려는 경향을 보여왔다. 그들의 사냥 방식이 (성인 남성 몇 명이 크고 위험한 사냥감을 에워싸고 창으로 찔러야 하므로) 협동을 수반한다는 점도 어느 정도는 그 근거가 된 듯하다. 하지만 언어가 전혀 없는 늑대나 하이에나도 (그리고 일부에서 주장하기로는 침팬지도) 그런 사냥을 꽤 능숙하게 해내는데, 네안데르탈인이라고 왜 반드시 언어가 필요했을까? 단순한 협동심에 제3층위 이상의 언어가 필요했을 것 같지는 않다. 가령, '내 계획은 네가 저쪽에서 사냥감을 찌르는 거야. 알겠지?' 이거면 끝이다. 조직적인 사냥에는 제3층위의 의도성을 갖는 언어만으로도 충분했을 것이다. 다만 복잡한 이야기를 만들려면 제3층위의 언어로는 꽤 답답했을 것이다. 그에 대해서는 8장으로 잠시 미루자.

생식 활동에서 발생한 사소한 문제 ──

지금까지 커다란 뇌에 가려져 있던 문제가 하나 있다. 큰 덩어리로 보면 절대 만만하게 볼 문제는 아니다. 포유류의 경우에는 뇌가 거의 완전히 발달한 상태로 태어나고, 새끼들은 자력으로 생존할 수 있다. 신경조직은 일정한 속도로 발달하기 때문에 뇌 크기를 증가시키려는 종이라면 그만큼 임신 기간을 연장해서 뇌가 발달할 시간을 확보해야 한다. 그래서 영장류처럼 뇌가 큰 종은 새끼를 낳는 횟수 뿐만아니라 한 번에 낳는 수도 적다. 또한 혈통을 보존할 만큼 충분한 수의 새끼를 낳는 데 필요한 시간을 확보하려면 수명도 길어질 수밖에 없다.

인간의 뇌 크기는 다소 독특한 조정이 불가피했다. 포유류의 패턴을 기준으로 봤을 때, 현생인류의 임신 기간은 21개월이어야 한다. 인간 아기가 다른 모든 영장류의 새끼가 태어날 시점과 같은 수준으로 뇌가 발달하는 시점이 21개월이기 때문이다.[8] 불행히도, 포유류가 탄생하기 훨씬 오래전, 척추동물 시절의 우연한 사건 덕분에 아기는 골반 사이에 난 구멍을 통과해야만 했고, 그 구멍의 크기는 통과해야 하는 머리 크기에 제약을 가했다. 두 발 보행의 진화는 이 문제를 더욱 악화시켰다. 결과적으로 골반은 내장과 몸통을 지탱하기 위해 그릇 모양으로 개편되었고, 그로 인해 골반 입구와 산도는 더 좁아졌다. '출산의 딜레마(obstetric dilemma)'라고 알려진 문제의 시발점이 된 것이다.[9] 물론 여성의 골반이 충분히 발달한 뇌를 가진 21개월령의 태아가 통과할 수 있을 만큼 넓게 진화한다면, 이 딜레마는 수월하게 해결될 수 있었을 것이다. 비슷한 임신 기간을 갖는 코끼리가 문제를 해결했듯이, 자연선택이 개입하면 이 문제를 그럭저럭 해결할 수 있다. 하지만 결정적인 옥에 티가 있었으니, 특대 크기의 뇌가 무대에 오르기 오래전에 호모 속의 몸이 유목민의 생활방식에 적합해졌다는 점이다. 코끼리 엉덩이처럼 단면이 1m가 넘는 엉덩이를 가지고는 달리기는커녕 걷기도 힘들다. 유목생활 측면에서 호모 에르가스테르가 쟁취한 이점은 폐기되어야 했을 것이다.

우리 조상이 찾아낸 타협안은 아기가 제힘으로 생존할 수 있는 한도 내에서 임신 기간을 절대적 최소기간으로 단축하고, 뇌의 발달은 자궁 밖에서 완성하게끔 하는 것이었다. 말하자면, 일종의 캥거루 전략을 쓴 것이다. 유인원과 원숭이 새끼는 태어나고 몇 시간 만에 뒤뚱거리며 걸을 수 있지만, 인간의 아기는 생후 12개월이 될 때까지는 이 단계에 오르지 못한다. 너무 때 이르게 (가령 임신 7개월 미만에) 태어난 인간 아기가 현대 의학의 기술과 도움이 없으면 생존하기 어려운 까닭도 이 때문이다. 과거에는 이런 아기들 대부분이 태어나자마자 죽을 수밖에 없었다.

어쨌든 현생인류의 출산 과정은 원숭이나 유인원 어떤 종보다 대단히 고달픈 과업이다. 그래서 자연은 불필요하게 작은 산도를 통과해야 하는 지나치게 큰 머리 아기를 위해 고육지책을 마련해야 했다. 산모의 골반 양쪽을 이어주는 연골부가 출산하는 동안 유연해지면서 아기가 밀고 나올 때 골반이 벌어지게 한 것이다. 이것이 여성의 골반이 출산 후에 원래 크기로 회복되지 않는 원인이다. 여기에 더해 아기의 두 개골을 이루는 뼈판들도 태어날 때는 떨어져 있다(5세에서 7세쯤 뇌가 성장을 멈추기 전까지 두개골의 뼈판은 고정되지 않는다). 산도를 통과할 때 압력을 받으면 뼈판이 아주 조금씩 서로의 가장자리로 밀려들어 가면서 압축되는 덕분에 아기 머리가 무사히 산도를 빠져나올 수 있다.

유년기의 연장을 포함하여 생식 패턴에서 일어난 이러한 변화가 호미닌 진화 역사에서 매우 늦게 나타났다는 사실은 화석 유골의 치아 에나멜에 남은 주파선조[10]의 개수를 통해서 증명되었다. 주파선조의 개수를 알면 어린이가 성인기에 도달하기까지의 시간을 계산할 수 있다. 나리오코톰 소년은 사망할 당시에 (비록 일부 학자가 12세에 가까웠을 것으로 짐작하지만) 8세였는데, 거의 다 자란 상태였다. 그 나이에 이미 키가 약 1.5m였다. 오늘날 인간의 어린이가 그만큼 크려면 몇 년은 더 걸린다.

모든 것을 고려할 때, 조기 출산과 길어진 유년기를 포함한 현생인류의 성장 패턴이 (호모 하이델베르겐시스와 같은) 고인류가 출현하기 전에 진화했다고 볼 수는 없다. 하이델베르겐시스의 뇌는 큰 어려움 없이 산도를 통과할 수 있었는지 모르지만, 네안데르탈인에 이르면 얘기가 완전히 달라진다. 네안데르탈인의 시대가 끝나갈 즈음 그들의 뇌는 현재의 우리만큼 컸고, 우리와 똑같은 출산의 딜레마에 직면했을 것이다. 요컨대, 오늘날과 같은 짧은 임신 기간으로의 전환은 네안데르탈인과 현생인류 혈통에서 따로따로 진화했거나 아니면 이들의 공통조상에서 진화했을 것이다. 그 이전에 진화하지 않은 것만은 분명하다.

하지만 유년기가 눈에 띄게 길어지기 시작한 것은 현생인류 혈통에서만 일어난 진화처럼 보인다. 네안데르탈인의 주파선조를 분석한 최근의 연구에 따르면, 이들은 태어난 후의 성장 속도가 현생인류보다 상당히 빨랐고, 몇 년 일찍 사춘기와 성인기에 이르렀다. 물론 이런 사실이 그리 놀라운 것은 아니다. 영장류의 경우, 비시각 신피질의 용적은 사회화 (젖을 뗀 후부터 사춘기까지의) 기간을 가장 잘 보여주는 예측인자다. 일단 뇌가 완전히 성장한 후에 신피질 용적이 넓을수록, 어린이가 앞으로 살아가는 데 필요한 사회성을 터득하는 기간인 사회화 기간이 불균형적으로 길어진다. 6장에서도 살펴보았듯, 네안데르탈인은 현생인류보다 전두엽과 측두엽의 크기가 현저히 작았고, 그에 따라 사회도 덜 복잡했을 것이므로, 사회화 기간이 더 짧아도 아무런 문제가 없었을 것이다. 하지만 사회화 기간이 짧은 만큼 정교한 문명을 발달시키는 능력을 향상할 기회도 없었을 것이다.

큰 뇌에 관한 문제는 사실 꽤 어렵고 복잡한 문제지만, 의외로 흥미로운 시나리오가 우리를 도와줄 수도 있다. 바로 결핵균이다. 결핵은 종종 끔찍한 질병으로 간주되지만, 알고 보면 꼭 그렇지만도 않다. 결핵균 보균자의 단 5%만이 증상을 보이며, 사망할 확률도 매우 낮다 (대개 아주 열악한 환경에서 증상이 악화되는 경우에만 사망한다). 실제로 결핵균은 병원균이라기보다는 공생자에 더 가깝다.[11] 물론 우리의 다른 많은 공생자와 마찬가지로 결핵균도 환경이 극도로 열악할 때는 병원균이 될 수 있지만 말이다. 어쨌든 여기서 중요한 사실은 결핵균이 니코틴아미드, 즉 비타민 B_3를 분비한다는 점이다. 비타민 B_3는 뇌의 정상적인 발달에 매우 중요한 영양성분으로 밝혀졌는데, 만성적으로 비타민 B₃가 결핍되면 펠라그라와 같은 질병을 유발할 수 있고, 뇌 건강을 빠르게 악화시킨다. 더욱 주목해야 할 점은 비타민 B₃가 고기를 통해서만 섭취된다는 사실이다. 따라서 우리 식단에 고기의 비중이 높아진 후에는 비타민 B₃의 공급이 원활해졌을 것이다. 채집과 달리, 사냥은 언제나 운이 따라야 하므로 고기의 공급도 운에 맡기는 수밖에 없다. 신석기시대에는 아마도 이 문제가 더 심각했을 것이다. 특히 곡류에는 비타민 B₃가 부족하고, 정착 농경생활로 전환한 후에는 규칙적으로 대체할 식량을 시급하게 찾아야 했기 때문이다. 인간이 결핵에 걸린 것이 소를 가축화한 8000년 전쯤부터라는 주장도 있지만, 최근에 드러난 유전적 증거에 따르면 인간과 소의 결핵은 완전히 다른 종일 뿐 아니라 인간의 결핵 역사는 최소한 7만 년 전부터였을 것으로 추정된다. 만약 이것이 사실이라면, 결핵의 출현 시점이 해부학적 현생인류의 뇌 크기가 갑자기 증가하기 시작한 약 10만 년 전과 가깝다는 것이어서 실로 놀랍기만 하다.

네안데르탈인에게 도대체 무슨 일이 벌어졌을까? ──

유럽과 서아시아에서 30만 년이라는 기간 대부분을 성공적으로 살아남고도, 네안데르탈인은 (우리가 발견한 화석의 마지막 추정 연대로) 약 2만 8000년 전 어느 시점에 사라졌다. 도대체 왜 이토록 눈부신 성공을 거둔 종이 아프리카에서 건너온 해부학적 현생인류라는 사촌에게 유럽의 무대를 고스란히 넘겨주고 불현듯 사라진 걸까? 인간 진화 역사의 모든 장면 중에 이 상징적인 사건만큼 설명이 무성한 것도 드물다.

그중 몇 가지만 살펴보자. 마지막 빙하기의 극렬한 추위에 적응하지 못했다는 설, 코카서스 산맥에서 연달아 화산이 폭발하면서 핵겨울이 지속되었기 때문이라는 설,[12] 얼음 전선이 (또는 화산 폭발이) 사냥감을 빠르게 남쪽으로 내몰았고 굼뜬 네안데르탈인들이 미처 그 뒤를 따르지 못했기 때문이라는 설, 생태적 경쟁에서 현생인류에게 밀렸다는 설, 네안데르탈인 집단이 규모도 작고 산발적으로 흩어져 있었기 때문에 물질문명을 발명하거나 유지하지 못했다는 설, 현생인류가 아시아나 아프리카에서 가져온 새로운 질병으로 몰살되었다는 설, 이종교배로 현생인류 집단에 흡수되었다는 설 그리고 어쩌면 예상대로 현생인류가 의도적으로 벌인 사상 최악의 인종청소로 인해 절멸했다는 설 등이다. 이 모든 설에는 진실의 일면이 있겠지만, 여러 가지 불행한 상황이 겹치면서 네안데르탈인의 발목을 잡은 것만은 확실하다.

당시의 현생인류도 그랬지만, 남하하기 시작한 대륙빙하의 위용이 절정에 이를 즈음 네안데르탈인은 어쩔 수 없이 (스페인, 이탈리아, 발칸반도 등지의) 유럽 구석으로 내몰렸다. 보존생물학의 고전적 발견 중 하나는 어떤 한 종이 이처럼 잔존 서식지로 내몰리면서 집단이 축소되고 고립되면, 타지의 이주자로 대체되지 않는 한 국지적 멸종을 피할 수 없다는 것이다. 네안데르탈인의 공동체 규모가 작았다는 점을 고려하면(6장 참고), 그들에게 이 결과는 더욱 악화되어 나타났을 것이다.

이처럼 여러 멸종 요인 가운데 어느 하나만이라도 잘 대처했다면 네안데르탈인은 충분히 생존할 수 있었는지도 모른다. 하지만 모든 요인이 한꺼번에 닥치면서 그들을 압도하고 말았다. 현생인류와 어떤 식의 접촉이 있었든 별로 도움이 되지는 못했을 것이다. 오히려 네안데르탈인에게 항체가 없는 새로운 병원균을 옮겼을 가능성이 크다. 거의 3만 년 후에 구세계인 유럽 이주자가 가져간 비교적 해가 없는 질병에도 아메리카 대륙 원주민이 절멸하다시피 한 것과 다를 바 없이 말이다.

이것 말고도 네안데르탈인에 대해서는 물질문명과 관련된 골치 아픈 문제가 있다. 그들이 만든 도구와 의복이다. 최근 몇 년 동안, 네안데르탈인의 물질문명이 현생인류가 만든 것과 다르지 않다는—또는 적어도 그들이 멸종하기 직전에는 물질문명 수준이 향상되는 추세를 보였다는—주장이 심심치 않게 제기되었다.[13] 하지만 노골적으로 말해서 두 종의 물질문명은 차원이 완전히 달랐다. 네안데르탈인의 도구는 다양성과 창조성, 정교함 면에서 당시 현생인류의 것을 따라가지 못했다. 대체로 그들의 도구는 뻔한 기능만 가지고 있었고, 그보다 훨씬 나중에 등장한 현생인류의 작품만큼 현란하지도 않았다. 심리화 역량의 차이를 고려하면 지극히 당연한 현상이다. 의도성의 층위가 한 단계 낮다는 것은 돌이나 상아 조각에서 도구나 물체의 모양을 상상하는 능력이나 기술적으로 무언가를 고안해내는 창의력에 한계가 있다는 의미다.

전방위로 기후 압박이 거센 상황에서 해부학적 현생인류가 네안데르탈인의 운명을 피할 수 있었던 주요한 원인으로 한 가지 그럴듯한 설명은, 더 크고 기능적인 뇌 덕분에 대규모 교역망을 갖추었고 '그와 동시에' 문화적으로도 더욱 창조적이었기 때문이었다는 것이다. 6장에서 네안데르탈인은 공동체 규모도 당시 현생인류의 것보다 훨씬 더 작았고(그림 6.5에서 보듯 약 3분의 2 수준), 원자재를 거래하거나 교환하던 지역 범위도 훨씬 더 협소했다는 사실을 확인했다. 네안데르탈인 유적지에서 발견된 도구는 원자재의 70%가 사방 25km '미만'인 지역에서 운반된 것이지만, 현생인류 유적지에서 발견된 도구는 원자재의 60%가 사방 25km '이상'인 지역에서 운반되었다. 심지어 어떤 것들은 200km나 떨어진 곳에서 운반되었다. 지리적으로 광범위한 영역으로 대규모의 사회적 관계망을 구축한 현생인류는, 네안데르탈인은 엄두도 내지 못했던 방식으로 동료와 함께 은신처를 찾아 국지적 멸종에 유연하게 대처했을 것이다. 게다가 만약 현생인류가 아프리카를 떠나기 전에 이미 관계망의 층을 늘렸다면 (그림 3.4에서처럼 500명과 1,500명으로 구성된 관계망 층을 갖추었다면), 네안데르탈인과의 차이는 비교할 수 없을 만큼 크게 벌어졌을 것이다.

현생인류와 네안데르탈인의 뇌 구조에서 나타나는 차이는 어쩌면 심리화 역량은 차치하고라도 문화적 복잡성의 수준을 암시하는지도 모른다. 영장류의 경우, 미래에 일어날 일을 예견하고 그 계획을 세우는 능력은 심리화 과정과 같은 피질 부위(뇌의 가장 앞부분)에서 결정한다. 유인원 영장류의 진화 전반에 걸쳐 그리고 현생인류에게서도, 이 전두엽 앞부분은 점진적으로 발달했다.[14] 전전두엽 피질의 부피가 더 작은 네안데르탈인은 계획 능력이 현저히 떨어졌을 것이다. 그리고 이 것이 다시 도구를 비롯한 기타의 물건을 제작하는 능력뿐만 아니라 자신의 행동이 불러올 결과를 예측하는 능력에도 영향을 미쳤을 것이다. 물론 상황에 대한 즉각적 반응을 억제하는 능력은 두말할 것도 없다.

현생인류와 거의 확연한 차이를 보이는 문화적 적응력의 또 다른 일면은 의복이다. 레슬리 아이엘로와 피터 휠러는 구석기시대의 마지막 3단계 동안의 기후 모델을 토대로 네안데르탈인과 현생인류가 입었던 옷의 보온성을 조사하고, 마지막 빙하기 동안 유럽의 여러 지역에서 생존하는 데 알맞았는지 분석했다. 설령 어떤 시점이든 네안데르탈인이 현생인류보다 늘 남쪽에 살았다고 해도, 네안데르탈인은 현생인류보다 보온성이 떨어지는 옷으로 추운 기후에 적응해야 했을 것이다. 네안데르탈인은 현생인류보다 또는 지금 우리보다 체온 유지 면에서 적응력이 훨씬 더 뛰어났다.

이런 사실은 (체온을 잘 유지하도록 팔과 다리에 꼭 맞게) 꿰맨 옷과 대충 감싼 옷의 차이를 반영한다고 볼 수도 있다. 우리가 유럽에서 약 3만 년 전의 것으로 추정되는 현생인류 화석 유적지에서 처음으로 바늘귀가 있는 (대개 뼈로 만든) 바늘을 발견한 것도 분명 우연은 아니다. 실제로 현생인류가 뚫는 도구를 제작한 역사는 매우 길다. 이들은 아프리카 남부에서 최소한 10만 년 전부터 송곳을 이용해 조개껍데기를 뚫어서 목걸이를 제작하기 시작했다. 네안데르탈인이 정교한 작업을 위해 이런 종류의 도구를 사용했다는 증거는 어디에도 없다. 이 같은 사실은 이 두 종 사이의 심리화 능력의 차이를 (아니면 적어도 심리화의 토대인 인지적 능력을) 반영한다고 볼 수밖에 없다.

의복에 대한 보다 확연한 증거는 후기 구석기시대 현생인류의 묘지에서 발견되었다. 모스크바 북동쪽 볼가 강 상류의 순기르(Sungir)에서 약 2만 2000년 전으로 추정되는 묘지가 발견되었는데, 그 안에는 어린이 두 명이 머리를 맞대고 함께 묻혀 있었다. 이 묘지에서 구멍을 뚫고 모양을 다듬는 데에 꽤 오랜 시간이 걸렸음직한 엄청난 수의 구슬이 발견되었다. (사내아이로 추정되는) 한 아이 유골 위에 4,903개의 구슬이 마치 옷에 단단히 부착되었던 것처럼 놓여 있었다. 아이의 허리춤에는 북극여우의 이빨 250개가 허리띠처럼 둘러져 있었고, 목에는 망토를 여밀 때 썼던 것으로 보이는 상아 핀이 놓여 있었다. (여자아이로 추정되는) 또 다른 유골에는 총 5,374개의 구슬이 옷에 부착되었던 것인 양 놓여 있었고, 마찬가지로 목 주변에 상아 핀이 있었다. 현생인류는 이보다 훨씬 이전부터 옷을 입은 것이 분명하다. 왜냐하면 약 3만 5000년 전으로 추정되는 유럽 각지의 후기 구석기 유적지들에서 상아, 뼈, 호박, 조개껍데기와 돌로 만든 구슬과 단추가 발견되었기 때문이다. 아프리카에서는 그보다 훨씬 더 오래전부터 옷을 입었을 것이다.

　의복에 관한 증거에서 진짜 놀라운 사실은 분자유전학 덕분에 밝혀졌다. 현생인류에게는 서로 다른 아종에 속한 두 종류의 이가 기생하고 있었다. 머릿니와 몸니였다. 이 두 아종은 한 몸에 기생해도 서식지가 다르기 때문에 이종교배를 하지 않는다. 한 아종은 머리카락 틈에서만 서식하고, 또 한 종은 의복 (구체적으로는 속옷) 속에서만 서식한다. 몸니가 몸을 숨길 수 있는 의복이 있을 때만 생존할 수 있다는 사실로 미루어 보아, 인간이 의복을 항상 입기 시작한 후에야 진화했을 것이다. 전 세계 12곳에 서식하는 이 두 아종의 mtDNA를 비교한 결과, 몸니는 약 10만 년 전에 머릿니와의 공통조상에서 갈라져 나와 진화했다. 즉 이때부터 인간이 습관적으로 옷을 입기 시작했음을 암시한다. 놀랍게도 이 시기는 해부학적 현생인류가 최초로 아프리카를 벗어나 유라시아를 점유하기 시작한 시점보다 빠르다. 다시 말하면 4만 년 전 유럽에 도착했을 때 현생인류는 몸에 잘 맞는 옷을 입고 있었을 뿐만 아니라, 아프리카에서는 그보다 수만 년 전부터 이미 옷을 만들어 입기 시작했다는 의미다. 물론 뇌 발달의 마지막 단계와도 시기적으로 잘 맞는다.

하지만 그 이면에서 집요하게 등장하는 필연적인 질문이 있다. 과연 네안데르탈인은 해부학적 현생인류의 손에 절멸했는가? 물론 이 질문의 정답은 영원히 알 수 없겠지만, 적어도 네안데르탈인 유골에 남은 수많은 상흔은 조심성 없이 사냥하다가 입은 상처로만 보기에는 어딘가 꺼림칙하다. 3만 6000년 전의 생 세제르(St Césaire) 유적지에서 발굴된 네안데르탈인 어린이 유골에 있는 상흔을 세밀하게 분석한 결과, 일부 상흔은 날카로운 도구에 의한 상처였음이 밝혀졌다. 폭력의 흔적일 가능성이 크다. 네안데르탈인 사이의 폭력이었는지 아니면 해부학적 현생인류와 네안데르탈인 사이의 폭력이었는지, 우리로서는 알 길이 없다.

현생인류가 네안데르탈인과 이종교배를 했을 가능성은 학술적으로뿐만 아니라 각종 언론에서도 엄청난 반향과 흥분을 일으켰다. 그 시초는 지브롤터에서 발견된 현생인류 신생아의 화석에서 네안데르탈인과 현생인류의 두개골 특징이 혼합된 것처럼 보이는 흔적이다. 하지만 실질적으로 너무 어린 아이의 화석을 토대로 무엇을 발견했든 기껏해야 추측일 뿐이다. 그보다 진지한 증거는 따로 있었다. 현재의 유럽인 DNA의 2%에서 4%가 (현재의 아프리카인이 아닌) 네안데르탈인과 일치한다는 사실이다. 심지어 극동에서 해부학적 현생인류와 데니소바인 사이에 이종교배가 있었다는 흥미로운 주장도 제기되었다. 데니소바인 게놈 유전자 염기 배열순서 분석에서 현재의 멜라네시아인과 오스트레일리아 원주민 DNA의 4%에서 6%가량이 데니소바인에게서 유래했을지도 모른다는 결론이 나왔다. 물론 이중 어느 경우든, 그런 식의 이종교배가 항시 일어났다는 증거는 될 수 없다. 사실 일부에서는 이런 결과가 같은 서식지를 점유하고 같은 선택압을 받았을 때 일어나는 유전적 수렴 현상을 반영한 것에 지나지 않는다고 주장한다.

물론 현생인류가 고인류와 이종교배를 했다는 사실이 두 종이 우호적으로 신부를 교환했다는 의미는 아니다. 역사상 식민지 건설자가 원주민 집단의 여성을 강제로 갈취한 사례는 헤아릴 수 없이 많다. 알려진 것만 해도 (특히 아메리카 대륙과 인도에서) 수없이 많고, 역사적으로 그 뿌리가 얼마나 깊은지 보여주는 결정적인 유전적 증거도 있다. 일례로 잉글랜드 남부의 여성은 대부분 켈트 족의 mtDNA를 가지고 있지만, 남성의 경우는 매우 뚜렷한 차이를 보인다. 동쪽 지역은 주로 앵글로색슨 족에서, 서쪽 지역은 주로 켈트 족에서 유래한 Y염색체를 가지고 있다. 이는 5세기에서 6세기 사이에 대륙에서 넘어온 앵글로색슨 족 남성이 무력을 썼든 아니든, 지역 여성을 신부로 삼은 동시에 본토 남성과의 혼인을 방해했음을 암시한다. 아이슬란드의 유전학계에서도 이와 유사한 이야기가 들려온다. 아이슬란드 남성 Y염색체의 80%가 노르웨이에서 유래했지만, 여성 mtDNA의 63%가 켈트 족에서 유래했다는 것이다. 추측건대, 아이슬란드를 거쳐 간 바이킹 족 남성에게 강제로든 다른 방법으로든 여성이 납치되었던 게 아닐까 한다.[15] 마찬가지로, 아시아와 유럽의 동쪽 변경 남성의 Y염색체 중 7%는 몽골 족에서 유래했다. 놀라울 정도로 짧았던 13세기의 몽골 정복 기간에 칭기즈 칸과 (특히) 그의 남성 친척이 활약을 펼친 결과로 보

인다.[16]

다시 말해서, 역사상 인류의 행위로 판단해보면, 현대인의 게놈에 남은 약간의 네안데르탈인 mtDNA는 해부학적 현생인류 남성 노총 각이 강탈한 노획물일 가능성이 크다. 네안데르탈인과 데니소바인이 절멸의 길을 걷는 동안 고인류와 현생인류 사이에 정말로 이종교배가 있었다면, 고인류로서는 마냥 기쁜 일도 아니었을 테니 나름대로 저항도 하지 않았을까? 진짜 그랬다면, 두 종의 공동체 규모에서 나타나는 사소한 차이가 결정적으로 승패를 가름했을 법도 하다. 현생인류는 사회적 결속력이 유달리 강한 공동체를 이루고 있었을 테니, 이런 싸움에 건장한 남성을 대거 투입할 수 있었을 것이다. 그뿐 아니라 현생인류는 고인류보다 훨씬 더 넓은 지역에서 동맹군을 소집하는 능력도 뛰어났을 것이다.

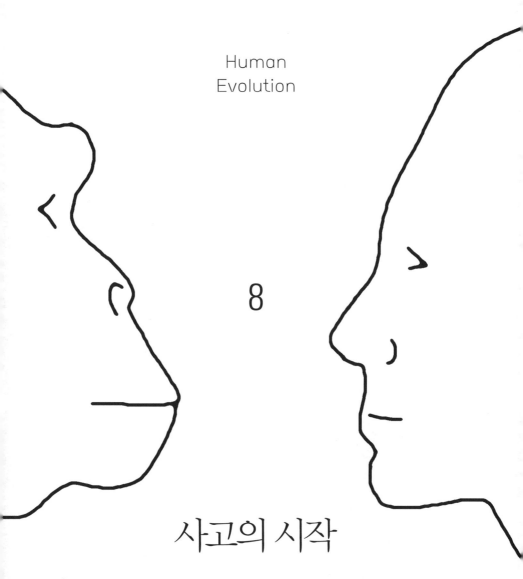

Human
Evolution

8

사고의 시작

동류의식, 언어, 문화는 어떻게 탄생했나?

약 4만 년 전, 해부학적 현생인류의 출현은 새롭고 혁신적인 도구들, 다양한 공예품들과 함께 이른바 후기 구석기 혁명이라 일컬어진다. 투창용 창이나 창을 던질 때 효율을 높이기 위한 스피어스로워(spear-thrower, 일종의 투창기)[1]와 같이 기술적으로 향상된 도구를 포함하여 혁신적이고 더욱 강력한 무기가 널리 퍼져나갔다. 의복 제작에 쓰인 날카로운 송곳과 바늘, 기름 램프, 자갈로 바닥을 깐 오두막도 등장했다. 이런 문화적 활동의 극적인 폭발은 장식용 예술 분야로도 번졌다. 동굴 벽화를 비롯해 상아와 돌을 쪼아서 만든 비너스 입상(그림 8.1), 말 머리 모양으로 조각한 스피어스로워 손잡이, 뼈로 만든 피리와 상아를 쪼아 만든 벽걸이 달력까지 등장했다. 죽은 이를 위한 정교한 무덤도 발견되었는데, 시신과 함께 발굴된 각종 물건은 흡사 죽은 이가 사후세계에서도 일상생활을 영위하길 바라는 마음이 투영된 듯하다. 마침내 현대적인 사고(思考)를 하기 시작한 것이다.

물론 이 모든 혁신적인 인공물이 어느 날 누군가의 머릿속에서 느닷없이 떠올라 발명되었을 리는 없다. 느리고 지난한 과정을 거쳐 여

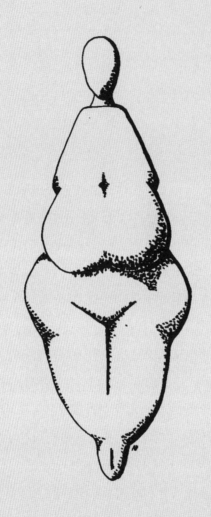

그림 8.1
레스퓌그의 비너스. 프랑스 남부에서 발견되었으며, 2만 5000년 전 것으로 추정된다.

Redrawn from Lewis-Williams(2002), ⓒ 2014 Arran Dunbar

기까지 이르렀고, 최소한 10만 년에 걸친 그 과정이 아프리카의 고고학 유적지에 기록되었다. 하지만 실제로 인공물의 품질과 양 그리고 다양성이 폭발적으로 증가한 기간은 약 4만 년 전부터 그 후 2만 년까지였다. 물론 이러한 문화적 팽창이 유럽에서만 독점적으로 일어난 것은 절대 아니었다.

비록 이런 문화적 발전이 대개 도구의 정교함에 치중되어 식량 발굴에 영향을 미쳤지만, 관련되지 않은 분야에도 많은 발전이 있었다. 식량이 최고의 목표였다면 동굴 예술과 비너스 입상은 어떤 변명으로도 정당화되기 어려울 것이다. 오히려 이런 예술품은 호미닌 진화의 초기부터 시작되어 호모 사피엔스의 출현과 함께 더욱 악화된 고질적인 문제를 해결하기 위한 자구책이었는지도 모른다. 너무 비대해진 사회적 집단 안에서 어떻게 사회적 결속을 유지해야 하는가? 특히 이런 집단이 광범위한 지역에 분산되면서 문제는 더욱 심각해졌다. 그리고 이런 결속 메커니즘들이 모두 본질적으로 '문화'의 영역에 속한다는 점에서, 필시 언어가 중대한 역할을 할 수밖에 없었다.

언어는 왜 진화했을까? ——

역사학적 관점에서는 인간이 물리적 세계에 대한 사실 정보를 교환하기 위해 언어를 진화시켰다는 게 일반 여론이지만, 이와 달리 일각에서는 언어가 적어도 현생인류에게는 사회적 유대를 강화하기 위한 편리한 도구로서 진화했다는 대안적 견해도 제기된다. 물론 두 진영 모두 정보의 교환을 원활하게 하려는 목적으로 언어의 문법적 구조가 형성되었다는 데에는 동의한다. 두 진영이 극명하게 갈리는 지점은 우리의 생존과 가장 직결된 지식을 (실용적 지식이냐 아니면 사회적 지식이냐) 바라보는 관점이다. 따라서 어떤 것이 언어의 주요한 기능이고 어떤 것이 그 사소한 부산물로—주요한 기능을 충족하고 나서 덤으로—나타난 대안적 기능인지에 대해서는 의견이 엇갈린다.

문제는 어떤 한 관점이 우세하다는 것을 입증할 근거가 없다는 점이다. 게다가 (언어를 갖는 좋은 우리가 유일하므로) 비교할 만한 자료도 전혀 없고, (애석하게도 대화는 화석화되지 않기 때문에) 관련된 고고학적 증거도 없으니 이 두 관점을 검증하기는 거의 불가능하다. 이 두 가설을 검증하는 가능한 한 가지 방법은, 인간의 정신이 특정한 유형의 정보에 집중을 더 잘하도록 설계되었다는 (또 그런 유형의 정보를 전달하기 위해 언어가 진화했다는) 가정에 따라, 사람이 어떤 종류의 정보를 더 잘 기억하는지 파악하는 것이다. 이 실험의 논리는 단순하다. 하나의 형질은, '설령' 후에 추가된 다른 기능에 맞게 조정될 수 있지만, 원래 의도한 특성이 가장 자연스러운 특성으로 굳어진다는 것이다. 물론 그런 형질이 습득된 순서까지 정확하게 알 수는 없지만, 아마 지금 우리로서는 제일 나은 방법일 것이다.

사회성을 강조한 가설에도 언어의 서로 다른 측면을 강조한 세 가지 견해가 있다. 사회적 관계에 대한 정보 교환을 위한 언어(내가 처음 제기한 소문 가설), 공식적 합의와 공개적 고지(告知)를 위한 언어(테리 디컨이 처음으로 제기한 사회적 계약 가설), 배우자의 관심을 끌고 관계를 유지하기 위한 언어[진화생리학자 제프리 밀러(Geoffrey Miller)가 처음 제안한 셰에라자드 가설]가 그것이다.

소문 가설은 아주 단순하다. 언어는 정보 교환을 위해 진화했으며, 이때 정보는 일 대 일 접촉으로는 상호작용이 불가능할 만큼 관계망이 커진 집단 내에서 개개인이 다른 성원에 대해 일정 수준의 지식을 보유함으로써 사회적 관계를 형성하고 북돋기 위한 것이다. 다시 말하면, 직접적인 관찰이 어려운 제3자에 대한 정보를 교환한다는 것이다.

사회적 계약 가설을 제안할 때 디컨은 혼인 계약을 염두에 두었다. 그는 수렵-채집인 사이에서 노동의 성적 분업이 매우 큰 위험을 수반한다고 지적했다. 쉽게 말해서 남성이 며칠씩 사냥하러 나가면, 그 사이 그의 배우자는 경쟁 남성의 유혹에 무방비 상태로 노출된다. 따라서 청혼을 받는 사람과 하는 사람 사이에 이루어지는 모종의 합의는 자녀에 대한 부권을 보장하기 위한 필수 조건이었다는 것이다. 그는 또한 이런 합의가 혼인과 같은 상징적인 계약의 근간을 이루었을 것이라고 주장했다. 부권 보장이 남성의 진화에서 매우 중대한 문제라는 점은 꽤 설득력 있는 주장이다. 여성은 언제나 자신의 친자를 알고 있지만 남성은 임의의 자녀가 자신의 친자라고 100% 확신할 수 없다. 자칫하면 다른 남성의 자녀에게 투자할 위험이 있기―무정한 자연선택이 절대 선택하지 않을 유전적 이타심을 실천하는 꼴이 되기―때문이다. 그렇다면 이런 식의 합의 계약이 언어 진화의 원인일까, 아니면 결과일까? 어쨌든 합의 계약이 존재하기 위해서는 노동의 성적 분업이 선행되어야 했을 테니, 남성이 사냥에 많은 시간을 할애하기 전에는 그런 계약도 없었을 것이다.

이와 반대로 밀러는 언어가 일종의 성 선택의 수단으로 진화했다고 주장한다. 배우자 후보에게 과시하기 위한 수단으로서, 또 일 대 일로 짝을 정한 후에도 배우자의 관심과 열의를 유지하기 위한 메커니즘으로 언어가 진화했다는 것이다. 그는 (특히 남성의) 언어가 종종 쓸데없이 현란한 어휘로 넘치는 까닭이 이 때문이라고 한다. 자신이 얼마나 똑똑한지 언어로 과시함으로써 자신의 (두뇌) 유전자가 훌륭하다는 사실을 보여주기 위해서라는 것이다. 성 선택은 진화에서 비길 데 없이 막강한 힘을 가지고 있을 뿐만 아니라, 자연선택이 제공하는 기회를 절대 놓치지 않고 활용한다. 그러므로 자기 과시를 위한 언어 사용은 언어를 이용하게 된 주요한 동인이라기보다 성 선택의 결과인 것이 거의 확실하다.

언어의 이 같은 기능을 검증하려고 우리는 두 차례 실험을 했다. 인간의 정신이 어떤 종류의 정보를 더 잘 기억하도록 적응했는지 알아보기 위해 짧은 이야기를 이용한 일종의 기억력 실험이었다. 두 실험 모두 피험자는 물리적 세계에 대한 사실적 내용보다는 사회적 정보를 훨씬 더 잘 기억했다. 인터넷상의 마이크로블로그의 내용에 대해서도 그 결과는 같았다. 이 실험은 우리 인간이 적어도 가장 쉽게 집중하고 기억하는 측면에서만큼은 사회적 정보 교환을 더 우선시한다는 사실을 보여준다.

지나 레드헤드(Gina Redhead)가 계획하고 시행한 두 번째 연구는 네 가지 가설(사회적 가설 세 개와 실용적 가설 하나)을 직접 검증할 수 있는 명쾌한 방법이었다. 각각의 가설은 별개의 이야기로 대신하고, 여기에 별도로 낭만적인 관계에 초점을 맞춘 사회적 버전의 이야기를 (사회적 정보 교환 가설을 대신할 순수한 스캔들) 추가했다. 실험 설계의 백미는 밀러의 셰에라자드 가설이 (사회적 이야기가 아니라) 실용적 이야기로 작동하도록 과시적이고 현란한 언어로 표현했다는 점이었다. 역시나 사람은 실용적 이야기 두 개보다 사회적 이야기 세 개를 월등하게 더 잘 기억했다(그림 8.2). 하지만 사회적 버전의 이야기를 기억하는 수준에서는 차이가 없었다. 그보다 중요한 것은, 과시적이고 현란한 버전이라도 그 내용이 실용적인 이야기일 경우에는 본래의 실용적 이야기와 기억 수준이 같았다. 이것은 능란한 말솜씨는—아마도 성선택을 통해 나중에 진화한 신생 특성임이 분명할 테지만—그 자체로 언어 기능의 핵심이 아니라는 사실을 암시한다.

언어의 분포 방식을 보면 이런 사실이 더욱 돋보인다. 몇 해 전에 대니얼 네틀(Daniel Nettle)은 언어 공동체의 규모(당대의 언어를 사용하는 사람 수)와 언어가 통용되는 면적이 위도, 더 구체적으로는 식물의 성장 기간과 관련이 있음을 입증했다(위도가 높을수록 서식지의 계절성이 더 뚜렷해지므로 식물을 재배할 수 있는 기간도 짧아진다). 그는 계절성으로 인해 기후를 예측하기 힘들고 식물의 성장 기간이 매우 짧은 곳에서는 광범위한 물물교환과 교역 관계가 필요하며, 그러기 위해서는 소통 가능한 언어가 필수라는 것이다. 또한 환경 조건이 악화되었을 때 이웃한 집단에게 도움을 요청하려 할 때도, 반드시 서로 소통이 가능한 언어가 필요하다. 즉, 서로 동일한 언어를 사용해야 한다는 의미이다. 따라서 계절성은 동일한 세계관(도덕적 신념이나 세상에 대한 이해 척도 등)을 갖는데도 일조했을 것이고, 같은 언어를 사용하는 집단끼리는 이런 세계관을 공유하기도 편리했을 것이다. 실제로 우리는 친구에 관한 연구에서 언어와 세계관을 공유하는 것이 일상생활에서 우정을 공고히 하는 데에 중요한 역할을 한다는 사실을 발견했다(9장 참

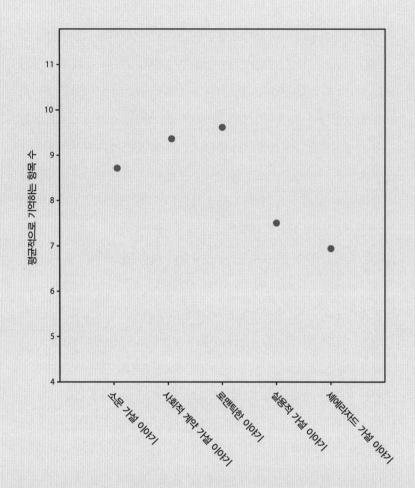

그림 8.2
언어 기능에 따른 각 가설을 대표할 짧은 이야기를 듣고 평균적으로 기억하는 항목 수. 왼쪽부터, 가십 가설(일반적인 스캔들과 로맨틱한 관계에 대한 스캔들), 디컨의 사회적 계약 가설, 실용적 가설(사실적 정보 교환), 밀러의 셰에라자드 가설(실용적 가설 이야기를 현란한 어휘로 포장)이다.
Redrawn from Redhead and Dunbar(2013)

고).

　인간이 비사회적 정보에 대한 기억력이 대단히 형편없어 보인다는 사실을 입증한 우리의 실험은 접어두더라도, 가족과 친밀한 동료에게 이득이 되지 않는 한, 물리적 세상에 대한 정보를 정확하게 전달하는 데에 우리 모두 서툰 것은 확실하다. 이 사실은 미국 북부 메인 주 연안의 바닷가재 떼 위치 정보를 교환하는 어부의 무선 교신 연구에서도 증명되었다. 크레이그 팔머(Craig Palmer)는 어부들이 타지 사람이 다수 포함된 대규모 어부 공동체 안에서 바닷가재 떼가 출몰한 지역을 교신하는 경우, 동향 사람과만 교신할 때보다 훨씬 더 소극적으로 방송한다는 사실을 발견했다. 정보 교환은 동일한 언어를 통해 맺은 관계 안에서만 일어나는 행위다.

　언어는 사회적 유대를 형성하는 수단을 신체적 채널(그루밍과 같은)에서 음성 채널로 바꾸어줌으로써 여러 사람에게 동시에 '그루밍'을 가능케 하여 더 큰 공동체를 구축해주는 분명한 이점이 있다. 언어는 이 이점을 차원이 다른 세 가지 방식으로 수행한다. 첫째, 우리가 세상을 바라보는 방식을 공유할 수 있게 (따라서 공통의 세계관을 형성하게) 해준다. 둘째, 스토리텔링을 통해서 (우리가 누구이며, 어디서 왔는지에 대해) 공유할 수 있게 해준다. 그리고 마지막으로 농담을 통해 사람들을 웃게 만들 수 있다. 이중 첫째 이점에 대해서는 다음 장에서 더 자세히 논하기로 하고, 여기서는 나머지 두 이점을 조금 더 자세히 살펴보기로 하겠다. 언어의 진화는 웃음의 본질을 송두리째 바꾸어놓았다. 그러기 전까지 웃음은—백발백중—어떤 사건 때문에 자연스럽게 터지는 함성 같은 웃음에 지나지 않았다. 문제의 그 사건은 (아마 장난이나 누군가의 실수처럼) 단순하게 해석될 만한 일이었을 것이다. 하지만 이런 식의 사건은 산발적으로 일어나며 예측하기 어려워 함성 같은 웃음도 거의 불규칙한 간격을 두고 일어날 수밖에 없었다. 언어는 웃음을 더 효율적으로 조절함으로써 모든 것을 바꾸어놓았다. 밤이건 낮이건, 농담을 통해 항상 함성 같은 웃음을 촉발할 수 있게 된 것이다. 농담은 십중팔구 다른 사람의 정신이나 생각에 대한 야유이므로, 그에 맞는 높은 층위의 의도성을 전제로 한다. 특히 은유에 기댄 웃음은 (마음이론이 형성되지 않으면 은유를 이해할 수 없으므로) 의도성 층위가 높지 않으면 유도할 수 없다. 이처럼 언어는 이전이라면 불가능했을 유대감 형성 메커니즘으로서의 웃음 효과를 증대시켰을 것이다. 그러나 농담은 언어 진화의 추동 요인이라기보다는 언어를 사용함으로써 얻은 부산물이 분명하다. 무엇보다 농담의 선결조건은 타인의 생각이나 정신 상태를 문장으로 설명할 수 있는 능력이다. 이 능력을 건너뛰고 웃을 수 있는 사람은 없다.

스토리텔링은—역사적으로 무슨 일이 일어났는지, 조상이 누구였고 우리는 누구이며 또 어디서 왔는지, 머나먼 지평선 너머에 어떤 사람이 살고 있는지, 우리가 직접 경험할 수 없는 정신세계에는 누가 거주하는지 등에 관한 이야기를 통해—공통의 세계관을 가진 사람들을 관계망 속에 묶어줌으로써 공동체 의식을 형성한다. 특히 스토리텔링은 계곡 너머 마을 사람을 우리 공동체의 확장된 일부로 간주해야 하는—또는 간주해서는 안 되는—이유를 알게 해주고, 우리가 개인적으로 아는 사람으로 한정한 150명 관계망의 한계를 넘어설 수 있는 가능성을 열어준다.

심지어 그 내용이 어떻든 간에, 모닥불 주변에 둘러앉아 이야기를 나누다 보면 유대감도 형성된다. 감정을 일깨우는 것은 공동체 의식을 형성하는 데 상당히 유익한 듯한데, 아마도 감정이 엔도르핀 분비를 촉진하기 때문일 것이다. 대부분의 전통 사회들이 지키고 있는 성년 의식은 고통스럽고 위협적인 경우가 많은데, 그런 의식의 경험을 공유한 사람들 사이에는 평생 동안 끈끈한 동지애와 상호 헌신이 지속되는 것처럼 보인다. 밤에 나누는 이야기가 특별히 더 매혹적인 것도 어쩌면 우연이 아닐 것이다. 어둠이 주는 공포를 능숙하게 다룰 줄 아는 이야기꾼이라면 듣는 이들의 감정적 반응을 격양시킬 수 있기 때문이다. 하지만 거기에 더해 어둠이라는 장막이 주는, 나머지 세계와 격리된 듯한 기분은 공동체 성원들 간의 애정을 북돋우기도 했을 것이다.

이쯤에서 결론을 내리면, 언어가 실용적 정보 교환을 쉽게 해주는 메커니즘으로만 기능한다면 별로 의미가 없을 것이다. 언어는 끊임없이, 매우 빠른 속도로 상호 이해가 불가능한 새로운 방언으로 세분되고 있다. 현재 공식적으로, 영어는 탄생하고 1000년도 채 안 되는 동안 완전히 다른 여섯 개의 언어로 갈라졌다.[2] 그중 어떤 언어는 고작 몇 백 년밖에 안 되는 것도 있다. 언어가 협동을 쉽게 하기 위해 설계된 것이라면 어째서 바로 이웃한 집단의 성원들조차 이해하기 어려울 만큼 '그토록' 비효율적으로 세분되었을까? 다시 말해서 왜 방언이 출신지를 나타내는 빤한 표시가 되어야 했을까?

어쩌면 하나의 방언이 같은 지역 출신—그리고 현재 적어도 작은 사회 일원이며 서로 관련이 깊을 법한—사람으로 구성된 소규모 공동체를 구별하게 해준다는 것이 그 대답일는지도 모른다. 심지어 오늘날에도 방언은 (몇 십 년 단위는 아니어도 세대 단위로) 매우 **빠르게** 변화한다. 어떤 사람이 쓰는 방언을 알면 출신지뿐 아니라 그 사람이 속한 세대를 짐작할 수 있는 까닭도 이 때문이다. 언어의 존재 이유가 실용적 정보 교환이라면, 이것은 전혀 이치에 맞지 않는다. 반대로 언어가 소규모 공동체의 배타적 결속을 위해 진화했다면 완벽하게 들어맞는다.

혈족 관계 명명법 ——

혈족 관계 이름 짓기는 언어가 가지는 여러 기능 중 하나인데, 일부에서는 이 기능이 바로 언어가 탄생한 기원일 것이라고 주장한다. 개개인에 대한 호칭은 아주 일찍부터 시작된 것으로 보이지만, 혈족 관계의 이름을 짓는 능력이 조상 대대로 내려온 것이라고 가정할 만한 특별한 근거가 없다. (형제, 자매, 조부, 숙모, 사촌 등과 같은) 혈족 범주에 대한 명명은 일반화는 물론이고 언어학적 범주를 창조해야 하는 매우 정교한 과정이다. 또한 혈족 계보가 본래 내장형 구조이므로 배태성(胚胎性)을 이해하는 능력도 필요하다.

혈족을 분류하고 이름을 붙임으로써 우리는 두 개인 간의 관계를 정확한 단 하나의 단어로 요약할 수 있다. 인류학자 사이에서는 혈족 명명 체계가 크게 여섯 가지 유형으로 나뉜다는 것이 중론이다. 보통 하와이 유형, 에스키모 유형, 수단 유형, 크로우 유형, 오마하 유형, 이로쿼이 유형으로 불리는데, 이는 각기 다른 혈족 명명 체계를 가진 동명의 부족 이름에서 딴 명칭이다. 이들 여섯 유형은 주로 고종사촌과 이종사촌을 구분하느냐 마느냐[3], 부계 쪽 후손과 모계 쪽 후손을 구분하느냐 마느냐[4]에 그 차이가 있다. 명명 체계가 다른 원인에 대해서는 아직 이렇다 할 설명이 제기되지 않았다. 그럼에도 불구하고 명명 체계의 중요한 기능 중 하나가 양자의 혼인 관계를 명기한다는 점에서, 혼인과 상속 패턴으로 나타나는 지역적 특징을 반영한다고 볼 수 있다. 가령, 크로우 유형과 오마하 유형의 명명 체계는 서로의 거울상 같은데, 이는 부권을 보장하는 수준의 차이에서 비롯된 결과인 듯하다(결과적으로 한 사회는 부계사회이고, 다른 한 사회는 모계사회인 셈이다)[5]. 어떤 유형은 문화 역사의 우연한 현상일 수도 있지만, 어떤 것은 지역의 생태학적 필요 때문에 발생했을 수도 있다. 가령 한 세대에서 다음 세대로 상속을 통해 세습할 수 있는 토지처럼, 독점할 수 있는 자원이 있는 경우에는 상속 대상자를 명확히 밝혀야 하므로 혈족 명명 체계가 특히 더 중요하다.

인류학자 중에는 많은 사회가 생물학적으로 관련이 없는 개개인을 혈족으로 분류한다는 점을 들면서, 생물학은 인간의 혈족 명명 체계를 설명하는 데에 부적합하다고 주장하기도 한다. 하지만 두 가지 이유에서 이 주장은 속 빈 강정이나 다름없다. 첫째, 생물학적 혈족이 무엇인지도 제대로 모르고 하는 소리다. 우리가 '인척(in-law)'을 어떻게 대하는지를 보면 금세 알 수 있다. 영어에서는 (생물학적으로 관련이 없는) '인척'도 실제 생물학적 친척과 같은 용어로 명명한다. 장인(father-in-law, 또는 시아버지)이나 형수(sister-in-law, 시누이, 처형, 처제, 올케 등으로 해석될 수도 있다―옮긴이) 등등이 그렇다. 맥스 버튼-첼루

(Max Burton-Chellew)와 내가 증명한 것처럼, 비록 피 한 방울 섞이지 않았어도 우리는 감정적으로 이런 관계들을 진짜 혈족처럼 대한다. 물론 그러는 데에는 생물학적으로 매우 훌륭한 근거가 있다. 즉 그들과 우리는 다음 세대에 대해 유전적으로 공통의 관심을 두고 있다. 우리는 유전적 관련성을 과거 역사에서 찾으려는 경향이 있다. 예를 들어 두 사람이 먼 과거의 어떤 공통 조상에서 유래한 혈통을 가졌는지 그 혈통 안에서 얼마나 가까운지 따지려고 한다. 물론 누가 누구와 친족 간인지를 결정할 때는 과거의 유추가 편리한 방법이겠지만, 사실상 생물학적으로 봤을 때 진짜 중요한 사안은 그게 아니다. 탁월한 통찰력이 돋보이지만 아쉽게도 (몹시 어려운 수학책이기 때문인지) 주목받지 못한 책이 하나 있다. 오스틴 휴즈(Austen Hughes)는 그 책에서 혈연관계에서 진짜 핵심은 먼 과거의 관련성이 아니라 미래 자손과의 관련성이라는 사실을 증명했다. 결혼의 결과에 대한 이해관계에 있어서만큼, 인척은 다른 어떤 친척들보다 밀접하다. 따라서 생물학적 친척과 동등하게 대우해야 한다. 휴즈는 생물학적 관련성을 적어도 이처럼 정교하게 해석해야만, 인류학자가 생물학적으로 설명할 수 없다고 주장하는 혈족 명칭과 공동 거주의 수많은 민족지학적 사례를 쉽게 설명할 수 있다고 주장한다.

둘째, 전통적인 소규모 사회에서는 공동체 내의 모든 사람은 직계 후손이든 혼인을 통해서든 혈연관계를 '이룬'다는 점이다. 누군가와의 결혼을 통해서든 아니면 가상의 친족 또는 입양을 통해 적절한 혈연관계의 지위가 주어지든, 여기서 제외되는 사람은 많지 않다. 몇몇 사람이 친척으로 잘못 분류된다거나 생판 모르는 사람들에게 가상의 친척 지위를 수여한다는 사실이 혈족 명명 체계가 생물학적 원리를 따르지 않는다는 증거는 아니다. 몇몇 예외가 생물학적 친척과 관련한 진화 과정의 근간을 흔들 수는 없다.[6] 왜냐하면 생물학에서 모든 것은 절대적이라기보다 통계학적이기 때문이다. 이를 반박하려면 중요한 생물학적 경계를 거스르는 명명 범주가 상당수 존재한다는 것을 증명해야 하는데, 이는 사실상 불가능한 일이다. 입양아의 경우 친부모를 대하듯 양부모를 대하지만, 입양은 매우 드문 경우에 해당한다. 게다가 전통적인 사회에서 입양은 대개 (인류학적 연구에서도 증명되었다시피) 친척 사이에서 이루어진다. 대체로 입양아의 나이가 아주 어릴 때 한해서만 실제 혈연관계와 같은 유대감이 생긴다(심지어 이 효과는 입양아가 친자가 아니라는 사실을 아는 부모에게서보다 입양아에게서 더욱 강력하게 나타난다).

대체로 생물학적 관계의 범주를 따른다는 전제에서 혈족 명명 체계는 생물학적 혈연선택 이론(kin selection theory)[7]에서 등장했다고 가정해볼 수 있다. 그 점에서 혈족은 우정과는 매우 다른 유형의 관계인 것처럼 보인다. 우리를 비롯해 많은 연구자가 '동떨어진 거리가 각기 다른 (근거리 대 원거리의) 가족과 친구에게 이타적인 행동을 하는 의향의 수준'을 비교한 연구를 했는데, 하나같이 그 결과는 가족이 우세했고, 심지어 사회적 거리와도 (즉 사회적 관계망 층과도) 맞아떨어졌다. 우리에게는 혈연관계의 친척을 최우선으로 도우려는 본능이 있는 듯하다. 생각해보면, 이 본능은 혈연선택의 결과가 아닐까 한다.

그런데도 혈연관계의 어떤 측면은 참으로 아리송하다. 혹자는 혈연관계가 단순히 누군가와 성장 시기를 함께 보내는 하나의 기능에 불과하며, 그럼으로써 아주 어린 유년기부터 그들과 깊은 친밀감을 느낀다고—어쩌면 우정의 강력한 버전일 수도 있다고—생각한다. 하지만 더 먼 혈족 범주 중 일부는 (육촌과 팔촌, 증조부와 고조부뿐만 아니라 사촌의 질녀까지도) 가까운 혈족 못지않게 강력한 끌림을 유발하기도 한다. 그렇지만 이런 먼 관계는 ('쟤은 너의 육촌이란다. 증조할머니가 낳은 자식의 자식이지'라는 식으로) 누군가 명칭을 말해주어야 알 수 있는 언어상의 범주에 지나지 않는다. 누군가가 나와 친척이라는 사실을 듣는 순간, 비록 멀리 떨어져 있고 한 번도 만난 적 없어도, 그 누군가는 단순한 친구와는 아주 다른 범주로 분류되는 듯하다. 언어상의 명칭이 여느 때 같으면 감정적으로나 생물학적으로 가까운 혈연관계에만 한정되었던 각별한 감정적 반응을 촉발한다는 사실은 정말 놀랍다. 이런 사실은 혈연관계가 우리가 누군가에게 어떤 행동을 해야 할지 결정할 때 우선순위를 따지느라 아까운 시간을 낭비하지 않게 해주는 일종의 지름길이 될 수도 있음을 시사한다. 누군가와 내가 혈연관계인지 아닌지만—즉 그 사람과 내가 관련이 있다는 사실만(더 구체적으로 말하면 그 사람과 내가 얼마나 가까운 관계인지만)—알면 된다. 반면에 친구에 대해서는 그가 실제로 여러 상황에서 나와 어떤 상호작용을 했는지 과거의 기억을 모두 끄집어내서 그에 상응하는 결정을 내린다. 행동에 선행하는 과정이 단순하고 짧기 때문에, 혈연관계에 대한 결정은 관계가 없는 사람들에 대한 결정보다 신속할 뿐만 아니라 인지적 비용도 적게 든다. 심리적으로, 혈연관계는 내장형 공정인 (자동화된 과정인) 셈이고, 우정은 외장형 공정인 셈이다(적어도 곰곰이 따져봐야 하니까). 한 공동체 안의 모든 성원은 다른 누군가와 관계를 맺고 있다. 그렇게 모든 성원이 작은 규모의 공동체에 속해 있는 상황에서, 혈족 명명은 자신이 속한 공동체의 성원을 '신속, 정확, 간편하게' 구별하게 해준다.

어쩌면 (배우자 중 한 명은 공동체 안에서 태어나 자란 사람이고, 나머지 한 명은 공동체 외부 출신인) 이족 결혼 사회에서 두 세대 전의 혼인에서 유래한 생존 자손의 수(현재 생존하는 세 세대, 즉 조부모, 부모, 자녀)가 거의 정확히 150명인 것도 우연이 아닐지 모른다. 다시 말해, 공동체 안에서 모든 성원이 서로 얼마나 관련이 있는지 아는 사람, 즉 누가 누구의 자손인지 혈족의 역사를 아는 세대로부터 파생된 자손의 수가 대략 150명이라는 의미다. 놀랍게도, 어떤 혈족 명명 체계도 150명으로 자연적 경계를 형성한 확장된 혈통 이외의 친족에 대해서는 그 혈연 관계를 명확하게 구분하지 않는다.[8] 마치 혈족 명명 체계가 인간의 자연적 공동체 성원의 수를 파악하고 그대로 유지하도록 명쾌하게 설계된 것처럼 보인다.

종교가 가세하면 ──

스토리텔링은 모든 종교의 핵심 요소다. 종교는 하나같이 오래전에 죽은 조상이나 정신세계를 지배하는 존재에 관해 이야기한다. 카리스마 넘치는 창조주(들)에 대한 칭송 일변도의 이야기, 그 속에서 종종 성인이 나타나 주요한 역할을 수행한다. 소규모의 전통적인 사회에서 종교는 몸소 체험하는 현상의 일종으로, 대개 주술사나 신들림 상태와 관련이 있다(그림 8.3). 음악과 춤은 거의 모든 샤머니즘 풍습에서 특히 더 중요한 역할을 하는데, 대개 열성 신자의 마음을 (가끔 약물도 이용해서) 사로잡아 의식을 잃고 가수(假睡) 상태로 들어서도록 한다. 가수 상태를 지나 초월적인 세상에 들어서면, 보통 조상이나 친절한 정령의 안내를 받아 여행을 한다. 때로는 사악한 정령의 도전을 받기도 하는데, 영화 〈반지의 제왕〉에서 호빗에게 벌어진 일도 그와 비슷하다. 아무튼 정신세계로 떠나는 이런 여행은 실제로는 각 개인의 내면으로 깊이 들어가는 것인데, 그 여정이 '너무' 생생한 나머지 마치 진짜 실체가 있는 것처럼 느껴진다.

　그 점에서 언어는 종교에 그다지 특별한 의미를 갖지 않는다. 왜냐하면 종교는 어떤 정교한 인지적 감각에 대한 경험이지, 신학이 아니기 때문이다. 정신적인 여행을 공유하고 그런 경험에 대해 어떤 공통의 이해에 도달할 수 있으면 된다. 굳이 복잡하고 어려운 신학을 들먹일 필요는 없다. 그런 여행에는 흔히 말하는 신도 없고, 여행 중에 만나는 대부분의 피조물은 굉장히 낯익은 것인 경우가 많다. 물론 반인반수처럼 여러 괴수가 조합된 형상을 만날 수도 있지만 말이다(그림 8.3의 A). 가수 상태와 또 그런 상태에 빠지는 방법은 아주 오래전부터 있었을 것이며, 대개는 우연히 발견되었을 확률이 높다. 어쩌면 하이델베르겐시스 시절에 음악과 춤이 유대감 형성 수단으로서 점차 중요한 역할을 하면서 그중 각별하게 열성적인 사람이 광적으로 춤을 추다가 극도의 탈진 상태에 이르렀던 것이 발단이었는지도 모른다. 가수 상태는 일단 방법만 알면 쉽게 진입할 수 있기 때문에, 우연한 발견에서 의도적으로 의식에 끼워 넣기까지는 그리 오래 걸리지도 않았고 어렵지도 않았을 것이다.

A

B

그림 8.3
종교의 초기 단계. A는 프랑스 볼프 강 동굴 지대에서 발견된 춤추는 반인반수(사슴 머리의 '마법사')로, 약 1만 2000년 전의 것이다. B는 남아프리카공화국 산 족 암벽 예술 유적지에서 발견된 '가수 상태로 춤을 추는 산 족'을 그린 것이다. Redrawn from Lewis-Williams(2002), © 2014 Arran Dunbar

전 세계 어디나 샤머니즘 종교는 공통적인 주제를 가지고 있다. 어떤 구멍이나 터널을 통과하고 빛의 폭발을 경험하거나 광휘의 세상을 지나 정신세계로 진입하는 것도 그 한 주제다. 정신세계로의 여행이 너무 험난해서 (마음씨 좋은 조상이나 신성한 동물로부터) 자비로운 안내를 받지 않으면 안 된다거나, 다시 돌아오는 구멍을 찾지 못하면 극도의 공포를 느낀다는 점도 비슷하다(가수 상태에 빠지기 위한 춤이 너무 맹렬한 나머지 이따금 춤을 추다가 쓰러지거나 죽는 경우도 있다. 출구를 찾지 못하면 버림받는 것으로 생각할 수도 있겠지만).

한 공동체 안에서 이런 가수 상태 춤은 사회적 균형을 유지하는 데에도 중요한 역할을 하는 것처럼 보인다. 특히 아프리카 남부의 부시먼이라고 불리는 산 족은 확장된 공동체 내의 사람 관계가 분쟁이나 다툼으로 멀어지면 대개 가수 상태 춤을 춘다. 가수 상태 춤은 사회적 균형을 원래대로 돌려놓는데, 마치 관계를 오염시킨 불공평과 모욕에 대한 부정적 기억을 완전히 지워주는 것 같다. 가수 상태에 빠지면서 공동체는 다시 한 번 상호보완적인 관계망을 회복하고, 성원 간의 관계도 초기 상태로 회복되는 듯하다. 몇 주 혹은 몇 달이 지나 비열한 모욕이나 불공평이 쌓이면 또다시 춤의 도움을 받는다. 이는 어쩌면 가수 상태 춤이—가수 상태 그 자체가 아니더라도—엔도르핀의 분비를 엄청나게 촉진한다는 사실을 방증하는 것인지도 모른다. 또는 이런 유서 깊은 방식을 따르는 것이 개인 간의 관계를 회복하는 데에 일조하는 것일 수도 있다. 무엇보다 엔도르핀은 정신과 신체 건강에 매우 유익한 영향을 미치기 때문에, 가수 상태 춤은 사회적 결속뿐만 아니라 공동체 성원 전체의 건강에도 이로울 것이다.[9]

종교는 애초에는 아주 작은 규모의 공동체 안에서 사회적 결속과 헌신을 강화하려는 방편으로 발달하기 시작했을 것이다. 종교의 부작용 중 하나는 불가피하게 정신적으로 '우리 대 그들' 또는 '내집단 대 외집단'의 대결 구도를 만든다는 것이다. 똑같은 세계관을 가지고, 똑같은 종교적 경험을 하며, 똑같은 행동 규범을 따르는 '우리 공동체'와 계곡 너머 악행을 일삼고 비열하게 행동하는 나쁜 인간만 있는 나머지 '다른 공동체'로 편을 가르는 것이다.

미국의 생물학자 코리 핀처(Cory Fincher)와 랜디 손힐(Randy Thronhill)은 연달아 발표한 중요한 논문에서 전통적인 종교를 추종하는 사람의 수, 언어 공동체의 규모, 개인주의와 집단주의 균형이 모두 위도와 밀접한 관련이 있음을 증명했다. 즉 적도 주변 사람이 더 작고 결속력이 강한 내향적 공동체를 이루는 반면, 극지방에 가까울수록 크고 개인주의적인 외향적 공동체를 이룬다. 두 사람은 또한 이런 상관관계를 추동하는 근본적인 원인이 병원균 부하(pathogen load)라고 설명했다. 열대 지방은 오늘날까지도 끊임없이 새로운 질병이 출현하는 질병의 온상이다. 그들은 이처럼 병원균 부하가 높은 환경에서 건강에 대한 위험을 줄이는 방법은 다른 집단과의 접촉(특히 혼인)을 피하는 것이 최선이라는 점을 지적했다. 그나마 자기 집단 내의 질병은 면역을 진화시켜 왔으니, 질병을 앓더라도 기왕이면 익숙한 질병을 앓는 편이 낫다고 생각하고 가능하면 집단을 벗어나지 않으려 한다는 것이다.

이 주장은 앞서 언급했던 대니얼 네틀의 언어 공동체 주장과 멋지게 들어맞는다. 네틀의 가설은 언어 공동체가 고위도 지역에서 더 클

수밖에 없는 이유를 설명했다. 하지만 열대 지방에서 공동체가 더 작을 수밖에 없는 이유는 설명하지 못했다. 그와 반대로 핀처와 손힐의 가설은 열대 지방에서 공동체의 규모가 작을 수밖에 없는 이유를 설명했지만, 고위도로 갈수록 더 커지는 근본적인 이유는 설명하지 못했다. 고위도로 갈수록 공동체 규모가 커지는 까닭이 (핀처와 손힐의 말대로) 병원균 선택압이 감소하기 때문이라는 주장에는 진짜 알맹이가 빠져 있다. 왜냐하면 우리가 2장에서 논의한 것처럼 규모가 큰 공동체 안에서 사는 데 필요한 모든 사회적, 생리적 비용을 무마할 방법을 고려하지 않았기 때문이다. 하지만 두 주장을 결합하면 그런대로 흡족한 해결책을 찾을 수 있다. 병원균 선택압으로 인해 열대 지방에서는 작은 규모의 공동체가 유리했지만, 고위도 지역에서는 이 선택압이 약해지고 대규모의 교역 관계에 대한 요구가 그 자리를 대신하면서 큰 규모 공동체를 진화시킬 수밖에 없었다.

고위도 지역에서는 더 큰 규모의 공동체가 필요하지만, 동시에 그런 공동체에 필연적으로 수반되는 긴장을 완화할 메커니즘도 필요하다. 바로 이런 맥락에서, 종교적 의식은 공동체의 결속을 강화하는 데 결정적인 역할을 하는 것으로 보인다. 심지어 오늘날에도 어떤 한 종교에 대한 헌신이 공동체에 대한 소속감을 고무시키고 사람들이 서로를 더 관대하게 바라보게 해준다는 것만큼은 확실하다. 여기서 주목해야 할 점은 종교가 사람을 더욱 친사회적으로 만들어준다는 것이 아니라(어쩌면 종교의 유익한 부산물일 수는 있지만), 종교가 사람들을 각자의 공동체 구성원에게 더욱 헌신할 수 있게 만들어준다는 점이다. 이 문제에 대해서는 다음 장에서 더 자세히 살펴보기로 하겠다. 마지막 전환기에서 종교의 역할이 막중하기 때문이다.

고고학과 사후세계 ——

지금까지 고고학자는 계획적인 묘지만 사후세계를 믿었다는 증거로 인정하는 경향을 보였다. 그들이 말하는 계획적인 묘지는 주로 분묘 부장품과 관련이 있다. 분묘 부장품은 망자가 사후세계에서 생활하는 데 필요한 필수품으로 해석된다. 사후세계에 대한 믿음 말고는, 시신을 묻을 때 그런 조치를 했던 다른 까닭은 없었을 것으로 보인다. 왜 시신을 숲에다 그냥 버리거나 동굴 뒤편의 깊은 구멍에—시마 데 로스 우에소스의 해골 구덩이 속 유골들처럼—던져 넣지 않았을까?

계획적인 묘지는 후기 구석기시대에서는 흔한 매장법이었다. 유럽과 서아시아에서 알려진 묘지만 100여 장이 넘는다. 반면 고인류가 점유했던 중기 구석기시대의 유적지는 기간으로 보면 그보다 몇 배나 더 긴데도 불구하고 겨우 36장 정도의 묘지만 발견되었다. 후기 구석기시대 묘지가 그 이전의 모든 묘지와 확연하게 구별되는 차이점은 유골 대부분이 반듯하게 누워서 몸을 편 상태로 매장되었다는 점이다(단, 두 구의 시신만 얼굴을 바닥으로 향한 채 누워 있었고, 몇 구의 시신은 다리를 구부린 상태였다). 네안데르탈인의 무덤을 포함한 중기 구석기시대의 '묘지들' 대부분은 시신을 아무렇게나 던져 넣은 모양새였다.

후기 구석기시대의 많은 묘지에서 레드오커(red ochre, 산화철이 다량 함유되어 적갈색 안료로 이용된 적토—옮긴이)의 흔적이 발견되었는데, 일부 유골에서는 뼈는 물론이고 주변의 흙까지 물들일 만큼 다량의 레드오커를 사용했다. 일례로 이탈리아의 그로타 데이 판치울리(Grotta dei Fanciulli)에 있는 묘지에서 발굴된 유골은 머리 또는 둔부, 어떤 경우에는 두 부위 모두에 레드오커가 특히 더 두껍게 도포되어 있었다. 후기 구석기시대 묘지에 레드오커가 왜 그렇게 많이 사용되어야만 했는지에 대해서는 아직 명쾌한 답이 없다. 하지만 오늘날 전통적인 사회에서 레드오커를 몸에 칠하는 염료로 사용한다는 점으로 미루어보면, 시신을 단장하는 의식과 관련이 있었을 것으로 추정된다.

어쨌든 후기 구석기시대 묘지 상당수는 매우 공들인 흔적이 엿보이고, 엄청나게 많은 부장품이 함께 매장되어 있었다. 7장에서도 만났지만, 러시아 스텝 지역인 순기르에서 발굴된 두 어린이의 묘지는 2만 2000년 전에 영구 동토층을 파서 만든 묘지로(그 단단한 땅을 파기 위해서는 엄청난 노력이 들었을 터인데), 유골 곁에는 각종 장신구와 도구, 상아 조각품, 사슴의 가지진 뿔로 장식한 지팡이 외에도 인간의 대퇴부 뼈도 발견되었는데, 이 뼈에도 레드오커가 듬뿍 채워져 있었다. 11명의 청소년이 발굴된 묘지에는 2.4m짜리 창도 함께 묻혀 있었다. 2만 1000년 전의 것으로 추정되는 시베리아의 말리타(Mal'ta) 유적지에서 발견된 한 어린이의 묘지에는 장식 머리띠, 펜던트가 달린 목걸이, 팔찌, 작은 입상, 단추들, 뼈로 만든 촉을 비롯하여 여러 도구가 함께 매장되어 있었다. 프랑스 남서부의 크로마뇽(Cro-Magnon) 동굴에서 발굴된 묘지에서는 이탈리아의 그리말디(Grimaldi) 동굴 유적지의 묘지와 비슷하게, 구멍 뚫린 조개껍데기와 함께 동물 이빨 한 무더기가 발견되었다. 이탈리아의 아레네 칸디데(Arene Candide) 유적지에서는 이른바 '젊은 왕자'라고 불리는 유골의 묘지가 발견되었는데, 후기 구석기시대 묘지 가운데 가장 화려하다. 이 유골에도 레드오커가 잔뜩 발라져 있었고, 매머드 상아로 만든 펜던트로 치장되어 있었다. 팔찌였을 것으로 보이는 조개껍데기와 상아로 만든 지휘봉 몇 개도 함께 발견되었다. 한쪽 손에는 23cm 길이의 부싯돌 단검이 들려져 있었다. 포르투갈에서는 라페두 어린이(Lapedo child)라 불리는 5세가량의 어린이 유골이 발견되었는데, 2만 5000년 전 영원한 잠에 빠진 이 어린이의 목 부위에는 구멍 뚫린 조개껍데기 펜던트가 놓여 있었고, 머리에는 붉은사슴 네 마리에서 뽑은 송곳니로 만든 머리띠가 둘러져 있었다. 실제로 후기 구석기시대 묘지의 약 3분의 2에 해당하는 곳에서 목걸이와 머리띠가 발견되었는데, 이것이 당시에는 가장 유행하던 장신구였던 것 같다.

후기 구석기시대 묘지의 또 한 가지 특징은 집단 매장이다. 순기르 유적지에서 발견된 묘지에는 두 어린이의 유골이 머리를 맞대고 누워 있었을 뿐만 아니라 그 옆에 한 구의 성인 유골도 있었다. 레반트의 카프제(Qafzeh) 유적지의 묘지에는 후기 구석기시대의 (카프제 IX라고 불리는) 여인이 신생아와 함께 묻혀 있었다. 프랑스의 크로마뇽 암석 보호구 유적지에는 (신생아를 포함한) 다섯 구의 시신이 나란히 묻혀 있는 묘지가 발견되기도 했다. 또한 체코공화국의 돌니 베스토니체(Dolni Vestonice) 유적지에서 발굴된 묘지에는 세 명의 (여성 한 명과 남성 두 명으로 추정되는) 성인 유골이 나란히 묻혀 있었다. 마찬가지로 체코공화국의 프르세드모스티(Předmostí)에서는 가장 큰 집단 묘지가 발견되었다. 이 묘지에서는 (각기 다른 시기에 묻힌) 18구의 유골이 발견되었다. 후기 구석기시대 이전의 유적지에서는 이런 식의 집단 묘지가 사실상 거의 발견되지 않았다. 집단 묘지는 망자들이 모두 함께 하나의 영적 세상으로 떠난다는 당시의 믿음을 반영하는 듯하다. 어쩌면 프르세드모스티 묘지처럼 매장된 시기가 다른 경우는 망자가 먼저 사망한 선조를 따라간다고 생각했던 것인지도 모른다.

이러한 발견은 적어도 2만 5000년에서 3만 년 전에 이미, 사람이 죽어서 가거나 산 사람이 가수 상태에서 도달하게 될 정신세계에 대한 믿음이 굳건하게 자리 잡았음을 암시한다. 게다가 우리가 추정하는 것은 최종적인 연대이기 때문에, 그런 믿음이 더 오래전부터 지배했던 것이 분명하다. 하지만 한 가지 분명한 사실은 그런 믿음, 그리고 그것과 관련한 활동이 해부학적 현생인류 집단에서만 발견된다는 점이다. 하이델베르겐시스나 네안데르탈인이 이처럼 정교한 수준의 활동을 했다고 보여주는 믿을 만한 증거는 전혀 발견되지 않았다. 이는 능동적 형태의 종교가 오직 현생인류 혈통에 이르러서 진화했다는 주장을 공고히 해주는 듯하다. 그렇게 시작한 종교는 아마도 그들의 대규모 공동체의 결속을 보장할 만큼 굳건하게 자리 잡았을 것이다.

이 결론은 그림 7.4에서 보여주는 심리화 역량의 진화 패턴에서도 유추할 수 있다. 어떤 한 사회의 종교가 얼마나 정교한지는 궁극적으로 그 사회의 의도성 층위 수준에 바탕을 둔다(표 8.1). 제3이나 제4의 의도성 층위를 다루는 사회도 나름의 종교를 가질 수는 있지만, 종교의 질적인 면에서 진정한 도약은 의도성의 제5층위를 다룰 수 있어야 가능하다. 네안데르탈인을 포함한 고인류가 의도성의 제4층위까지 이르렀다면(그림 7.4), 그들이 대단히 복잡한 종교적 행위를 했을 것 같지는 않다. 이것만으로 단정 짓기는 어렵지만, 고인류가 능동적인

의도성 층위	믿음을 표현할 수 있는 문장	종교의 형태
제1층위	나는 신이 [존재한다고] 믿는다.	존재에 대한 믿음
제2층위	나는 신이 [우리가 그의 규율에 순종하지 않으면 개입하시리라고] 믿는다.	초자연적 사실
제3층위	나는 당신이 신이 [개입하신다는 사실을] 믿기를 바란다.	개인적 종교
제4층위	우리가 신이 [개입하시길] 바란다는 사실을 당신이 믿으면 좋겠다.	사회적 종교
제5층위	우리가 신이 [개입하시길] 바란다는 사실을 신도 알고 있다는 걸 당신이 믿으면 좋겠다.	집단적 종교

표 8.1
종교적 믿음의 복잡성에 심리화 역량이(의도성 층위 수준이) 미치는 영향. After Dunbar(2008)

종교를 가졌다는 사실을 보여주는 고고학적 증거가 드물다는 점은 이들에게 종교가 있었다고 해도 복잡하거나 정교한 수준까지 이르지는 못했음을 방증한다.

현생인류가 종교적 믿음을 가졌다는 사실을 보여주는 또 다른 증거는 선사시대 동굴에서 발견된 그림들이다. 금세기에 들어서 스페인 북부의 알타미라(Altamira) 동굴에서 최초로 벽화가 발견된 이후(그림 8.4), 후기 구석기시대의 예술가들이 벽이나 천장에 동물과 인간의 형상, 추상적 상징을 그리거나 새긴 동굴이 150개가 넘게 발견되었다. 천연의 염료를 이용해 그린 그림도 있고, 동굴의 무른 벽 위에 손가락으로 섬세하게 선 그림을 새기거나 무의미하게 끼적거린 낙서 같은 것도 있다.

이렇게 장식된 동굴 대부분은 스페인 북부와 프랑스 남부에 집중되어 있지만(그림 8.5), 독일 남부와 심지어 브리튼 섬처럼 멀리 떨어진 동굴도 더러 있다. 이 고대의 동굴 화랑 가운데 일부는 지붕이 내려앉거나 입구가 바다 아래로 가라앉아서 들어가기가 아주 곤란하다. 일례로 프랑스 지중해 연안의 코스케(Cosquer) 동굴은 잠수부가 바다로 들어가야만 접근할 수 있다. 1만 년 전 빙하기가 끝날 무렵 해수면이 120m나 상승하면서 한때 해안선보다 훨씬 높았던 동굴 입구가 물에 잠겼기 때문이다. 남아프리카의 산 부시먼 족의 유적과 미국 뉴멕시코와 애리조나의 팔레오 인디언(Palaeo indian) 유적 등 역사 시대 이후에 등장한 암석화의 양으로 짐작건대, 지금은 사라진 유럽과 아프리카의 더 많은 지역에 훨씬 더 많은 예술품이 있었을 것이다. 유럽의 동굴 벽화가 그나마 잘 보존된 까닭은 동굴이 깊어서 바람과 비에 덜

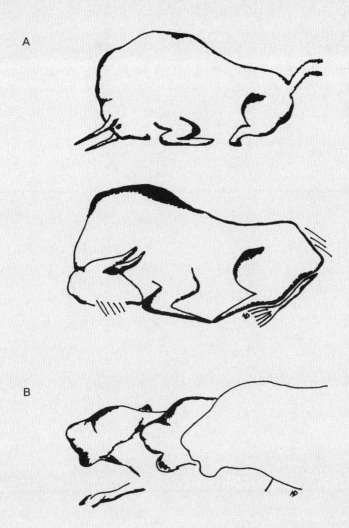

그림 8.4
유럽에서 발견된 후기 구석기시대 동굴 벽화. A는 스페인 북부 알타미라 동굴에 그려진 들소 그림으로 약 1만 2000년 전의 것이다. B는 프랑스 남서부 쇼베 동굴에서 발견된 세 마리의 암사자 그림으로 약 3만 년 전의 것으로 추정된다. Redrawn from Lewis-Williams(2002), © 2014 Arran Dunbar

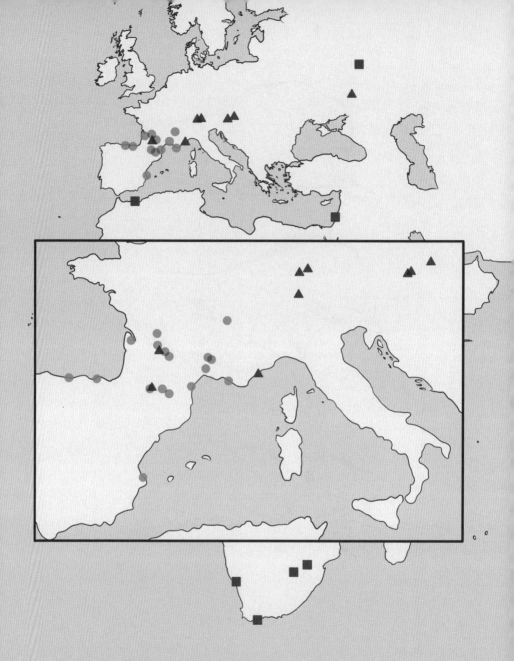

그림 8.5

추상적이고 비유적 그림이 발견된 주요 고고학 유적지.

● 장식된 동굴들
■ 개인적인 장식품들
▲ 비너스 조각상들

After Klein(2000), Bailey and Geary(2009) and Osaka City University(2011)

시달렸기 때문일 것이다.

벽화의 연대가 밝혀진 것은 최근 기술이 발달하면서 극소량의 염료만으로도 연대를 추정할 수 있게 된 덕분이다. 일부 벽화는 [프랑스의 유명한 라스코(Lascaux) 동굴 벽화는 약 1만 5000년 전, 스페인의 알타미라와 볼페(Volpe) 동굴 벽화는 불과 1만 2000년 전 것으로] 그 연대가 비교적 최근으로 밝혀졌으나, 다른 벽화들은 많은 사람들의 예측과 달리 훨씬 더 오래된 것으로 밝혀졌다. 프랑스의 쇼베, 레스퓌그, 코스케(Cosquer) 동굴 벽화는 각각 3만 년, 2만 5000년, 2만 7000년 전 것으로 밝혀졌다.

이 동굴들을 장식하고 있는 그림들은 대부분 동물, 그중에서도 주로 말과 유럽 들소, 사슴, 야생 염소, 매머드, 코뿔소가 촘촘하게 줄지어 있는 장면이다. 사자나 물고기, 물새도 있긴 하지만 이것들은 이따금 등장한다. 벽화 속 동물은 대개 떼를 지어 동굴 화랑 전체를 빽빽하게 장식하고 있다. 암석의 천연적인 성질을 살리면서도 실제와 놀라우리만치 비슷하게 그린 동물 그림도 있는가 하면, 특정한 방향에서 빛이 비쳐야만 보이는 동물 그림도 있다. 추상적인 기하학적 모양, 선과 점으로 이루어진 무늬도 흔하지만, 인간을 묘사한 그림은 의아할 정도로 드물다(남아프리카의 수렵-채집인이 그린 역사적인 암석화에는 인간의 형상도 흔하다).

하지만 누가 뭐래도 가장 등골이 오싹할 만큼 놀라운 작품은 스텐실 기법으로 그린 손바닥 자국(그림 8.6)이다. 일부 동굴에서 흔한 작품인데 가장 유명한 것은 프랑스의 코스케와 페슈 메를(Pech-Merle) 동굴, 스페인의 산 빈센테(San Vincente)와 깐따브리아(Cantabria) 지방의 푸엔테 비에스고(Puente Viesgo) 동굴이다. 모두 합해 507개의

그림 8.6
스페인 북부 푸엔테 델 살린(Fuente del Salin) 동굴에서 발견된 스텐실 기법의 손 그림.
약 2만 년 전의 것으로 추정된다. 동굴 벽에 손바닥을 대고 염료를 입으로 뿌려서 그린 것
으로 보인다. Redrawn from Lewis-Williams(2002), ⓒ 2014 Arran Dunbar

손바닥 자국이 발견되었는데, 대부분 동굴 벽에 손바닥을 대고 염료를 뿌리는 음각 기법으로 제작되었다. 하지만 쇼베 동굴에서는 각각 48개와 92개의 손을 염료에 담갔다가 벽 위에 '찍어서' 제작한 두 세트의 독특한 작품도 발견되었다.

후기 구석기시대 사람들이 이 모든 작품을 왜 제작했는지, 정확한 이유는 알 수 없다. 엄청난 수의 동물들, 특히 옆구리에 화살이 박혀 있는 동물을 그린 그림에 대해서는 성공적인 사냥을 기원하는 신비로운 의식을 묘사한 그림이라는 해석이 가장 설득력 있다. 실제로 많은 그림이, 물론 전부는 아니지만, 가장 흔하게 사냥하던 동물을 묘사하고 있다. 쇼베 동굴에 그려진 인상적인 암사자의 모습처럼, 더러 맹수를 그린 그림도 있다(그림 8.4). 동물 그림에 대한 또 다른 해석은 성년의식을 비롯한 여타의 의식과 관련이 있으리라는 것이다. 손바닥 자국 중 최소한 몇몇은 성인의 것으로 보기에는 너무 작을 뿐만 아니라 일부 작품은 성인이 그렸다고 보기 힘들 정도로 (물론 불가능한 것은 아니지만) 낮은 위치에 그려져 있다. 짐작건대, 어린이나 청소년이 동굴에 머물 때 남긴 작품일 것이다. 하지만 일부에서는 그림이 샤머니즘적 가수 상태에서 정신세계로의 여행을 묘사한 것이라는 주장을 내놓기도 한다. 그림 8.3의 A와 같이 반인반수 형상이 등장한 것이 그 증거라는 것이다. 어쩌면 이런 그림이 특별한 회합이나 모임을 나타내는 신성한 상징 역할을 했을지도 모른다. 다음 장에서도 살펴보겠지만, 만약 상징 역할을 했다면, 그런 회합이나 모임은 특별한 의식, 이를테면 가수 상태 춤과 같은 남성들의 회합이었을 가능성이 크다.

사회 관계망에는 왜 여러 층이 존재할까? ——

종교와 스토리텔링이 중요해진 까닭에 관해서 나는 영장류 평균보다 훨씬 더 큰 공동체의 결속을 위해서였다고 설명한 바 있다. 그렇다면 종교와 스토리텔링이 당시 현생인류 사회에 어떤 현상을 수반했는지 좀 더 자세히 살펴보기로 하자. 3장에서도 설명했지만, 우리 인간이 자연스럽게 형성하는 150명 규모의 공동체는 사회적인 면에서 일률적이지 않으며, 그 안에서도 감정과 친밀도 수준에 따라 여러 계층으로 나누어져 있다. 150명 중에서도 우리는 일부 사람과 훨씬 더 공고한 관계를 맺고 있고, 결과적으로 그 사람들을 더 자주 만난다. 우리는 대략 5명, 15명, 50명 그리고 150명으로 구성된 네 개의 관계망 층을 구별하지만, 150명 규모의 층에서 최소한 두 층을 더 확대하여(500명과 1,500명 규모의 층까지) 관계망을 구성할 수도 있다(그림 3.4). 이런 식의 다층적 사회 구조는 사실 영장류의 일반적인 특징으로, 인간에게서 이런 구조가 나타나는 것이 새로운 특징이랄 것도 없다. 인간에게 유일하게 나타나는 새로운 특징이라면, 관계망 층의 수다. 그렇다면 이런 다양한 관계망 층은 어떤 기능을 수행할까? 이 질문에 대한 답은 다음 장에서 살펴볼 다섯 번째 전환점에도 중대한 기반이 될 것이다.

영장류 집단의 다층적 구조는 큰 집단의 각 개체에 부과되는 비용을 상쇄하기 위한 협동이나 동맹을 끌어내려는 필요 때문에 탄생했다. 실제로 관계망의 각 층은 바로 다음 상위 층을 지탱해주는 토대를 제공한다. 상위 층은 하위 층에서 등장한 영역으로, 이 두 층은 복잡한 긴장 상태를 유지한다. 인간 공동체의 점층적 구조 역시 같은 동기에서 형성되었을 것이고, 역시 규모가 작은 층이 있음으로써 그 다음 층의 존속이 가능하다.

어떤 점에서, 자연스러운 협력이 가능한 집단 규모로서 구체적으로 15명 규모의 관계망 층을 꼽는 것은 영장류의 그루밍 파벌과 신피질 용적 사이의 관계에 바탕을 두었다고 볼 수 있다. 원숭이와 유인원의 경우 그루밍 파벌은 (즉 한 개체가 규칙적으로 그루밍을 주고받는 파트너 무리는) 커다란 사회적 집단 안에서 살아가는 데에 수반되는 스트레스를 완화하기 위한 일종의 협력 집단처럼 기능한다(2장 참고). 결과적으로 그루밍 파벌의 규모는 전체 집단의 규모와 정비례하는 셈이다. 그루밍 파벌은 집단생활에서 오는 스트레스를 완화하기 위해 자신과 무관한 다른 모든 개체는 배제하는 수단이다. 집단 규모가 클수록 스트레스도 덩달아 커지므로, 무관한 개체를 배재하는 그루밍 겸 협력 파벌도 커질 수밖에 없다. 유인원 공식에 이 관계를 대입하여 예측한 인간의 그루밍 파벌 규모가 바로 15명 규모의 관계망이다. 즉 인간도 이 규모의 관계망이 협력 집단의 기능을 수행한다고 볼 수 있다. 실제로 15명 규모의 관계망은 경제적 지원뿐만 아니라 일상생활에서 요구하는 여러 형태의 사회적 지원을 제공해주는 기반이다. 쉽게 말해서 이 관계망 내의 사람이 바로 우리가 도움을 필요로 할 때 언제든지 달려올 사람들이다.

자연스러운 협력 집단인 15명 규모의 관계망 층에 속하면서 가장 안쪽에 있는 5명 규모의 관계망 층은 감정적으로 가장 든든한 지원 집단이다. 이 층은 인간이 다른 영장류 사촌에게서는 볼 수 없는 복잡하고 섬세한 심리화 역량으로 인해 오히려 심리적으로는 더 취약하다는 사실을 방증해주는 집단이라고 볼 수 있다. 마음이론과 수준 높은 심리화 역량 덕택에 우리는 다른 어떤 동물은 흉내조차 내지 못하는 일을 한다. 우리의 행동이 일으킬 미래의 결과를 상상하고, 닥칠지 안 닥칠지 모르는 끔찍한 상황을 예측하는 것이다. 이런 상황에서, 기대어 눈물 흘릴 수 있는 어깨가 있다는 것은 정신 건강에도 중요할 뿐만 아니라 다른 어떤 영장류 사회보다 끔찍이 더 복잡한 사회에 대처하는 능력에도 막대한 영향을 미친다.

수렵-채집인 사회에서 50명 규모의 관계망 층의 가장 두드러진 특징은 '밤을 함께 보내고 싶은' 사람들의 집단이라는 점이다. 어쩌면 그 점이 이 관계망 층의 핵심 기능인지도 모른다. 형편없이 나쁜 우리의 밤눈 때문일 수도 있고, 땅 위에서 잠을 자야 하는 습성 때문일 수도 있다. 잠을 자야 하는 밤만큼 인간이 포식자에게 취약한 순간은 없다. 우리는 최소한 야행성 맹수를 방어할 수 있을 정도의 집단을 이루지 않으면 안 된다. 우리보다 덩치가 더 작은 교목성 영장류는 낮 동안 사냥하는 독수리(주로 뿔매, 남아메리카의 경우에는 남미수리)들의 눈만 피하면 되지만, 덩치는 크지만 육상생활을 하는 영장류는 각종 야행성 맹수에 촉각을 곤두세워야만 한다. 개코원숭이가 가장 경계해야 할 맹수는 야행성인 표범, 역시 밤에 주로 사냥을 하는 사자, 명백한 야행성인 하이에나다. 50명 규모의 관계망 층은 여성의 채집활동에도 베이스캠프 역할을 한다(여성은 남성보다 훨씬 더 큰 무리를 이루어 채집활동을 하는 경향이 있다). 하지만 인간이 이 규모의 관계망 층을 필요로 하는 까닭이 단지 뿌리 열매를 캐내거나 산딸기를 채집하기 위해서만은 아닐 것이다. 모든 점을 고려할 때, 이 규모의 관계망 층의 주된 기능은 야간에 맹수의 공격에 대한 방어일 것이다. 그리고 낮 동안 채집 활동의 안전을 보장하는 것도 그중 한 기능일 수 있다.

50명과 150명 규모의 관계망 층 기능에 대한 여섯 가지 설득력 있는 설명을 살펴보았다. 포식자에 대한 보호, 영토나 식량 자원의 방어, 생식기의 배우자 수호, 환경적 위협을 최소화하기 위한 거래 협정, 자원의 위치에 관한 정보 교환 그리고 (전쟁 가설이라고 알려진) 이웃 인간 공동체의 습격에 대한 수비가 그것이다. 수차례 거듭된 연구에서 우리가 얻은 결론은, 전쟁 가설로 알려진 '습격에 대한 수비'가 현재로서는 가장 유력한 설명이라는 것이다(표 8.2). 사회적 뇌 가설이 예측한바, 150명 규모의 관계망 층이 고고학적 기록에 처음으로 등장한 때가(그림 3.3) 약 10만 년 전 인구학적 폭발이 시작된 시점과 거의 비슷한 것은 우연이 아닐지도 모른다.

물론 방어나 수비 목적으로 형성된 집단이 또 다른 여러 목적으로 이용될 수는 있다. 영토 내에 환경이 악화되어 다른 피난처를 찾을 때 필요한 거래 협정도 큰 규모의 공동체인 덕분에 얻을 수 있는 2차적 이점이고, 식량 자원의 위치나 분포에 관한 정보를 교환할 때도 보다 광범위하게 분산된 큰 공동체가 유리하다. 수많은 수렵-채집 사회에서 이러한 교환 관계망을 형성한다는 사실은 이미 잘 알려졌다. 일례로 아프리카 남서부의 주호안시(Ju/'hoansi) 족은 상호보완적인 관계망을 넓히려고 흑사로(hxaro)라고 알려진 '상징적인' 선물을 교환한다. 흑사로 파트너는 각자 터전의 환경 조건이 열악해졌을 때 임시 거처를 찾도록 서로 돕는다. 인류학자 폴리 위스너(Polly Wiessner)는 식

사회적 관계망 층	규모	포식 방어	자원 방어	자원 거래	짝짓기 방어	정보 교환	동종 습격
가족	~5	불가능	불가능	불가능	불가능	불가능	불가능
혈통	~15	(선택적 가능)*	불가능	불가능	불가능	불가능	불가능
무리	~50	가능	불가능	불가능	불가능	(선택적 가능)	가능
공동체	~150	불가능	불가능	가능	불가능	(선택적 가능)	가능
큰 무리	~500	불가능	불가능	가능	불가능	가능	가능
민족언어 공동체(부족)	~1500	불가능	불가능	가능	불가능	가능	가능

(선택적 가능)*은 선택적으로 등장한 특징인 경우를 가리킨다(즉 해당 관계망 층에서 나타나는 특징일 가능성은 있으나, 본래 그 관계망 층에 대한 선택 요인은 아니었던 특징이다).

표 8.2
현대의 수렵-채집인 사회에서 나타나는 관계망 층 여섯 개가 가지는 가장 주요한 기능을 보여준다. Adopted from Lemann et al.(2004)

량 고갈이 심해서 목숨이 위태로운 시기에 산 족 집단의 절반이 멀리 떨어진 흑사로 파트너의 영역으로 이주한 사례를 자세히 설명했다. 다른 수렵-채집 사회에서도 이와 유사한 교환 관계망이 발견되었으며, 일부 학자는 후기 구석기시대 유럽에서도 이와 같은 교환 관계망이 존재했을 것이라고 주장하기도 한다.

흑사로 파트너의 주요한 특징은 각 파트너 집단이 (실제로 함께 생활하는 50명 규모의) 소규모 무리가 아니라 생활 터전이 멀리 떨어진 사람까지 포함하는 큰 집단이라는 점이다. 위스너가 설명한 산 족의 경우에도, 흑사로 파트너 집단은 대개 반경 40km 이내에 거주하는 사람 전체를 의미한다. 인류학자 밥 레이튼(Bob Layton)과 션 오하라(Sean O'Hara)가 증명한 것처럼, 반경 40km 이내는 열대의 수렵-채집인 공동체 전체가 거주하는 면적과 맞먹는다. 달리 말하면, 흑사로 교환은 원칙적으로 같은 (150명) 규모의 공동체에 속한 성원들 사이에서 일어나며, 이것은 교환 협력을 위한 핵심 단위가 (3장에서 살펴보았듯, 일부 연구자가 잘못 추측한 것처럼) '무리'가 아니라 '공동체'라는 사실을 암시하는 강력한 증거인 셈이다.

우리가 고려해야 할 또 한 가지 사안은 민속지학적 사회에 관한 분석에서 밝혔듯, 오늘날 150명 규모의 관계망 층 바깥으로 자연스럽게 확장된 관계망 층들이다(그림 3.2와 3.3). 500명 규모의 관계망 층은 근친 교배의 위험을 피하면서 유전적 교환을 할 수 있는 최소 단위라는 설명이 일반적이다. 많은 전통사회에서 사람들은 일반적으로 자신이 속한 (150명 규모의) 공동체 안에서는 혼인을 피하고, 대신 인접한 공동체(500명 규모로 확장된 관계망 층)에 속한 사람과 혼인한다. 이 확장된 공동체는 대개 우리가 지인이라고 간주하는—개인적 우정이나 감정적 교류가 있는 관계라기보다 좀 더 공식적이고 정언적인 관계에 기반을 둔—사람들로 이루어져 있다(물론 같은 언어를 사용한다). 혼인이라는 관점에서도 이 설명은 꽤 일리가 있다. 이 관계망 층에 속한 사람들에게 우리는 적당히 거리를 두고 있는 한편, 배우자로서 얼마나 적합한지 파악할 수 있을 만큼은 잘 알고 있기 때문이다.

이제 마지막으로 1,500명 규모의 관계망 층이 남는데, 민속지학 문헌에서는 이 관계망 층을 편리하게 부족이라고 명명하거나, 모든 성원이 같은 언어를 사용한다는 사실에 근거하여 민족언어 공동체라고 부르기도 한다. 이 층을 다르게 표현하면, 환경적 변화에 대한 완충 기능을 수행할 수 있는 교역 관계망 층이라고 볼 수 있다. 여기서 환경적 변화는 거주 지역 전체를 위험에 빠뜨릴 수 있을 만큼 광범위한 변화를 뜻한다. 레이튼과 오하라가 수집한 열대 지역의 수렵-채집인 모집단의 경우, 150명 규모의 공동체는 평균적으로 5,000km^2 영역 안에 거주하고, 이런 공동체 9개 또는 10개가 50,000km^{2}에 이르는 영역에 흩어져 살면서 환경적으로 상황이 열악해질 때마다 (또는 다른 집단의 습격이 있을 때마다) 서로 도움을 주고받는다. 이처럼 방대한 영역에서는 웬만한 재해나 재난이 닥쳐도 피신할 곳이 충분하다.

모든 가능성을 종합해보면, 부족 수준의 집단은 약 10만 년 전 마지막 빙하기 동안 환경 조건이 점차 열악해짐에 따라 부차적인 거래 협정의 필요 때문에 150명 규모의 공동체가 점층적으로 확대되면서 형성된 것으로 보인다. 4만 년 전 이후뿐만 아니라 현생인류가 최초로 유라시아의 고위도 지역을 빠르게 점유한 데에도 이런 공동체 규모가 중추적 역할을 했을 것이다. 이런 다층적인 사회 관계망을 유지하기 위해서는 문화뿐만 아니라 도덕적 관점도 공유해야 했을 것이다(그래야 공정하고 신뢰할 만한 교류가 가능해지기 때문이다). 그리고 어쩌면 해부학적 현생인류였기에 가능했는지도 모른다. 디컨이 제안한 상징적인 공동체 역시 거래를 협상하는 현생인류의 능력을 바탕으로 이 시기에 시작되었을 것이다. 이처럼 확장된 다층적 관계망의 지원을 받을 수 있는 능력은 현생인류나 네안데르탈인 모두에게 위기에 직면할 때마다 생존을 가름하는 열쇠였을 것이다. 현생인류 집단이 위기 때마다 서로를 지원했던 데 반해, 네안데르탈인은 그런 압도적인 역경을 다룰 줄 몰랐기 때문에 절멸했는지도 모른다.

───────────

이 장에서 설명한 발전들은 현재 우리까지 도달한 600만 년에 걸친 생물학적 진화가 그 정점에 이르면서, 뒤이어 올 인간 문화로 마침내 꽃을 피울 것을 예고하는 전조들이었다. 하지만 이 단계 안에는 다섯 번째이자 마지막 전환점의 씨앗이 숨겨져 있다. 우리가 이번 장에서 논의한 모든 것이 곧 '문화'가 되기 때문이다. 문화는 습득되는 것인 동시에 호기심과 창조의 소산이다. 신석기시대를 통해 예고된 다섯 번째이자 마지막 전환점은 생물학적 진화로부터 문화적 발명으로의 전환이 시작되는 기점이다. 다음 장에서 다룰 주제가 바로 그것이다.

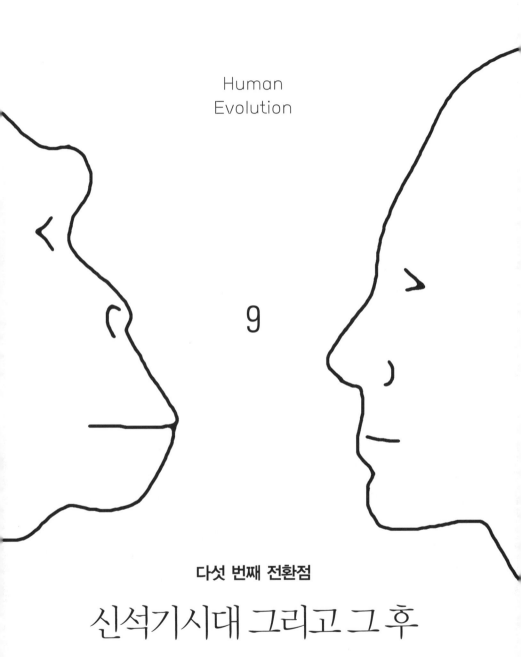

Human
Evolution

9

다섯 번째 전환점

신석기시대 그리고 그 후

혹독했던 마지막 빙하기가 종말을 향해 내달리던 1만 2000년 전쯤, 레반트 지역의 인간은 유랑 생활을 정리하고, 진흙 벽돌을 비롯한 여러 재료로 더 영구적인 집을 짓기 시작했다. 비로소 촌락을 이루며 정착하기 시작한 것이다. 하지만 그들이 우리가 '신석기 혁명'이라고 알고 있는 농사를 '발명'하기까지는 그로부터 수천 년은 족히 기다려야 했다. 사실 식물 재배를 시작하게 된 동기는 한 정착지에 거주하는 사람이 늘어나면서 식량 자원 확보가 절실해졌기 때문이다. 애초에 그들이 왜 정착했는지는 지금도 의문이다. 한 가지 가장 유력한 시나리오는 이웃 집단의 습격에 대한 방어책의 하나로 정착하기 시작했다는 것이다. 설령 이 시나리오가 사실이 아닐지라도, 정착민에게 '습격'이 매우 시급하고도 중대한 문제로 대두된 것만은 거의 확실하다. 왜냐하면 정착을 시작하고 대략 5000년이 지나는 동안 정착지 규모가 상당히 빠른 속도로 커지고 마침내 도시 국가와 올망졸망한 왕국이 건설될 수밖에 없었던 것도 결국 습격이 그 동기였기 때문이다.

기원전 8000년 즈음, 터키의 차탈 휘위크(Çatal Hüyük)와 괴베클리

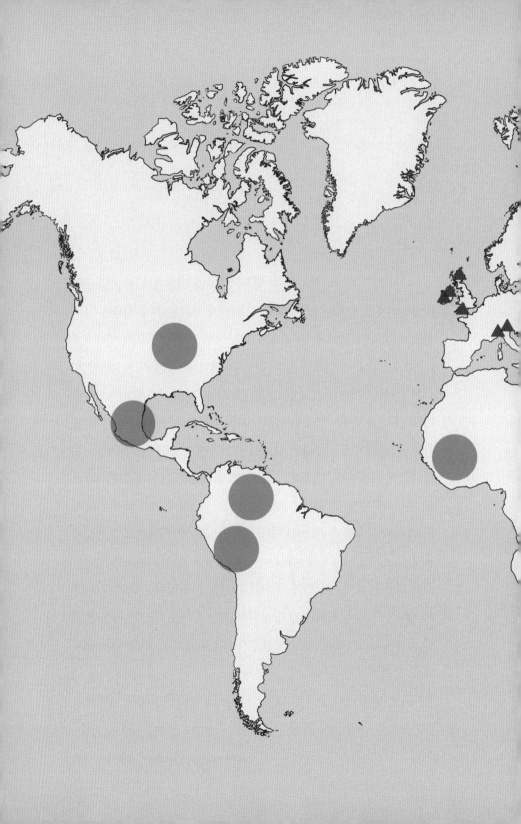

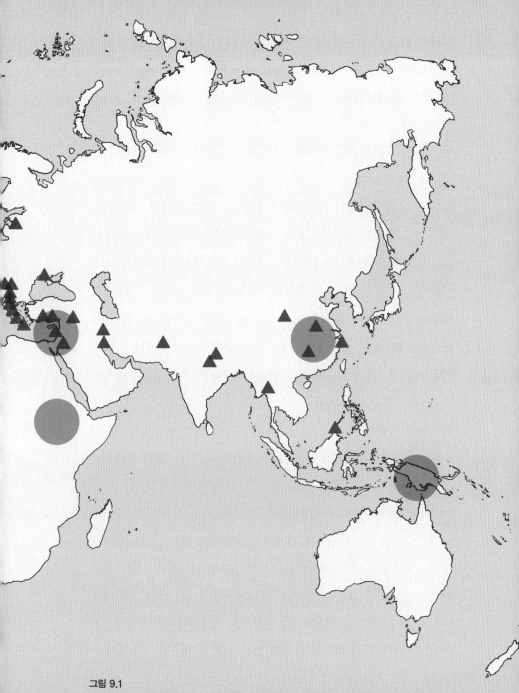

그림 9.1
주요한 신석기시대 정착지들(▲). 회색 원은 식물 재배와 동물의 가축화가 일어났던 대표적인
지역이다. After Diamond(2002)

테페(Göbekli Tepe), 레반트의 예리코(Jericho) 같은 정착지는 15ha에 이르는 면적에 1,000여 호 정도의 주택을 짓고 5,000명이 넘는 주민이 거주하는 성곽 도시로 변모했다. 그 후 수천 년 동안 이런 정착지가 유라시아 남부 전역에 속속 등장했다(그림 9.1). 이런 정착지 구조는 철기시대 후기 유럽 북부에 등장한 언덕 요새의 선구가 되었다. 당시 도시 성벽이 다 견고하고 튼튼하게 지어진 것은 아니라는 이유를 들어, 방어용 구조물이 아니었다는 주장이 지지를 받기도 했다. 그렇지만 별로 쓸모없는 성벽을 오랜 시간 공들여 쌓았다는 설명이 더 이해하기 힘들다. 성벽이란 없는 것보단 있는 게 백 번 더 나은 법이다. 게다가 이런 정착지의 가옥 구조 역시 방어를 위해 설계된 듯 하다. 거의 모든 가옥이 지면 위로는 문과 창을 내지 않았고 (대신 편평한 지붕에 난 구멍을 통해 출입하는 구조였고), 한곳에 조밀하게 모여 있었다. 이것이 단순히 도시 계획을 잘못했던 것일까, 아니면 습격자에 대한 방어책이었을까? 어쨌든 담이 아닌 지붕에 출입문을 내는 것은 기술적으로도 결코 쉬운 일은 아니다.

최근에 민속지적 수렵-채집인 표본 집단과 고고학 자료를 바탕으로 추산한 바에 따르면, 평균적으로 모든 사망자의 15%가 전쟁으로 (또는 적어도 폭력의 결과로) 사망했다. 게다가 이런 추세는 신석기시대부터 현재의 민속지적 집단에 이르기까지 거의 변화가 없는 것으로 보인다 (그림 9.2). 덴마크와 스웨덴 남부의 스칸디나비아 유적지 83곳에서 발견된 387장의 묘지를 심층적으로 연구한 결과, BC3900년에서 BC1700년 사이에 사망한 것으로 추정되는 스웨덴인 9%와 덴마크인 17%의 두개골에서 외상성 손상의 흔적이 발견되었다. 그중 상당수

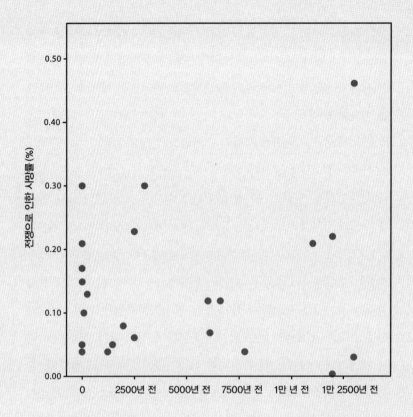

그림 9.2
선사시대 민속지적 사회에서 전쟁 때문에 발생한 사망자의 비율을 시간 순으로 나타낸 것이다. 추정 연대는 묘지에서 발굴된 유골 표본을 기반으로 측정했다. Bowles(2009)

가 두개골 정면에서 강력한 무기로 맞아서 생긴 상처였다. 남성 두개골에는 치유된 상처가 더 많았지만, 양성 모두 치명적 상처의 빈도에서는 차이가 없었다. 남성들이 습관적으로 비치명적 폭력에 연루되었을 확률이 높지만(이런 폭력에서 입은 상처는 아물면 뼈도 다시 자란다), 폭력으로 사망에 이른 확률은 양성이 거의 비슷했다.

어쩌면 당시 사람들이 이런 정착지에 순전히 자발적으로 모인 게 아니라는 사실을 반증하는 가장 강력한 증거는, 수렵-채집인으로 살았을 때보다 정착생활을 시작한 후에 식단 사정이 더 형편없어졌다는 사실일 것이다. 신석기시대 정착지에 거주하던 사람들은 당시의 수렵-채집인보다 체격도 작았고(열악한 식단의 증거나 다름없다), 뼈에도 식생활에서 겪는 스트레스의 흔적이 훨씬 더 많았다. 실제로 역사시대와 현재의 수공 농경에서 얻는 영양적 수익을 분석한 결과, 채집에서 얻는 에너지 수익보다 농사에서 얻는 에너지 수익이 현저히 낮았다. 중석기시대(Epipalaeolithic)[1]의 수렵-채집인이 채집생활을 버리고 정착생활을 선택하기까지 대단히 심각한 동기가 있었던 것이 분명하다.

하지만 지금까지의 모든 논의에서 간과되었던 결정적인 문제가 있다. 정착지에 집중적으로 모여 사는 것이 심리적으로 엄청난 압박감을 유발했으리라는 점이다. 2장에서도 살펴보았지만, 집단의 규모가 크지 않더라도, 일단 집단생활은 영장류에 엄청난 비용 부담을 안긴다. 특히 암컷 개체가 치르는 비용은 어마어마하다. 만약 이 비용을 분산시키지 못하면 공동체는 순식간에 와해될 것이다. 수렵-채집인은 이합집산—실제로는 넓은 영역에 공동체를 분산시켜 집단 규모를 줄이고, 집단생활에서 일어나는 스트레스를 누그러뜨리는—전략으로 이 문제를 해결한다. 하지만 이합집산 전략이 완전한 해결책은 아니다. 수렵-채집인의 사회성은 곧 (맹수나 이웃 집단의 습격 또는 그 둘 다를 방어하기 위해) 집단생활을 해야 한다는 압박감과 흩어져 살아야 한다는 압박감 사이의 타협이다.

앞에서 나는 이런 압박감을 완화하고 중간 규모 공동체의 사회적 결속을 보강하는 기제로 음악(노래와 춤)이, 그다음에는 언어 기반의 스토리텔링이 마지막으로는 종교가 진화했다고 설명했다.

신석기시대가 우리에게 던지는 질문은 인간이 어떻게 농사를 시작하고 식품을 저장하는 방법이나 집 짓는 법을 배웠느냐가 아니다. 사실 이런 일은 당시 인간이라면 충분히 할 수 있는 비교적 사소한 일이다. 그보다 중요한 질문은 어떻게 인간이 방대한 정착지에서 공간적으로 밀집하여 사는 데서 발생하는 파괴적인 문제를 해결했느냐다. 이 문제를 해결하지 못하면 훗날 도시나 도시 국가는 탄생하지 못했을 것이다. 현생인류가 되는 여정에서 반드시 겪어야만 했던 다섯 번째 위대한 전환점은 신석기시대 정착지였다. 다만 여기서 방점은 '신석기시대'가 아니라 '정착지'에 찍힌다.

집단행동 문제 해결하기 ——

2장에서도 설명했다시피, 영장류 사회는 그 바탕에 생존과 번식 문제를 성공적으로 해결하려면 관련 비용을 공동으로 분담해야 한다는 사회적 계약이 깔려 있다. 원숭이는 안정적인 집단에 소속되는 것으로 자신에게 쏟아지던 포식자의 지나친 관심을 다른 쉬운 먹이로 돌리게 한다. 방어는 대단한 행동이 필요하지 않다. 다시 말해, 방어에서는 큰 집단이 갖는 견제 효과가 가장 중요하다. 모든 사회적 계약의 가장 큰 문제는 무임승차에 있다. 이점은 챙기고 비용은 나 몰라라 하는 일부 개체(또는 개인)에게 속수무책이라는 점이다. 이들은 막상 위험이 닥치면 위험 부담은 떠안지 않으려고 발을 빼면서도, 이점을 얻는 데 필요한 활동(교대로 망을 보거나 다른 개체를 위한 그루밍 같은)에는 시간과 노력을 들이지 않는다.

무임승차를 줄이기 위해서 많은 집단이 사회적 처벌을 시행하고는 있지만[2], 진화론적 관점에서 처벌은 해결책이 아니다. 왜냐하면 처벌자는 이타적으로 행동하는데, 개체 수준에서 일어나는 종래의 진화적 선택의 관점에서 보면, 이런 이타적 행동 때문에 오히려 위험에서 발을 빼고 다른 개체로 하여금 처벌을 하게 만든 무임승객들보다 처벌자 자신이 더 불리하기 때문이다. 실제로 비처벌자는 처벌자의 이타심을 악용하는 무임승객이고, 이 사실은 문제 전체를 한층 더 악화시킨다. (개인의 희생을 담보로 하더라도 집단에게 유리하면 임의의 형질을 진화시키는) 집단선택은 사실 그 해답이 될 수 없다. 왜냐하면 극히 평범한 모든 선택 환경에서 이타주의자는 언제나 손해를 보고 선택에서 배제되기 때문이다. 오로지 혈연관계로만 구성된 집단의 경우에는 혈연선택이 작동할 수도 있겠지만, 현실적으로 혈연선택은 그 수혜자가 가까운 혈연일 때만 작동한다. 일단 사촌지간만 넘어가도 관련성은 급격히 줄어든다.

처벌이 전혀 효과가 없는 것은 아니지만, 문제를 해결하는 제일 나은 방법은 아니다. 무임승차 행위가 적발될 가능성이 낮고 공동체 규모가 (성원들 상호 간에 서로에 대한 의무를 다해야 한다는 인식을 하지 못할 만큼) 크다면, 처벌은 대개 무용지물이 된다. 처벌의 내용이 아무리 가혹해도 마찬가지다. 보존생물학에서는 이것을 '밀렵꾼의 딜레마 (poacher's dilemma)'라고 부른다. 적발에 대한 처벌이 제법 과중하더라도, 적발될 위험이 낮으면 (공해에서 물고기를 남획하거나 목재를 얻기 위해 열대 숲을 밀어버리는 등) 밀렵 행위를 부추길 수 있다는 것이다. 심지어 우리가 모두 공공의 합의를 충실히 지키는 것이 장기적으로 훨씬 더 이득이라는 사실을 빤히 알고 있을 때조차 처벌로는 밀렵 행위를 근절하기 어렵다. 우리 인간은 경제학자가 흔히 '미래에 할인받기 (future discounting)'라고 부르는 것에 몹시 서툴다. 미래의 이득보다는 당장 눈앞의 이득에 마음을 빼앗기기 쉽다. 미래의 할인율이 훨씬 더 높을 때도 그렇다. 다시 말하면 충동적인 (또는 우세한) 반응을 억제하는 능력이 형편없다는 말이다. 3장에서도 논의한 바 있지만, 이 능력은 영장류의 경우 전전두엽 피질의 크기와 관련이 있다.

처벌보다 효과적으로, 사람들이 공동체의 규칙을 준수하게 만드는 방법은 심리적인 측면을 자극해서 자발적으로 규칙을 준수하고 집단 내 다른 성원에 대한 책임감을 느끼도록 하는 것이다. 혈연관계는 이런 책임감을 유발하는 가장 확실한 수단 중 하나다. 또 하나의 대안은 공동체에 소속되는 비용을 부담하게 하는 것이다. 그림 9.3은 이런 비용이 19세기 미국 유토피아 공동체에 미친 영향을 나타낸 것이다. 성원에게 부과된 책임에 따른 공동체의 존속 기간을 나타낸 것인데, 여기서 책임은 공동체 성원이 되기 위해 무엇을 얼마나 포기할 것이냐는 질문으로 평가했다. 포기해야 할 것이 많을수록, 사람들은

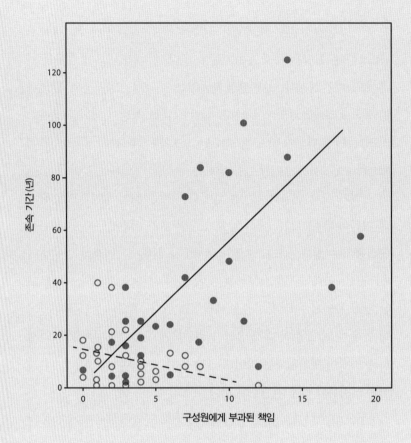

그림 9.3
19세기 미국 유토피아 종교 집단 신도가 (집단에 소속되기 위해 포기해야 할 것과 부담해야 할 것의 가짓수로 나타낸) 감당해야 할 책임량에 따라 그 집단의 존속기간이 어떻게 달라지는지 나타낸 그림이다. 일반적으로 종교적 믿음에 기반을 둔 공동체가(●, 실선) 세속적 철학에 기반을 둔 공동체보다(O, 점선) 존속기간이 더 길었다. 종교적 집단 중에서도 신도에게 부과한 책임이 더 큰 집단이 더 오래 존속했다. Redrawn from Sosis and Alcorta(2003)

옹졸한 다툼이나 다른 성원의 성마름을 더 잘 참는 것처럼 보인다. 물론 그럴수록 공동체의 존속 기간도 길다. 그러나 이것은 어디까지나 종교적 공동체에만 해당한다는 점을 간과해서는 안 된다. 일반 대중으로 구성된 공동체는 종교적 공동체만큼 오래 지속되지도 않을뿐더러, 이런 책임 효과도 그리 크지 않다. 정신적 차원의 공동체 의식을 갖는다는 것은 우리에게 파괴적이고 이기적인 행동을 기꺼이 억누르고 공동체의 방침을 준수하게 하는 뭔가 특별한 매력이 있는 것처럼 보인다.

우리는 공동체 의식을 자아내기 위해 수많은 메커니즘을 이용한다. 어느 모로 보나 가장 중요한 메커니즘은 공통의 세계관이다. 내가 만일 당신이 바라보는 대로 세상을 보고, 당신과 똑같은 언어를 사용하고, 똑같은 도덕적 가치관을 가졌고, 세상이 돌아가는 이치에 대해서도 똑같은 견해를 인정한다면, 그것은 어쩌면 당신과 내가 한 공동체 안에서 자랐음을 암시하는 표시일는지도 모른다. 그리고 물론 당신과 나는 서로를 신뢰할 가능성도 매우 크다. 작은 규모의 공동체 안에서 두 사람이 서로를 신뢰할 때는 혈연관계일 가능성이 매우 크다. 다른 문화적 표식들, 가령 비슷한 복장, 머리 모양, 비슷한 모양의 그릇과 방언 역시 한 공동체의 일원임을 보여주는 신호다.

여기에 지금까지는 그 중요성이 철저히 간과되었던 인간 행동의 또 다른 측면도 있다. 축제가 그것이다. 레반트 지역에 남아 있는 나투프 시대(Natufian period, 1만 3000년 전에서 9800년 전 사이)와 신석기 1기(Pre-Pottery Neolithic A, 8000년 전에서 7000년 전 사이 토기 없는 신석기 A) 시대의 고고학 유적지에서 축제의 증거가 지금도 꾸준히 발견되고 있다. 한 가족의 저녁 끼니로 삼기에는 너무 큰 (유럽들소나 야생소 같은) 동물의 잔해도 발견되었고, (터키 남서부의 괴베클리 테페 유적지 등지에서는) 맥주를 양조할 때 말고는 달리 쓰였을 것 같지 않은 돌로 만든 커다란 통도 발견되었다. 어떤 통은 무려 160L들이 통이었는데, 이런 통은 옮기기도 쉽지 않았을 것이다. 실제로 그중 몇몇 통에 남은 잔해에서는 맥주를 양조했다는 명백한 증거가 발견되기도 했다. 따라서 우리 인간사에서 술은 대단히 긴 역사를 가진 듯하다. 사실 최초로 재배된 원시 보리 종류는 빵의 재료로는 적합하지 않지만(수확량이 적을 뿐만 아니라 껍질을 벗기기가 쉽지 않아서 식용 가치가 떨어진다), 죽이나 미음으로 만들면 꽤 영양가 높은—그렇다고 먹기에 훌륭한 음식이 되진 않지만 맥주 양조에는 그야말로 완벽한—식품이 된다. 어쩌면 보리와 외알밀(원시밀)은 애초에 빵이 아니라 맥주를 생산하기 위해 재배되었는지도 모른다.

공교롭게도, 알코올은 엄청난 양의 엔도르핀을 분비시키는 촉진제다. 알코올 중독도 실은 알코올 때문이 아니라 엔도르핀 때문에 일어난다. 알코올 중독 치료제로 β-엔도르핀 길항제(β-endorphin antagonist)[3]인 날트렉손(naltrexone)을 처방하는 것도 이 때문이다. 어쩌면 이것이 범세계적으로 술을 여럿이 함께 마시는 행위가 사회적 결속을 강화하는 행위로 간주되는 이유를 설명해줄는지도 모른다. 6장에서도 언급했듯, 함께 모여서 하는 식사도 강력한 엔도르핀 효과를 발휘한다. 어쩌면 회식이나 축제가 우리의 사회생활에서 그토록 큰 비중을 차지하는 이유도 이것으로 설명할 수 있을 것이다. 이런 식사 문화는 신석기시대에 공동체의 결속을 다지기 위한 수단이나 방문자(특히 낯선 이)를

환대하는 방편으로 출현했을 가능성이 크다. 누군가를 저녁 식사에 초
대하는 것은 (물론 술이 있든 없든) 현대 사회생활의 중요한 특징으로 남
아 있다. 그런데도 이것이 얼마나 특별한 행위인지, 지금까지 아무도
언급한 적이 없다. 그런 행위가 진화한 이유도 고민하지 않았다. 지금
이라도 대답을 한다면, 아마도 축제는 사회의 결속을 공고히 해주는
엔도르핀의 중요한 원천으로서 진화했을 것이다.

안정적인 가족애, 끊어지기 쉬운 우정 ──

사회적 결속 과정에서 혈연관계는 명백히 훌륭한 윤활제다. 가족끼리
는 더욱 관대해질 뿐만 아니라 도움 요청이 있을 때는 주저 없이 달려
가기 때문이다(이것이 혈연선택의 진화 과정에서 파생된 이른바 '혈연 특혜'
다). 하지만 공동체 규모가 150명 관계망 층을 넘어서면 불가피하게
규칙적으로 만날 확률이 높은 비혈연 관계의 사람도 늘어나게 되어
있다. 바로 앞 장에서도 말했지만, 150명 규모의 관계망 층은 의미 있
는 혈연관계의 한계선이나 다름없기 때문이다. 일단 정착지 규모가
이 관계망 층의 한계를 넘어 마침내 완전히 낯선 사람들로 확대된 후
에는, 정착지 전체가 하나의 공동체로서 충분한 유대감을 형성하기
위해 또 다른 무언가가 추가로 필요했을 것이다.

　오늘날 우리가 비혈연 관계의 사람과 우정을 쌓는 방법을 살펴보
면, 신석기시대에 조상이 어떻게 큰 공동체를 형성했는지 약간의 통
찰을 얻을지도 모르겠다. 우리는 사회적 상호작용을 통해서 우정을
형성한다. 전통적으로 이런 상호작용은 대면 접촉을 의미한다. 샘 로

버츠와 나는 물리적 거리 때문에 만남의 기회가 줄어들었을 때, 시간이 지나면서 관계가 어떻게 달라지는지 조사했다. 우리는 실험 참가자에게 고향을 떠난 후 18개월에 걸쳐 가족과 친구에 대한 감정 친밀도가 어떻게 달라졌는지 물었다. 혈연에 대한 감정 친밀도는 시간이 지나도 놀라울 만큼 안정적으로 유지된 반면(심지어 친밀도가 더 높아진 경우도 있었다), 실험을 시작할 당시에 적어서 제출했던 친구와의 친밀도는 만남의 가능성이 떨어지기가 무섭게 급격하게 감소했다(그림 9.4). 달리 말하면, 비혈연 관계 사람들과의 우정은 유지하기 위한 비용도 매우 클 뿐만 아니라 공들이지 않으면 금세 시들해진다. 이 결과가 규모가 큰 공동체의 결속 유지에 특히 더 중대한 의미를 갖는 까닭은 150명 규모의 관계망 층에서 더 확장된 큰 공동체에는 비혈연 관계의 사람들이 포함될 수밖에 없고, 그들과의 결속 유지는 결국 시간 예산에 대한 압박으로 나타나기 때문이다.

오늘날 한 개인의 사회적 관계망 층에서, 50명 규모의 관계망 층 안에는 불균형적으로 친구가 많지만, 바깥쪽의 150명 관계망 층 안에는 역시 불균형적으로 혈연도가 먼 확장된 가족이 많다. 확장된 가족은 친구보다 비용이―사회적 비용도―적게 들기 때문에, 안쪽 계층보다 바깥쪽 관계망 층을 유지하는 데 따르는 부담이 훨씬 적다. 만약 우리가 바깥쪽 계층에 속한 가족에게 투자하는 것만큼 우정에 투자한다면, 친구라고 해도 지인―그냥 얼굴만 아는 정도라 도움을 요청해도 달려와 줄 가능성이 거의 없는 사람―보다 별로 나을 게 없을 것이다. 바깥쪽 관계망 층에 속한 친구와 가족의 비율이 바뀐다면, 유지 비용도 엄청나게 들뿐만 아니라 관계망에 대한 헌신과 결속력 수준도

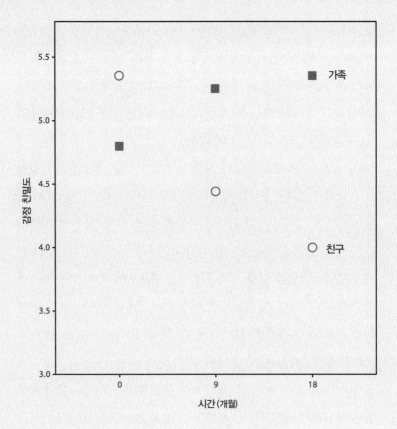

그림 9.4
실험 참가자는 18개월을 세 기간으로 나누고, 각 시점에서 자신의 사회 관계망 층 성원에 대한
감정 친밀도를 (1점에서 10점까지) 점수로 매겼다. 고향을 떠난 지 6개월이 되는 시점에, 관계망
층의 성원과 만남의 빈도가 이전보다 현저하게 줄었다. 실험을 시작할 때(0개월) '친구'였던 사
람들과 확장된 가족에 대한 평균적인 감정 친밀도를 나타낸 것이다.

떨어질 것이 분명하다. 사실 친구가 50명 규모의 관계망 층에 집중된 까닭도 이 때문이다. 바깥쪽 관계망 층에 속한 사람과의 상호작용 빈도는 우정을 효율적으로 유지하기에는 턱없이 부족할 뿐만 아니라, 그런 상호작용 빈도로는 50명 관계망 층에 속했던 친구도 (500명 규모의) 지인 관계망 층으로 속속 빠져나가고 말 것이다.

좋든 싫든 친척과는 가까이 지낼 수밖에 없지만, 최소한 친구만큼은 선택할 수 있다. 우리는 누구를 친구로 선택할까? 우리는 제법 많은 사람에게 각자의 사회 관계망 바깥쪽 (15명, 50명, 150명 규모) 층마다 한 명씩 친구를 떠올린 다음 각각의 친구와 어떤 공통점을 가지는지 물었다. 그 결과 여섯 가지 차원에서 공통점이 있을 경우 우정이 형성된다는 사실이 드러났다. 그 여섯 가지 차원은 언어, 지연, 학연, 취미나 관심사, 세계관(여기에는 정치관, 종교, 도덕적 가치관도 포함된다) 그리고 유머감각이다. 이 중에서 두 가지 이상의 차원에서 공통점이 있으면 어느 정도 감정 친밀도가 높은 우정을 유지하고, 그보다 공통점이 더 많으면 친밀도도 높아진다. 이 여섯 가지 차원 중에서는 어느 것을 공유해도 차이가 없는 듯하다. 즉 어떤 것이 됐든 세 가지 차원에서 공통점을 갖는다면 별 세 개짜리 우정을 형성할 수 있다. 더욱 흥미로운 점은, 친구와 공유하는 차원의 수에 따라 친구로부터 도움 요청이 왔을 때 취하는 이타심의 수준도 달라진다. 물론 차원을 많이 공유할수록 이타심도 커진다. 우리가 짐작하는 것과 달리, 우정은 만들어지는 게 아니라 타고나는 것처럼 보인다. 우리는 우리가 선택한 사람과 우정을 쌓으려고 하지만, 우정의 질과 지속 기간은 그들과 공유하는 차원의 수가 결정한다.

우정을 떠받치고 있는 이 모든 특징이 문화에서 유래했다는 점을 주목하자. 생물학적이라거나 고정된 것은 하나도 없다. 이 사실이 중요한 까닭은 바로 문화적 특징이 우리가 속한 공동체의 정체성을 규정한다고 볼 수 있기 때문이다. 다시 말해서, 우리가 이런 식으로 공유하는 문화적 특징이 우리가 속한 공동체를 알려주는 단서를 제공한다는 의미다. 더욱 중요한 사실은 시간이 지나면서 변화하는 문화의 속성이 공동체의 일원임을 상징하는 이런 특징들에도 반영된다는 점이다. 즉 당신의 공동체 멤버십이 시간에 따라 업데이트된다는 의미다. 대니얼 네틀과 내가 컴퓨터 모델을 통해 입증했듯, 이 속성은 무임승객을 통제하는 데도 도움이 된다. 임의의 공동체 안에서 성장한 사람은 문화의 속성이 반영된 그 공동체의 스타일을 잘 알고 또 그것에 맞게 행동한다. 반면 이방인이라면 그런 공동체 고유의 '스타일'을 배우거나 그 공동체에 편입되기가 쉽지 않다. 공동체 멤버십의 표식은 곧 무임승객이 아니라는 증명서인 셈이다. 왜냐하면 공동체 그 자체가 당신이 취하는 임의의 행동에 대한 보증인이기 때문이다.

올리버 커리(Oliver Curry)와 나는 이 사실을 간단하게 실험해보기로 했다. 우리는 피험자의 가장 친한 친구 여덟 명과의 (실질적으로는 15명 규모의 관계망 층 내의 성원들과의) 상호관련성 수준을 조사한 후 그 친구들에게 얼마나 이타적으로 행동할 수 있는지 의향을 물었다. 친구들과 긴밀한 상호연락을 주고받는 (가령 친구들을 따로 따로도 자주 만나고 함께 어울려서도 자주 만나는) 피험자는 그러지 않은 피험자보다 친구에게 이타적으로 행동할 의향이 더 높았다. 한 가지 면에서 이것은 평판과도 관련된 문제다. 친구 관계망은 그 성원 각각의 행동을 관찰하면서, 도움 요청을 거절하거나 과거의 호의에 대한 보답이 없는 경우를 주시하고 그에 대한 견해를 공유한다. 다시 말해서 우리는 우리가 얻게 될지도 모를 평판을 걱정하고 또 평판이 나빠졌을 때 친구들이 자신을 멀리할 것이라는 두려움 때문에 이타적으로 행동한다는 것이다. 하지만 여기에도 긍정적인 일면은 있다. 성원들 각자 서로를 더많이 알게 되고 우정을 다지기 위한 행동을 적극적으로 하게 되기 때문에, 친구 관계망이 더욱 탄탄해지고 서로에게 더욱 친사회적으로 행동하게 된다. 어쩌면 처벌 따위는 필요 없을지도 모른다.

우정을 연구하던 중에 우리는 사회적 관계망이 작동하는 방식에서 나타나는 양성 간의 중대한 차이점을 발견했다. 두 가지 측면이 특히 더 두드러지게 달랐다. 우선, 여성은 낭만적인 (주로 남성) 파트너뿐만 아니라 종종 극도로 친밀한 [전부 다는 아니지만, 주로 여성인 '영원한 단짝 친구(Best Friend Forever)'의 약자를 따서 'BFF'라고 부르는] 친구 한 명을 별도로 가진다. 물론 남성은 그렇지 않다. 여성보다 남성의 우정은 상당히 데면데면한 편이고, 그렇기 때문인지 '친구들'이라는 무리의 성원 수가 더 많은 편이다. 이런 차이는 관계 안정성 면에서 여러 가지 중요한 결과를 낳는다. 여성의 친밀한 우정은 중요한 감정적 지지기반 역할을 하지만, 한편으로 깨지기도 쉽다. 일단 우정이 깨지면 거의 대참사 수준으로 결딴나기 때문에 회복하기란 하늘의 별 따기보다 어렵다. 반면 남성의 무심한 우정은 깨졌다가도 금세 회복된다. 여성은 친밀한 우정을 유지하기 위해 엄청난 노력을 기울이지만, 남성은 언제든 쉽게 친구들과 멀어진다. 글자 그대로 남성의 친구는 '안 보면 남'이다. 이사를 하거나 직장을 옮긴 후에도 남성은 정착한 곳에서 새로운 친구들을 금세 사귄다.

실제로 여성은 일반적으로 아주 돈독한 소수의 친구를 갖고, 남성은 다소 무심한 여러 명의 친구를—바꾸어 말하면 마음이 맞는 사람보다는 동호회나 모임—가진다. 모든 신변 소지품들에 대한 애호, 유대감을 돈독히 하기 위한 별난 의식들, 더불어 동호회를 좋아하는 남성의 이런 (여성으로서는 종종 이해 못 할) 성향은 집단이나 패거리를 쉽게 형성하는 사실과도 일맥상통하는 것처럼 보인다. 어쩌면 이런 성향이 소규모의 사냥(또는 전쟁을 위한) 무리에서 유래했을지도 모르지만, 근본적으로는 수적으로 큰 무리 속에 쉽게 편입할 수 있고 교회나 군대처럼 대규모 위계 조직에 적응을 잘하는 일종의 심리적 메커니즘과 관련이 있는 듯 보인다.

양성 간에 나타나는 두 번째 큰 차이점은 관계를 유지하는 방식이다. 우정에 관한 18개월 추적 연구에서 우리는 시간이 지나는 동안 우정의 퇴색을 저지하는 메커니즘을 조사했다. 참가자에게 각자의 친구와 얼마나 자주 (대면이든 전화나 이메일이든) 연락을 주고받는지, 그리고 얼마나 자주 친구와 어울려 (쇼핑이나 휴가, 취미활동, 이사 돕기 등) 활동을 하는지 물었다. 여성의 우정 지킴이는 '대화'였고, 남성의 우정 지킴이는 '활동'이었다. 수다는 결단코 남성의 우정에 아무런 영향을 미치지 않는다.

우정의 본질에 대한 이 짧고 재미있는 연구에서 얻은 결론은, 150명 규모인 종래의 수렵-채집 공동체에서 더 확장된 커다란 공동체 안에서 사회적 결속을 유지하는 일은 절대 사소하고 만만한 문제가 아니라는 것이다. 뭔가 다른 조치가 필요할 터인데, 이 조치는 틀림없이 인간이 자연스럽게 우정을 형성하는 방식, 특히 남성의 동호회 형성 방식에 깊이 뿌리박혀 있는 무언가일 것이다. 동호회는 한 가지 주제를 기반으로 한다. 어쩌면 그 주제만 있으면 다른 아무것도 필요치 않은지도 모른다. 이런 단일한 관심사에 기반을 둔 동호회의 기원은 혈연관계일 확률이 높다. 왜냐하면 혈연관계망 바깥쪽의 관계망 층들은 순전히 언어를 기반으로 한 표면적인 관계망이기 때문이다. 동호회 다음으로 이 관계망 층을 기반으로 구축된 두 번째 본보기는 어쩌면 '종교'일 것이다.

문명의 입구에 다다른 관계망들 ──

고고학자 피오나 코워드(Fiona Coward)는 신석기시대와 그 직전 레반트 지역에 거주하던 공동체의 인공물(토기, 맷돌, 작은 조상, 장신구 등)에서 나타난 유사성을 이용해서 초기 공동체 각각의 내부 사정과 공동체 사이의 관계를 분석했다. 그녀는 한 공동체의 규모가 증가할수록 인공물의 관련성은 줄어든다는 사실을 발견했다. 한 공동체 안에서도 인공물의 유사성이 점차 사라진 것이다. 그럼에도 불구하고 그 공동체의 내부적 분열의 증거는 없었다. 내부 분열이 일어나지 않은 까닭은 어쩌면 시간이 지나면서 (새로운 종류의 예술적 표현물이나 개인 소장품과 같은) 물질문명이 더 복잡해진 데서 찾을 수 있을 것이다. 또 어쩌면 더 복잡한 물질문명으로 공동체의 범위를 한정함으로써 자연스럽게 새로운 공동체로 해체되는 경향이 시작되었는지도 모른다. 달리 말하면, 물질문명의 복잡성 증가는 공동체의 규모가 증가하는 데 따른 우연한 부산물이라기보다 내부 분열의 위험에 대한 의도적인 반응이었는지도 모른다. 물질문명이 복잡해지기 시작한 시기가 유럽에서 약 2만 년 더 일찍 폭발적으로 시작된 후기 구석기시대 혁명과 때를 같이 하는 것도 이를 반영하는 듯하다. 실제로 레반트 지역의 경우, 물질문명에서 많은 변화가 일어난 것은 신석기 2기(Pre-Pottery Neolithic B, 8000년 전에서 6000년 전 사이 토기 없는 신석기 B) 중반과 후반에 집중되었다. 신석기시대가 절정에 이르던 바로 그 시기였다.

신석기시대는 종교적 측면에서도 중대한 변화를 가져왔는데, 이 변화가 마지막 전환점에도 결정적인 역할을 했을 것이다. 종교를 연구하는 역사가는 오늘날 전 세계에 존재하는 수천 가지의 종교에서 발견되는 가장 근본적인 특징을 두 가지로 구별한다. 샤머니즘적 특징과 교리적 특징이 그것이다. 전자는 우리가 8장에서도 논의한 바 있지만, 경험적 종교가 갖는 특징이다. 후자는 성스러운 공간, 이를테면 사원이나 교회 같은 공간과 관련이 있는 종교의 특징이다. 이런 종교는 대개 위계적인 성직자 체계를 갖추고 있으며, 신학, 신(전부 다 그런 것은 아니지만 대개 인간의 삶을 관장하는 '지고의 신'인 경우가 많다)과 관련이 있다. 그리고 복을 빌고 신을 달래는 공식적인 의식을 수행한다. 두 번째 유형의 종교는 그 양식과 종교를 수행하는 활동 면에서 샤머니즘적 종교와 매우 다르다. 영구적인 정착지 형성은 이 두 종교 유형의 전환점이 되었던 것 같다. 심지어 오늘날에도 세계 전역의 유목민과 반유목 수렵-채집인 그리고 목동 사회는 샤머니즘적 종교를 따르는 경향이 있지만, 영구적 정착지를 이룬 사회에서는 교리적 종교를 가진 경우가 많은 것도 그 예라고 볼 수 있다.

영구적인 정착지에서는 종교적 의식을 위한 건물을 짓기가 훨씬 더 수월했고, 그 때문에 종교 유형이 달라졌다고 간단하게 해석할 수도 있다. 하지만 단지 마을을 이루고 살기 때문에 사원이 필요했을 것이라는 사실을 뒷받침하는 명백한 증거는 없다. 마을을 이루고 사는 것이 샤머니즘적 종교에 방해가 되는 것은 아니다. 사실 미국 남서부의 호피(Hopi) 족은 경작지를 일구고, 정착생활을 하면서도 샤머니즘적 종교를 가지고 있다. 샤머니즘적 종교는 대개 음악 기반의 춤과 관련이 깊기 때문에, 춤출 수 있는 공간(춤출 마당이나 행진을 할 땅과 같은)이 반드시 확보되어야 한다. 그와 반대로 유목생활을 하는 수렵-채집인이라고 해서 생활 영역 한가운데에 성소를 만들지 말란 법도 없다. 오스트레일리아 원주민을 비롯해 수많은 수렵-채집인 사회에는 성소가 있다(울루루(Uluru)가 바로 그 예다). 심지어 괴베클리 테페와 같은 신석기시대 유적지에도 사람들이 집단으로 영구적인 집을 짓기 전에 사원과 비슷한 구조물을 지었음을 암시하는 고고학적 증거가 남아 있다. 이는 당시 사람들이 종교적 성소 주변에 임시 거처를 짓고 살았을 가능성을 보여준다. 이런 단계는 공동체가 습격자의 압박을 얼마나 받았느냐에 따라 오래 지속되었을 수도 있고 금세 사라졌을 수도 있다. 사람들이 한 장소에서 집단생활을 할 때는 위치가 쉽게 노출되기 때문에 습격의 위험도 그만큼 크다. 이런 위험 때문에라도 성소 주변의 집단생활은 그리 오래가지 못했을 가능성이 크다.

오로지 종교적 목적으로만 쓰이는 특별한 건물의 등장은 샤머니즘적 종교의 산발적 의식과는 차원이 다른, 일종의 집단적 의식을 계획했다는 의미를 가진다. 공식적 의식을 위한 건물이 있었다는 사실은 또 한편으로, 공동체를 대표하여 중재의 역할을 맡고 일반 사람은 참여할 수 없는 특별한 의식을 거행하는 전문적인 성직자가 있었다는 의미로도 볼 수 있다. 반세기 전, 라울 나롤(Raoul Naroll)은 소규모 사회를 분석해, 공동체 규모가 500명 이상으로 확대되면 전문가(도공, 공예가, 주류 공급자, 용병, 성직자, 행정가 등)들이 활약하기 시작한다는 사실을 입증했다. 이것은 어쩌면 구조적인 위상의 변화가 일어나지 않으면 공동체의 결속을 유지하기 어려운, 자연적인 위기 시점을 반영하는지도 모른다.

적어도 오늘날 종교의 관점에서, 샤머니즘적 유형에서 교리적 유형으로의 전환은 또 다른 중요한 변화의 표시, 즉 종교적 행사의 강도와 빈도의 변화를 보여주는 표시다. 샤머니즘적 종교에서 가수 상태 춤이나 그 유사행위는 대략 한 달 정도의 주기를 갖지만 대체로 (누군가의 필요 때문에) 불규칙적으로 일어난다. 반면에 교리적 종교에서 종교적 의식은 감정적 격양이 덜한 대신 (보통 일주일 단위로) 규칙적으로 열린다. 이는 역으로, 가수 상태가 긴장감을 완화하는 데에는 매우 효과적이지만, 감정적으로 지나치게 격양되기 때문에 너무 자주 반복하면 오히려 엄청난 스트레스를 유발한다는 사실을 암시한다. 하지만 큰 공동체에서 살아가는 것이 스트레스를 급격하게 증가시킨다면, 그것을 누그러뜨리기 위한 종교적 의식의 간격은 짧아질 수밖에 없다. 그리고 감정적으로나 신체적으로 너무 격양되는 종교적 의식은 자주 열기 어렵다. 종교적 의식이 감정적으로 격양되지 않도록 하는 한 가지 확실한 방법은 별도의 (이를테면 감정적 격양을 다스리도록 훈련된) 전문가가 의식을 집전하고, 회중들은 의식을 지켜보기만 하는 것이다.

의식에 참가한 대다수의 회중이 가수 상태가 유발하는 엄청난 감정적 격양을 경험하지 않는다는 것은 달리 해석하면, 공동체의 유대감을 형성하는 종교의 효과를 보강하기 위한 별도의 활동이 더 필요하다는 의미도 된다. 인간이 하는 종교적 활동의 직접 당사자이고, 특정한 행동 규범을 부과하며, 인간 행동에 대한 전지적 감독자인 지고의 신들이 유독 교리적 종교에서 중대한 역할을 하기 시작한 것은 우연이 아닙니다.[4] 실제로 오늘날 부족사회에서 지고의 신(또는 신들)의 존재는 공동체 규모와 관련이 있다(공동체 규모가 클수록 그 공동체는 지고의 신이 존재하는 종교를 가질 확률이 높다). 또한 수많은 연구에서도 입증된 바, 이런 사회 안에서 지고의 신을 적극적으로 믿는 사람은 그러지 않은 사람보다 공동의 규범을 능동적이고 충실하게 지킬 가능성이 더 크다. 로버트 퍼트넘(Robert Putnam)이 저서 《혼자 볼링 하기(Bowling Along)》에서 밝혔듯, 현재 미국에서는 주민의 교회 출석률이 높은 (즉 주민이 종교 활동을 활발히 하는) 주가 그러지 않은 주보다 사회적 활동 참여도가 높다.

그와 동시에 우리는 흔히 복잡한 세계관의 결합과 탄생 설화, 도덕적 규범 그리고 공동체 의식과 소속감 양산을 아우르는 종교적 믿음의 범위를 과소평가해서는 안 된다. 그 점에서 종교 역시 우정의 특징을 결정하는 기본적 차원 위에서 구축된다고 볼 수 있다. 마치 우정을 지탱하는 근본적이고 심리적인 과정이 교리적 종교의 진화 과정에서도 동일하게 이용되어, 방대한 수의 이방인을 포함하는 가상적 공동체의 소속감을 형성하는 토대가 된 듯하다. 어쩌면 여기서도 혈연관계의 중요성에 주목해야 할는지도 모른다. 거의 모든 교리적 종교에서 사용하는 혈연관계 호칭들은 (가령 아버지, 어머니, 형제, 자매 등) 가족관계의 환상을 심어주려는 시도에서 비롯된 것이 분명해 보이기 때문이다.

나의 관점에서, 신석기시대 혁명은 다른 무엇보다 종교적 혁명이다. 우발적인 형태의 샤머니즘적 종교에서 더욱 조직적인 교리적 종교로의 전환이 두드러진 시점이기 때문이다. 교리적 종교에서 공동체 성원에 부과된 규율은 정신세계를 위해 봉사한다고 여겨지는 종교 전문가 중 한 계급의 사람을 통해 위로부터 하달되는데, 오늘날에는 그 계급 자체가 특정한 개인으로 더욱 구체화되고 모든 추종자에게 보편적으로 인정받는 형태를 (신들, 성자들로) 띤다.

하지만 교리적 종교로의 전환은 완벽하지 못했다. 모든 교리적 종교가 어쩌면 본래 탄생했던 동기 때문에 결속을 유지하는 문제에는 딜레마에 빠지기 쉬운지도 모른다. 그 위계적 구조와 현세와 내세에 대한 처벌의 위협에도 불구하고, 모든 교리적 종교는 광신적 이단과 분파로 갈라지는 쓰라린 경험을 가지고 있다. 이것은 언어의 방언 형성 과정과도 꽤 비슷하다. 우리가 8장에서도 논의한 바 있지만, 방언은 한 공동체와 다른 공동체를 분명하게 구별함으로써 소규모 공동체의 연대를 강화하기 위해 탄생했다. 교리적 종교는 그것의 기원인 샤머니즘적 종교에서 완전히 벗어날 수 없었던 듯하다. 이성적 헌신보다는 감정적 맹신에 기반을 둔 광신적 이단들이 하나같이 신비주의적이고 흥분을 고취하는 성격을 띠기 때문에, 이런 종교집단은 성직자의 신학적이고 정치적인 감독 체계를 약화시키는 위험 요소다. 결과적으로 대부분 교리적 종교들은 (힌두교는 어쩌면 유일한 예외지만) 이단 종파로 규정하는 집단을 탄압하기 위한 적극적인 조치를 단행하곤 했다.

　이런 일탈적인 종파 중 일부는 결국 자체적 노력으로 세계적 종교가 되기도 했다. 유대교에서 갈라진 기독교와 이슬람교, 로마 가톨릭에서 갈라진 정교와 신교가 그렇다. 그밖에도 이슬람교에서 가지를 뻗은 시아파, 수니파, 수피교, 불교에서 파생된 여러 종파와 선단도 그 예다. 교리적 종교는 고대에서 내려오는 이런 일탈적 힘을 앞으로도 절대 중단시킬 수 없을 것 같다. 규모가 작고, 사적이고, 경험적인 샤머니즘 종교 집단이 저 깊은 밑바닥에서부터 끊임없이 부글거리며 표면 위로 올라오고 있기 때문이다. 광신적 종교 집단은 대개 상징적이고 실질적인 지도자가 되는 카리스마 넘치는 핵심 인물(전부 다는 아니지만 주로 남성)이 출현하고 그 추종자들(물론 전부 다 그렇진 않지만 대개 여성들)이 결집하여 작은 공동체를 이루는 것처럼 보인다. 그러므로 이런 종파가 초기에 성공하느냐 마느냐는 그 종파가 주장하는 특정한 신학적 교리보다는 지도자 개인의 인품과 스타일이 훨씬 더 중요한 역할을 한다. 최근의 사례로는 마하리시(Maharish)와 데이비드 코레쉬(David Koresh) 그리고 (존스타운 대량학살로 악명 높은) 짐 존스(Jim Jones) 목사 등이 유명하다.

디컨의 딜레마 ──

아직 우리가 언급하지 않는 마지막 문제가 하나 있다. 신석기시대 전반에 걸쳐 증가한 정착지 규모는 인간의 사회적 결속과 가장 밀접한 관계가 있는 한 행동 양상을 급속도로 부추겼다. 진화 과정 중 어느 한 시기에, 우리는 로맨틱한 짝짓기의 형태를 발전시켰고 이런 현상은 생식과 사회적 타협에 중요한 역할을 했다. 테리 디컨은《상징적인 종(The Symbolic Species)》에서 노동의 분화가 자리 잡은 후에 이 현상이 일촉즉발의 위기를 불러올 수 있는 중대한 문제를 탄생시켰다고 설명한다. 노동의 분화 때문에 야영지를 떠나는 일이 잦아진 남성은 호시탐탐 배우자를 갈취하려는 경쟁 남성에게 속수무책이 되었을 것이다. 이러한 부정한 짝짓기는 여성에게는 (자손에게 품질이 더 뛰어난 유전자를 전달해주거나 추가적인 자원을 획득하는 등) 이득이 될 수 있지만, 다른 남성의 후손에게 시간과 자원을 투자할 위험을—진화론적으로 해로운 이타심의 한 형태를—감수해야 하는 남성에게는 불리할 수밖에 없었다. 나는 이것을 '디컨의 딜레마'라고 부르고자 한다. 익명성이 커지고 성원이 늘어난 신석기시대 정착지의 방대한 공동체에서 이 딜레마가 미치는 방해와 파괴의 정도는 무한정 늘어갔을 것이다.

8장에서 살펴보았다시피, 디컨은 그 해결책으로 인간이 언어에 기반을 둔 공식적인 혼인 계약을 진화시켰다는 주장을 제기했다. 이 계약 방식으로 우리는 '임자 있음'을 표시할 수 있었고, 배우자를 독점할 수 있었다. 혼인 계약과 결혼반지 같은 공식적인 표시가 부정(不貞)을 방지할 수 있는지는 여전히 논란이 많지만(분명히 그 대답은 '아니오'일 테지만), 인간은 일반적으로 이런 방식으로 혼인을 널리 알리고, 비록 완벽하진 않지만 어느 정도 부정 억지 효과를 얻는지도 모른다. 하지만 우리가 지금 이 시점에서 고려해야 할 보다 중요한 점은 디컨이 주장하려는 핵심이다. 특히 작은 규모의 사회에서 커플이 깨지고 제3자가 끼어들 때, 성적 경쟁과 질투는 혼인 당사자 수준에서는 물론이고 더 넓게는 공동체 전체의 수준에서 매우 파괴적인 힘이 될 수 있다는 것이다. 문화적 수단을 동원하여 어느 정도 질투의 수준을 통제하고 개선할 수 있겠지만, 절대 완벽한 해결책은 될 수 없다. 의심의 초록 안개가 문화라는 그물코 틈새로 꾸준히 새어 나온 후에는 필연적으로 분노로 눈멀게 하는 붉은 안개가 뒤따르기 마련이다. 19세기 미국의 수많은 유토피아 종파(대표적으로 셰이커 교)가 신도끼리 성행위를 금지한 동기는 단순히 여성의 정절을 지키기 위함이 아니라 부정에 내재된 파괴적 효과를 직관적으로 이해했기 때문일 것이다.

또다시 해묵은 질문이 고개를 든다. 과연 인간은 일부일처 혼 동물일까, 아니면 일부다처 혼 동물일까? 이 질문에 대해 그간 거론된 모든 애매모호한 주장을 곱씹고 싶지는 않다. 왜냐하면 그런 주장은 대부분 요점을 완전히 헛짚었기 때문이다. 일부일처 혼을 선택하든 일부다처 혼을 선택하든 (물론 또는 일처다부 혼을 선택하든) 상관없이, 인간은 '암수 한 쌍' 짝짓기 관계를 맺는다. 다른 말로 표현하면, 로맨틱한 관계가 반드시 혼인 시스템에 좌우되지 않는다는 말이다.[5] 혼인 시스템은 상황에 따라 바뀔 수 있는 것처럼 보인다. 대개는 지역의 경제와 문화적 전통에 따라 달라진다.

그렇긴 해도 의무적 일부일처 혼 영장류와 일부다처 혼 영장류를 구별하는 모든 해부학적 지표를 기준으로 보면, 인간은 어쩔 수 없이—논쟁의 당사자에게는 좀 불편하게 들릴지 모르겠으나—이 둘이 만나는, 정확히 한가운데에 있다. 4장에서 우리는 일부다처 혼 유인원 종과 난혼 유인원 종의 (임신 기간에 체내의 테스토스테론 농도를 반영하는) 검지 대 약지의 비율이 낮다는 사실을 확인했다. 반면 긴팔원숭이처럼 의무적 일부일처 혼을 따르는 종은 검지와 약지 길이가 거의 똑같다. 현생인류는 정확히 이 둘의 중간값을 가진다(그림 4.5). 체중에서 나타나는 성적 이형태성도 마찬가지다. 우리는 성적 이형태성이 그다지 심하지 않다. 남성이 여성보다 8%가량 키가 더 크고, 체중은 약 20%가량 더 나가는 정도다. 이형태성이 매우 적은 일부일처 혼 긴팔원숭이 종과 개코원숭이나 대형 유인원처럼 (수컷이 암컷보다 적게는 50%에서 많게는 100%나 체중이 더 나가는) 이형태성이 매우 큰 일부다처 혼 종의 거의 중간쯤에 우리가 있다. 고환의 상대적인 크기 역시 영장류에서는 혼인 시스템을 보여주는 해부학적 지표로 이용된다. 침팬지처럼 일부다처 혼을 따르는 종의 수컷은 체격보다 매우 큰 고환을 가진 반면, 긴팔원숭이처럼 일부일처 혼을 따르는 종과 고릴라처럼 하렘을 형성하는 종의 수컷은 고환이 매우 작다.[6] 물론 이번에도 인간은 이 두 극단의 중간 어디쯤, 일부다처 혼의 기미가 약간 보일 듯한 모호한 자리에 앉아 있다. 각설하고, 우리가 현생인류에 관해 설명해야 할 부분은 일부일처 혼이 아니라 일 대 일로 맺어지는 로맨틱한 관계다. 사회인류학자가 들으면 인상을 찌푸리겠지만, 어쨌든 로맨틱한 관계는 인간 문화 전반에서 보편적으로 나타나는 '사실'이기 때문이다.[7]

그렇다면 일 대 일 짝짓기, 즉 일부일처 혼은 어떤 이유에서 진화했을까? 2장에서 우리는 영장류의 일부일처 혼 진화를 설명하는 세 가지 가설을 살펴보았다. 그중 단 하나의 가설만이 (영아살해 위험) 확실한 근거를 가졌다. 영장류 암컷에게 일부일처 혼은 수컷들의 괴롭힘을 줄이려는 기제로 선택되었는데, 이것이 바로 '살인청부업자(또는 보디가드)' 가설'이다. 간혹 어떤 경우에는, 고릴라를 예로 들면 암컷 몇 마리가 수컷 한 마리를 중심으로 모여 일종의 일부다처 혼 시스템을 유지한다. 하지만 대부분의 경우 암컷들은 각기 다른 수컷과 짝을 이루어 완전한 암수 한 쌍을 이룬다.

호미닌 종들에 대해서, 우리는 단 두 가지 가설만 대조하는 것으로 문제를 단순화할 수 있다. 양친 양육과 영아살해 위험이다. 세 번째 (암컷이 너무 넓은 영역에 분산되어 있어서 수컷이 동시에 여러 암컷을 방어할 수 없기 때문에 일부일처 혼을 택할 수밖에 없었다는) 가설은 인간에게 적용되지 않는다. 왜냐하면 인간 여성은 혼자서 개인적인 영역을 갖지 않기 때문이다. 지금까지 살펴본 바로, 호미닌 진화 역사에서 여성은 거의 개인적인 영역을 가진 적이 없었다.[8] 인간 여성은 확실히 사회적이고 언제나 무리 지어 생활한다. 생물학자, 인류학자, 고고학자 할 것 없이 모두 현생인류에게 나타난 일 대 일 짝짓기 관계는 양친 양육을 위해 진화했다고 추측한다. 이런 추측은 대개 현대 사회에서도 아버지가 어느 정도 양육을 분담한다는—더 구체적으로 말하면 배우자와 자녀를 먹이기 위해 사냥한다는—사실에 근거를 둔다. 하지만 직접 선택된 형질과 형질이 자리 잡은 후 열린 기회를 통해 나중에 나타난 특징 사이에는 중요한 차이가 있다. 2장에서 살펴보았듯, 영장류의 양친 양육은 (더 정확히 아버지 양육은) 예외 없이 암수 한 쌍 짝짓기 '이후'에 진화했다. 이런 상황이 인간의 경우라고 해서 달라졌을 것이라고 가정할 만한 실질적인 근거는 전혀 없다.

더욱 중요한 사실은, 인류학자 크리스틴 호크스(Kristen Hawkes)가 지적했듯, 수렵-채집 집단의 남성이 가족에게 음식을 공급하는 행위를 양육으로 보기는 어렵다. 때때로 그러기도 하지만, 적어도 양육처럼 보이는 그런 (말하자면, 큰 동물을 사냥하는 등의) 활동은 배우자의 환심을 사기 위한 행위다.[9] 물론 그녀의 주장에 대해서는 지금까지도 논란이 계속되고 있지만, 남성이 아버지 양육을 했다는 증거들은 몹시 드물 뿐 아니라, 확신은 고사하고 설득력 있게라도 보이려면 적잖은 편집이 필요하다. 남성은 양친 양육을 회피할 수만 있다면, 백이면 백 거의 회피한다. 수렵-채집 사회라고 다를 리 없다. 일례로 바카 피그미(Baka pygmies) 족 남성은 훌륭한 사냥꾼이지만 자녀 양육에는 손을 보탤 생각도 안 한다. 왜냐하면 그들은 가정에 별로 보탬이 안 될 때조차도 자신들이 부인에게 아주 매력적인 존재라고 확신하기 때문이다. 일부일처 혼을 따르는 원숭이와 대형 유인원의 경우와 마찬가지로, 아버지 양육은 남성이 일부일처 혼으로 짝을 맺은 '이후'에 진화했을 가능성이 크다. 성공적인 양육이든 후손의 품질이든 혹은 그 둘 다이든, 이득을 얻기 위해서는 양육에 약간의 기여를 하는 것이 짝을 맺은 남성에게 가치 있기 때문이다.

현생인류 아기를 양육하는 데 실제로 두 명의 어른이 필요했다면, 크리스틴 호크스가 주장한 것처럼 아마 그 역할은 할머니가 맡았다는 것이 훨씬 더 설득력 있을 것이다. 우리를 포함하여 거의 모든 문화권에서 할머니는 딸이 자녀를 양육하는 데 상당히 깊이 관여한다. 물론 약간의 차이는 있지만, 포괄적으로 말해서 어머니의 어머니, 즉 외할머니가 친할머니나 아버지보다 양친 양육에 더 많은 기여를 한다는―단 외할머니가 너무 먼 곳에 살지 않는다는 전제로―사실을 보여주는 증거는 명백하다. 심지어 오늘날 산업화된 사회에서도 45세에서 50세 정도가 되면 여성의 관심은 자연스럽게 배우자에게서 (특히) 딸(들)에게로 옮겨간다. 그 나이쯤 되면 딸들이 생식연령에 접어든다. 이런 사실은 전화 통화 패턴 분석으로도 입증되었다. 할머니 양육은 아마 매우 늦게 진화했을 것이다. 왜냐하면 화석 증거로 보면, 해부학적 현생인류에 이르러서야 비로소 할머니가 될 때까지 생존한 개인의 수가 현저히 증가하기 때문이다. 오스트랄로피테쿠스에서 네안데르탈인까지를 통틀어 여성이 할머니가 될 때까지 충분히 오래 살았다는 증거는 거의 없다.

할머니 양육은 인간 여성이─포유류 중에서도 유일하게─폐경기(45세에서 50세 즈음 생식 능력이 종결되는 현상)를 겪는 이유를 설명해준다. 장수하는 다른 종(코끼리와 침팬지 같은)도 폐경기를 경험한다는 다소 설득력 없는 주장도 제기되지만, 성인기가 중반에 이르렀을 때 생식이 완전히 종결되는 종은 우리가 유일하다.[10] 만약 여성이 폐경기가 없다면, 자신의 생식에서 딸의 생식으로 관심을 바꾸지 못하고 결국 성인기 내내 자신이 낳은 막내 자녀를 돌볼 것이다. 자손에 대한 부모의 양육은 매우 장기적이고 비용이 많이 드는 투자다. 물론 그래서 부모 중 한 사람, 또는 두 사람이 모두 일찍 사망한 자녀는 상대적으로 매우 불리하다.

이처럼 일 대 일 짝짓기 관계는 양성 모두에게 이득인 것처럼 보인다. 여성은 위험을 줄일 수 있고, 남성은 경쟁자로부터 많은 여성을 방어할 필요 없이 적어도 한 명의 여성을 독점할 수 있으니 말이다. 물론 후자의 경우는 여성들이 너무 멀찍이 떨어져 있어서 한 명 이상의 여성을 방어할 수 없어서라기보다 경쟁자로부터 침범당할 위험이 매우 큰 상황에서 얻는 이점이다. 이제 남은 것은 집요하게 따라다니는 영아살해 위험이다. 광범위한 수렵-채집인 사회에서, 다른 남성의 아내를 (그 남편이 사망했거나 무리에서 이탈했기 때문에) 획득한 남성은 전 남편의 어린아이를 살해할 것이다. 심지어 오늘날의 사회에서도 의붓자식은 생물학적 친자와 차별대우를 받는 일이 비일비재하다. 특히 계부에게 학대받거나 심한 경우 살해당할 위험도 매우 크다.

남녀 한 쌍 짝짓기는 언제부터 진화했을까? ──

이것이 우리에게 남은 마지막 질문이다. 정확히 언제부터 호미닌 혈통에서 남녀 한 쌍 짝짓기가 시작되었을까? 앞에서 살펴본 것처럼, 지금까지 일부일처 혼이 (이것이 진정한 남녀 한 쌍 짝짓기였을지도 의문이지만) 상당히 일찍부터, 어쩌면 오스트랄로피테쿠스 시절부터 진화했으리라는 주장을 하기 위한 시도가 몇 차례 있었다. 하지만 우리가 4장에서 결론을 내렸다시피, 오스트랄로피테쿠스가 어떤 형식으로든 일부일처 혼 시스템을 가졌을 가능성은 별로 없어 보인다.

　일부일처 혼이 (그리고 남녀 한 쌍 짝짓기가) 영아살해 위험의 맥락에서 등장했으리라는 우리의 결론을 전제로 한다면, 일부다처 혼을 대체해야 할 만큼 이 위험이 극도로 치달아간 시점을 밝힐 수 있을까? 가장 현실적인 채집 무리의 규모를 고려해보면, 호미닌 종들이 겪었을 영아살해 위험의 수준을 밝힐 약간의 실마리를 얻을 수 있다. 왜냐하면 한 채집 무리 안에 여러 명의 남성이 있는 경우 영아살해 위험은 더 커질 수 있기 때문이다. 유인원과 야생 염소의 짝짓기 전략을 연구하기 위해 내가 개발한 일련의 수학적 모델을 여기에 적용하면, 남성이 (임의의 여성 채집 집단 한 무리와 함께 머무르는) 사회적 행동을 택할지 아니면 (임의의 집단에서 여성과 짝짓기를 한 후에 생식기 여성이 있는 다른 집단으로 이동하는) 방랑형 일부다처 혼의 형식을 택할지를 결정하는 데 영향을 미치는 결정적인 변수는 한 채집 집단의 여성 수다. 이런 상관관계는 여성의 전형적인 생식 주기(성공적 출산 사이의 간격)와 한 서식지의 여성 채집 집단의 밀도, 남성의 채집 패턴(하루에 남성이 자력으로 채집활동을 할 수 있는 면적)에도 영향을 받지만, 중요한 변수는 여성이 얼마나 드물게 분포해 있느냐다.

그림 9.5는 다양한 대형 유인원 집단과 인간 수렵-채집인 집단 하나를 대상으로, 두 가지 전략의 (사회형 대 방랑형 행동) 수익 비율에 대해 사회적 행동을 택한 (언제라도 한 여성 집단과 함께 머무는) 남성 비율을 계산하여 그림으로 나타낸 것이다. 침팬지와 오랑우탄 같은 종은, 암컷이 아주 작은 규모의 채집 무리를 형성하거나 아니면 독자적으로 채집활동을 한다. 이런 경우 수컷은 사회적 행동을 택하지 않는다. 당연히 일부일처 혼을 택하지도 않을 것이다. 이 종의 수컷은 대부분 짝짓기 할 다른 암컷을 찾아서 방랑하기를 선호한다. 하지만 (고릴라와 인간 수렵-채집 집단처럼) 여성 채집 집단의 규모가 크고 남성이 여성 집단을 발견할 기회가 적으면, 남성은 늘 사회형을 택한다. 일단 남성이 사회형을 택하고, 여성 채집 집단의 규모가 여러 명의 남성을 매혹할 만큼 아주 크다면, 디컨의 딜레마가 또다시 그 흉한 얼굴을 쳐든다.

오스트랄로피테쿠스의 뇌가 침팬지의 뇌보다 별로 크지 않았고(그리고 임신과 수유 패턴도 비슷했고), 그에 따라 오스트랄로피테쿠스 집단이 침팬지와 비슷한 규모의 채집 무리를 형성했다고 가정한다면, 영

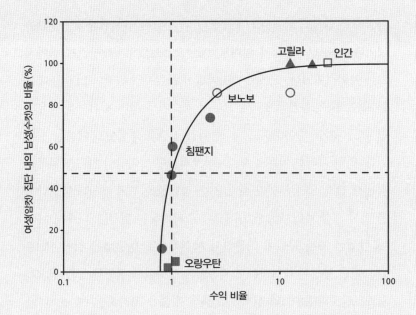

그림 9.5

유인원 수컷의 짝짓기 전략 모델 (암컷 채집 집단 한 무리와 영구적으로 머무는 사회형 대 방랑형).
두 전략의 수익 비율에 대해 각 표본 집단 내의 암컷 집단과 관련을 맺는 수컷의 비율을 나타
낸 것이다. 사회형 수컷의 수익은 함께 머무는 집단의 암컷 수로 나타냈다(실제로는 암컷 집단
의 평균 크기다). 방랑형 수컷의 수익은 수컷이 매일 활동할 수 있는 면적, 즉 암컷 집단의 규모
와 밀도로 결정된다. 그리고 수컷이 찾아낸 임의의 암컷이 생식기에 접어들었을 가능성에도 좌
우된다. 수익이 1일 때 두 전략은 동등하고, 1보다 클 때는 사회형이, 1보다 작을 때는 방랑형
이 나타난다. 대체로 중간을 지나 오른쪽으로 편중되어 (수익이 같을 때는 수컷이 암컷 집단에 머
물지 떠날지 마음을 잡지 못하고) 있는데, 이는 최적의 채집 모델에서와 똑같은 행동이다. 인간의
경우는 !쿵 산 족 집단을 표본으로 삼았다. 이 모델의 전반적인 세부 사항은 1998년에 실시한
나의 연구에서 빌려왔다. Redrawn from Dunbar(2000)

아살해 위험에도 침팬지보다 특별히 더 민감하거나 취약하지 않았을 것이다. 하지만 4장에서 살펴보았듯, 오스트랄로피테쿠스는 침팬지보다 사회적이었다. 숲에서 벗어나면서 포식자의 위험이 커졌기 때문일 수도 있고, 부분적으로는 그들이 호숫가나 강변 서식지를 점유하면서 포식자를 방어하려고 더 큰 채집 집단을 형성했기 때문일 수도 있다. 만약 이러한 이유로 오스트랄로피테쿠스 여성이 현재 전형적인 침팬지 암컷 집단보다 열 배가량 큰 집단을 이루고 살았다면,[11] 남성은 필시 지금 우리가 보노보 집단에서 관찰하는 것처럼, 다수의 여성이 형성한 채집 무리에 머물면서 사회적으로 행동했을 것이다(그림 9.5). 이런 양상은 불가피하게 괴롭힘과 영아살해 위험을 증가시킨다. 오스트랄로피테쿠스의 성적 이형태성 수준을 고려하면(4장 참고), 난혼이나 하렘 기반의 짝짓기 전략을 따랐을 가능성이 가장 크다. 특히 하렘 기반의 짝짓기 전략은 영아살해 위험이 아주 큰 경우의 선택지였을 것이다.

초기 호모 종의 출현과 더불어 공동체 규모도 약간 더 커졌고, 무엇보다 유목생활 방식이 더 보편화되면서 맹수를 방어하기 위해 채집 집단의 규모 역시 더 커졌을 것이다. 하지만 이러한 집단 규모의 변화는 그리 대단하지 않았을 것이다. 설령 커진 뇌로 인해 임신 기간이 약간 늘어났을지라도 그렇다고 영아살해 위험이 현저히 증가했다고 볼 수는 없다. 지금까지 가장 큰 변화는 하이델베르겐시스의 출현과 동시에 일어났을 확률이 높다. 50%나 증가한 공동체 규모는(그에 따라 남성의 수도 증가했기 때문에) 여성에 대한 괴롭힘이나 영아살해 위험을 극적으로 높였을 것이다. 이런 위험은 뇌 크기의 급격한 증가 때문에 출산 사이 간격이 매우 길어지면서 더욱 악화되었을 것이다. 이 시점에서 여성에게는 방어를 위해 한 남성에게 밀착하는 소위 '살인청부업자' 전략이 상당히 유익했다. 심지어 오늘날의 사회에서도 여성이 남성 한 명과(가령 보디가드와) 동행하는 경우, 공공장소에서 다른 남성에게 괴롭힘을 당하는 위험은 급격하게 줄어든다. 하지만 6장에서 살펴본 것처럼, 해부학적 증거와 유전적 자료에 따르면, 오히려 고인류는 일부다처 혼을 따랐다. 어쩌면 고릴라와 비슷한 하렘을 형성했을 수도 있다.[12] 만약 남성이 양친 양육에 많은 힘을 보태지 않았다면(실제로 남성이 양친 양육에 가담했다는 해부학적 증거도 없지만), 여성들은 한 남성의 보호 이점을 공유하는 것에 굳이 반대하지 않았을 것이다.

현생인류의 출현과 함께 이 문제는 더 악화되었을 것이다. 공동체 규모가 (그와 더불어 야영 집단의 규모도) 유례없이 더 큰 폭으로 증가했기 때문이다. 여성에 대한 접근권을 독점하기 위해 더 많은 남성이 서로 경쟁해야 하는 상황은 지배적인 남성에게 한층 더 큰 압박을 가했을 것이다. 보구슬라브 파블로브스키와 내가 몇 년 전에 입증했듯, 난혼 짝짓기 전략을 따르는 영장류에서 한 집단 안에 네 마리 이상의 다른 수컷이 있는 경우, 수컷은 암컷에 대한 짝짓기 권한을 독점할 수 없다. 임의의 암컷 한 마리와 짝짓기를 하려고 신경을 쓰는 동안 경쟁 수컷이 다른 암컷을 빼앗을 수 있기 때문이다. 이런 상황에서 수컷은 모든 암컷에 대한 접근권을 독점하기보다 한 번에 한 마리의 암컷을 차지하며 난혼 짝짓기 전략을 취한다.[13] 달리 표현하면, 가까운 거리에 경쟁 수컷의 수가 늘어나고 한 번에 한 마리의 암컷만 호위할 수 있을 때는, (개코원숭이와 침팬지의 '배타적 교제'에서 드러나는) 일시적 암수 한 쌍 짝짓기가 자연스럽게 출현한다. 만약 어쩌다 어떤 암컷이 수컷 한 마리와 좀 더 영구적인 짝을 이룬다면, 적어도 이것이 영구적인 암수 한 쌍 짝짓기로의 전환점은 될 수 있었을 것이다. 그때부터 수컷은 짝을 이룬 암컷의 후손을 위해서 발정기 동안에만 집중되었던 자신의 사회적 관심을 점점 더 전폭적으로 자기 암컷에게 쏟았을 것이다. 인간 여성들이 그러듯, 월경 주기와 성적 행위의 분리는 (영장류 중에서는 보노보와 마모셋원숭이에게서만 드물게 나타난다) 짝을 이룬 쌍들에게 거의 지속적인 섹스를 가능케 함으로써 이 전환을 유리하게 했을 것이다.

그림 4.5는 현존하는 유인원과 인간의 자료와 견준 호미닌 종들의 검지 대 약지 비율을 나타낸 것이다. 초기 호모 종의 자료는 없지만, 다섯 명의 네안데르탈인과 고인류 한 명의 검지 대 약지 비율은 하렘 기반의 짝짓기 시스템을 따르는 고릴라의 비율과 전혀 다르게 현생인류 범위의 하위 범주에 속해 있다. 현생인류를 포함하여 어떤 호미닌 종도, 개코원숭이와 같은 의무적 일부일처 혼을 따르는 종의 검지 대 약지 비율과 비슷한 패턴을 보이지 않는다. 모든 점을 종합해 볼 때, 호미닌 종의 짝짓기 시스템은 주로 일부다처 혼(또는 하렘 기반이었거나 난혼)이었다. 다만 현생인류에 이르러서 보답성 남녀 한 쌍 짝짓기 형태가 우세하게 나타났을 것이다.

스페인 북부의 엘 시드론(El Sidrón) 유적지에서 출토된 (한꺼번에 매장되었을 것으로 추정되는) 12구의 네안데르탈인 유골의 mtDNA를 분석한 결과는 네안데르탈인이 일부다처 혼을 따랐다는 다소 확증적인 증거를 보여준다. 이 표본 집단 가운데 세 명의 남성이 같은 mtDNA 혈통에 속했지만, 완전히 성숙한 세 명의 여성은 혈통이 제각기 달랐다. 이것은 모든 대형 유인원에서 발견되는 것과 유사한 '부계 거주 방식'을 따랐음을 암시한다. 부계 거주 방식이란 이웃 집단의 여성이 짝을 이룬 남성의 혈족과 함께 거주하는 일종의 시집살이를 의미한다. 현생인류도 일부일처 혼의 경우 거의 한결같이 쌍방이 각자의 혈통에서 분리되어 거주한 반면, 일부다처 혼의 경우에는 대부분 부계 거주 방식을 따랐다. 따라서 네안데르탈인이 일부다처 혼을 따랐으리라는 추측이 가장 안전할 것이다. 검지 대 약지 비율 역시 네안데르탈인이 현생인류의 일부다처 혼보다는 고릴라의 일부다처 혼에 더 가깝다는 사실을 뒷받침한다.

　모든 해부학적 지표에서 현생인류의 자료가 특히 더 다의성이 짙은 까닭은 어쩌면 인간의 짝짓기 전략이 매우 다양했음을 반영하는 것인지도 모른다. 바꾸어 말하면, 지금까지의 모든 인간은 동일한 전략을 따르지 않았다는 의미다. 진화심리학자들은 이러한 현상을 행위적 측면에서 '나쁜 남자 대 아버지'라는 용어로 표현한다. 어떤 집단에서건, 남성 중 일부는 비교적 일부일처주의를 옹호하고 자녀에게 아낌없이 투자하는 (아버지인) 반면, 일부는 일부다처주의 성향이 강하고 자녀에게 투자하지 않는다(나쁜 남자다). 이 특징은 몇 해 전에 대니얼 페루세(Daniel Perusse)가 퀘벡 주 남성을 대상으로 벌인 연구에서도 멋지게 증명되었다. 그는 남성이 행동 유형에 따라 두 범주로 나뉜다는 사실을 발견했다. 거의 (최소한 장기적인 관계를 유지하는) 일부일처 혼을 따르는 집단과 유희 삼아 연애를 즐기는 집단의 비율은 대략 2:1이었다.[14] 최근 스웨덴에서 실시한 쌍둥이 연구에서는 남성의 남녀 한 쌍 짝짓기 성향과 관련 있는 바소프레신(vasopressin, 신경뇌하수체 호르몬의 일종) 수용 유전자를 검사했는데, 약 25%의 남성이 이 유전자에 대한 대립형질을 가지고 있었다. 쉽게 말하면 상대를 가리지 않는 난혼 성향이 강한 남성이 25%나 된다는 의미다. 마찬가지로, 라파엘 윌로다르스키(Rafael Wlodarski)와 내가 실시했던 검지 대 약지 비율 분석과 성관계에 관한 심리적 선호도 검사에서도[15] 남성의 일부일처 혼 성향과 난혼 성향은 약 45:55로 비등하다. 여성의 경우도 그 비율은 비슷하지만 앞뒤가 바뀐 비율로 나타난다. 비록 표본 집단 사이에서도 두 표현형의 비율이 약간씩 차이가 있었지만, 포괄적으로 모든 결과를 종합하면 인간은 (언뜻 보기에는 양성 모두) 성관계 표현형에 따라 크게 두 범주로 갈린다. (설령 모두가 로맨틱한 애정을 경험할지라도) 장기적 관계에 투자하는 쪽과 하지 않는 쪽이다. 더욱 흥미로운 점은 쌍둥이 연구와 검지 대 약지 비율 분석으로 짐작건대, 이런 표현형이 유전적 기반을 갖는다는 사실이다. 물론 문화적 영향에 따라 그런 성향이 겉으로 드러나는 정도에서는 차이가 있겠지만 말이다.

　지금까지의 모든 정황을 종합해 보면, 호미닌 종들은 진화 역사의 거의 전반에 걸쳐 유인원과 비슷한 일부다처 짝짓기 시스템을 따랐을 것이다. 물론 이를 뒷받침하는 강력한 증거도 있다. 일부일처 혼이 진화했다고 해도, 그것은 현생인류에 이르러서부터 시작되었을 것이다. 물론 그때도 완전한 일부일처 혼의 형태를 띠거나 종 전체의 특징으로 결정될 만큼 보편적이지는 않았을 것이다. 일부일처 혼 표현형 대 난혼 표현형이 거의 비슷한 수준인 것으로 미루어보아, 인간은 양성 모두 다양한 형태의 짝짓기가 가능하다. 남녀 한 쌍 짝짓기와 난혼 짝짓기 시스템 사이의 차이점을 기준으로 고릴라와 침팬지(그리고 오랑우탄)의 자료를 대조하면, 적어도 고인류에서 (심지어 초기 호모 종들까지) 줄곧 고릴라와 유사하게 가짜-암수 한 쌍 짝짓기를 표방한 일부다처 혼의 형태를 유지하다가 현생인류에 이르러서 (의무적인 일부일처혼과는 약간 거리가 있지만) 보다 강력한 남녀 한 쌍 짝짓기 시스템이 우세하게 되었다는 사실을 알 수 있다.

인간 진화의 역사를 관통하는 우리의 대서사시는 그간의 진부한 설명이 선호하던 뼈와 돌보다는 인지적이고 사회적인 측면에 초점을 맞춘 것이다. 그 까닭은, 우리가 어떻게 마침내 인간이 되었느냐는 질문이 결국은 다른 유인원과 우리를 실질적으로 다르게 만들어준 인지적이고 사회적인 특징에 관한 질문이기 때문이다. 그 점에서 이 이야기의 첫 번째 전환점을 만든 오스트랄로피테쿠스는 사실 두 발 보행을 한 과도기적 유인원에 지나지 않는다. 이 고대 유인원 무리에서 현생인류로의 진화는 초기 호모 종이 출현한 후에도 무려 200만 년이라는 시간을 쏟아 부어야 했던 기나긴 여정이었다. 비록 두 발 보행이 현생인류의 등장에 중대한 역할을 한 것은 분명하지만(그 덕분에 훗날 웃기와 뒤이어 말하기에도 결정적인 역할을 했던 호흡 조절 방식을 획득했지만), 이 사실만으로 오스트랄로피테쿠스가 다른 대형 유인원보다 월등했다고 장담할 수는 없다. 그들은 모든 생태학적 방산과 마찬가지로 한 가지 주제로 다양한 시도를 했던 훌륭한 진화 실험자였다. 물론 그중

에는 매우 성공적인 시도도 있었지만(무엇보다 마침내 우리를 탄생시켰으니까!), 다른 면에서는 특기할 만한 게 별로 없다.

우리가 어떻게 지금의 우리가 되었는지, 그 진짜 이야기는 최초 호모 종의 출현과 동시에 시작한다. 최초 호모 종은 흔히 말하기로는 호모 에르가스테르이지만, 때로는 그들과 가까웠고 단명했던 전임자(호모 루돌펜시스와 호모 가우텐겐시스)를 거론하기도 한다. 그때부터 인간은 공동체 규모를 끊임없이 늘리도록 몰아가는 환경적 요인의 제약에서 시간 예산과 끊임없는 사투를 벌이면서 지금까지 왔다. 처음에는 맹수로부터 방어하기 위해서였지만, 나중에는 제한적인 자원에 접근하기 위한 교역 관계망을 유지하고, 동종의 습격을 방어하는 대책 마련을 위해서 인간은 공동체 규모를 꾸준히 늘렸다.

인간 진화의 이야기는 사회적 유대감 형성과 커진 몸과 뇌에 필요한 영양을 공급하는 문제를 해결하는 참신하고 효과적인 방법을 찾아야 한다는 압박감에 적응하는 여정이었다. 때에 따라서 우리는 이 여정을 일련의 단계로 구분하여 보지만(때로는 정말 진화적으로 급격한 변화를 일으킨 극적인 단계도 있었지만), 실제로는 특정한 방향을 향해 아주 느리게, 아주 조금씩 꾸준히 나아간 변화였다. 하지만 결국, 지금의 우리를 만든 것은 호미닌의 생리적, 사회적, 인지적 기본 설계도를 조금씩 수정해 나가면서 획득한 일련의 적응이었다. 물론 오늘날 과학과 예술을 우리에게 선사한 것은 인지적 변화였지만, 인간의 관계가 다채로운 실로 촘촘히 짜인 태피스트리처럼 풍성해진 까닭은 생리적 변화와 사회적 변화 그리고 인지적 변화가 조화를 이루었기 때문일 것이다.

주

1

1 유인원의 경우 대퇴골이 골반과 연결된 관절에서 똑바로 뻗어 있다. 그래서 두 발로 걸을 때는 균형을 유지하기 위해 땅을 디디는 쪽으로 몸이 기울어 뒤뚱뒤뚱 걷게 된다. 호미닌의 경우에는 대퇴골의 각도가 외반슬 자세를 취하기 편해 어떤 다리를 땅에 딛든지 무릎 위의 상체가 무게 중심 역할을 할 수 있다.

2 미토콘드리아는 일종의 미세 발전소로, 세포가 기능을 유지할 수 있도록 에너지를 공급하는 세포 내 기관이다. 미토콘드리아는 자체적으로 DNA를 갖고 있는데, 이 DNA는 우리의 몸을 만드는 일반적인 세포핵 DNA와는 다르다. 미토콘드리아는 세포핵(우리를 지금처럼 만들어준 DNA가 존재하는 곳)을 둘러싸고 있는 세포질의 구성 성분이기 때문에 오직 모계 혈통을 통해서만 유전된다(정자는 세포질이 없고 오직 세포핵으로만 이루어져 있기 때문이다). 미토콘드리아는 본래 지구에 생명이 진화하기 시작한 초기에, 다세포 생물 속으로 침입한 독립생활 박테리아였다. 숙주 세포들의 자비로 그들의 몸속에서 매우 성공적으로 생존하고 번식하면서 훌륭한 공생관계를 형성했다.

3 인간이 아메리카 대륙에 발을 디딘 것은 훨씬 나중(약 1만 6000년 전)의 일이다. 아마도 베링 해협을 걸어서 건넜을 테고, 건너자마자 북아메리카 전역으로 급속히 퍼져나가, 남아메리카로까지 영토를 넓혔을 것이다. 이런 이주 행렬은 세 차례에 걸쳐 이어졌을 것으로 보인다(에스키모는 그 세 번째 행렬이자 마지막 행렬이었다). 최근 북아메리카 침범이 그보다 더 일렀다는 도발적인 주장이 제기되기도 했다. 약 2만 년 전 유럽에서 북극의 유빙(pack ice)을 타고 대서양을 건너온 솔류트레(Solutrean) 문화권 사람들이 바로 미국 남부와 동부의 수수께끼 같은 클로비스(Clovis) 집단의 기원

이라는 것이다(〈Atlantic Hypothesis : Stanford and Bradley 2002〉). 클로비스 집단은 훗날 시베리아 침략자들에게 몰살당했거나(클로비스 집단의 유전적 흔적이 전혀 남아 있지 않기 때문이다) 아니면 그들에게 흡수되었을 것으로 추정된다. 당연한 말이지만, 솔류트레 가설은 엄청난 논쟁을 불러왔다.

4 이 대양 사이로 난 해구는 생물학적으로도 매우 중대하다. 해구 양편 모두에 서식하는 몇 종의 새들 외에도, 이 해구를 기준으로 동물상은 오스트레일리아와 아시아(나머지 세상을 포함하여), 크게 둘로 갈라진다. 현대 진화론의 공동 발견자인 앨프레드 러셀 월리스(Alfred Russel Wallace)의 이름을 따서 이 해구를 월리스 라인(Wallace Line)이라고 부른다.

5 비록 인류학이 기술적으로는 '인간의 학문'이라는 의미지만, 인류학자들은 대개 스스로 인간 사회 전반에 걸친 문화적 다양성을 연구하는 학자쯤으로 여긴다. 이런 맥락에서 '팬스로폴로지'라는 용어를 해석하면, 유인원들에서 발견되는 문화를 연구하는 학문쯤 되겠다.

6 '가상을 초월한'이라는 표현을 쓴 까닭은, 정신세계가 엄밀한 의미로 가상의 세계이긴 하지만 사람들 대부분이 그런 세계가 존재한다고 믿기 때문이다.

7 이 그림의 기반이 된 자료와 이 그림을 기반으로 다음에 이어지는 모든 그래프의 자료는 드 미구엘(De Miguel)과 헤네버그(Heneberg)가 2001년 발표한 측정치들에 기반을 둔 것이다. 고생물학자들은 누구의 데이터가 최고고, 누구의 것이 가장 정확한지를 두고 앞으로도 계속 의견이 달리 할 것이다. 하지만 실제로 그 차이는 그리 대단하지 않다. 따라서 우리는 앞으로도 드 미구엘과 헤네버그의 데이터를 근거로 삼을 것이다.

8 '아날로그'라고 한 까닭은 생태적으로나 분류학적으로 어느 정도 비슷한 경우, 현존하는 종이 화석 종에 대해 합리적인 상사 관계를 보인다는 추측을 전제로 하기 때문이다.

9 여기서 말하는 발바닥은 걸을 때 땅과 접촉하는 발의 부분 전체를 말한다. 인간의 경우, 영장류 중에서 유일하게 겉으로 드러난 발가락이 전체 발가락 길이의 절반에 해당한다. 즉 나머지 절반은 발 속에 있다. 나머지 영장류들은 발도 손과 비슷하게 나뭇가지를 잡기 편하게 생겼다. 인간의 편평한 발바닥은, 특히 성큼성큼 걷기에 유리하게 설계되었다.

2

1 그루에터(Grueter) 외 몇몇은 2013년 그루밍 시간이 집단의 규모가 아니라 영장류의
  육상성에 좌우되며, 따라서 사회성이 아니라 위생에 대한 요구를 반영하는 것이라고
  주장했다. 하지만 안타깝게도 그들의 분석은 상당히 괴상한 오해들에 근거를 두고 있
  기 때문에, 굳이 지면을 할애할 마음은 없다. 다만 그들의 데이터에 따라 구세계 원숭
  이와 유인원의 육상성과 그루밍 시간만을 떼어놓고 봤을 때는 그림 2.1의 관계대로
  나타난다. 그루밍이 털을 청결하게 해주고 파편이나 기생동물을 제거해준다는 데 대
  해서는 이견이 없다. 중요한 것은 그루밍이 사회적 관계에 어떤 역할을 하느냐다.

2 이 연구는 영장류 계통도—65만 년 전 또는 100만 년 전 공통조상에서 현존하는 종
  에 이르기까지 유전적 연관성을 보이는 영장류의 계통수—를 통틀어 여러 흥미로운
  변수들을 감안하여 조상들의 상황을 재구성하고, 현재의 종에 이르는 다양한 진화
  경로에서 일어났던 상황 전환들의 순서를 조사했던 연구다. 행동이나 사회 구조에서
  전환이 일어나기 위해서는 행동에 영향을 미칠만한 선택압의 변화가 선행되어야 한
  다. 이 연구에서 주로 이용되는 통계적 방법은 베이즈 통계학(Bayesian statistics)에
  바탕을 두고 있으며, 이런 문제에 대한 과거의 접근법에서 한 차원 더 발전한 기법이
  다. (베이즈 통계학에 대한 더 자세한 내용은 Huelsenbeck et al. 2001).

3 이것은 새끼가 젖을 빠는 동안 월경 호르몬 시스템이 억제된 결과다. 일단 새끼가 젖
  을 떼고 수유 빈도가 급격히 줄면 월경 호르몬 시스템은 곧바로 회복된다. 새끼가 죽
  거나 살해당했을 때 암컷의 월경 주기가 회복되는 까닭은 이 때문이다. 심지어 인간
  의 경우도 마찬가지다. 모든 포유류가 이 메커니즘을 갖는다.

4 수컷 성체 고릴라의 몸집은 성체 암컷의 두 배가 넘는다.

3

1 생활사(Lifehistory)는 다음 세대에 자손을 남기는 개인의 능력을 결정하는 다양한
  인구학적 변수들(생식, 임신과 수유 기간, 성숙 연령, 수명 등)을 일컫는다. 생활사는
  이런 개인의 능력을 통해 진화뿐만 아니라 개체군 역학에도 영향을 미친다.

2 소뇌는 구근처럼 생긴 일종의 작은 뇌로 대뇌의 뒷부분 바로 아래에 위치한다. 소뇌
는 뇌의 여러 부분 중에서도 아주 오래된 곳으로, 뇌가 처리하는 인지적 과정들이 적
시에 올바른 순서대로 수행될 수 있도록 조직하는 기능을 담당하는 것으로 보인다.
우리가 보행할 때 팔다리가 제대로 움직이고 균형을 잡는 것도 소뇌와 깊은 연관이
있다. 인간 혈통은 다른 영장류보다 소뇌가 비교적 더 큰데, 두 발 보행에 따른 복잡
성도 그 이유일 수 있지만, 더 일반적으로 소뇌가 사고 과정의 조화에 관여하기 때문
인 것으로 보인다.

3 이 연구(Hamilton et al. 2007)에서 얻은 비율은 3.8이었고, 실제 비율은 4라고 결론
지었다. 사실 나중에 밝혀진 바에 따르면, 애초에 관계망의 첫 번째 층 규모를 (다섯
명으로 이루어진 관계망이 아니라) 개인(한 명으로 구성된)으로 상정했기 때문에 이런
오차가 난 것이다. '개인' 집단을 무시하면, 그들의 데이터로도 비율은 3.3이 나온다.
우리가 분석한 비율과 거의 정확히 일치한다(Zhou et al. 2005). 관계망의 첫 번째 층
규모를 다섯 명이라고 상정하면, 관계망 층의 확대 비율도 우리의 예측과 정확히 일
치한다(Hill et al. 2008 ; Lehmann et al. 2014).

4 식물의 잎 세포는 포유류가 소화하기 힘든 섬유소로 이루어져 있다. 초식성 영장류
는 유제류 반추동물과 마찬가지로, 세포벽을 부수고 영양분 추출을 용이하게 해주는
미생물 발효에 의존한다. 그런데 발효 과정은 시간도 많이 걸릴 뿐만 아니라, 세균의
발효작용을 방해할 수 있기 때문에 발효가 진행되는 동안에는 거의 아무런 활동을
할 수 없다.

5 '속'은 일반적으로 똑같은 먹이를 먹고, 체제가 동일하고, 밀접한 종의 집합을 일컫
는다.

6 이 모델의 상세한 사항들은 리만(Lehamnn)과 그 동료들이(2008b) 제공했다.

4

1 '분류군(taxon)'은 생물학자들이 주로 동물을 분류할 때 쓰는 일반적인 용어다. 문맥
에 따라서는 한 종[가령 일반적인 침팬지인 팬 트로글라디스테스(Pan troglodytes)]을 일
컫거나, 한 속(가령 한 집단으로서 침팬지인 팬 속)을 일컫기도 한다. 심지어 생물학적

인 한 과(가령 침팬지, 고릴라, 오랑우탄을 모두 포함하는 유인원과) 전체를 일컬을 수도 있다.

2 해발고도가 100m 높아질 때마다 평균 기온은 1℃씩 내려간다. 남북회귀선을 벗어나면 위도가 1° 높아질 때마다 같은 폭으로 기온이 내려간다.

3 다육 식물은 흔히 푸릇한 이파리와 줄기, 뿌리를 갖고 있는 일반적인 식물과 달리, 건조한 곳에서도 물을 저장할 수 있다. 붓꽃, 난초, 아스파라거스 과와 선인장 과의 식물이 여기에 속한다.

5

1 실제로 아시아의 호모 에렉투스는 손도끼를 제작하지 않았다. 손도끼는 스칸디나비아에서 뱅갈 만을 잇는 [고고학자 할람 모비우스(Hallam Movius)가 처음 발견해 붙인 이름] 모비우스 라인(Movius Line)의 서쪽과 남쪽에서 대량으로 발견되었다. 이 라인 동쪽에서는 흔히 초퍼(chopper)라고 알려진 엉성한 석기만 발견되었다. 어쩌면 적합한 돌이 없어서 그랬는지도 모른다. 아시아에서는 에렉투스가 대나무나 기타 식물의 단단한 부분을 이용해서 정교한 도구를 제작했을 가능성도 없진 않다. 그래서 다 사라지고 없는지도 모른다.

2 섬에 고립된 종은 대개 난쟁이가 된다. 특히 그곳에 자연의 포식자가 드문 경우에는 더욱 그렇다.

3 섭식 요구 시간은 오스트랄로피테쿠스의 대사 체중에 대한 호모 종의 대사 체중 비율을 적용한 것이다. 대사 체중(체중 곱하기 0.75를 한 값)은 신체 조직의 상대적인 에너지 소비량을 나타낸다. 대사 체중 역시 뇌와 소화기관의 에너지 비용 차이에 따라 조정했다. 여기서는 양성의 평균 체중을 이용했다.

4 비싼 조직 가설에 대해서는 두 가지 비평적 반론이 제기되고 있다. 하나는 남아메리카 원숭이나(Allen and Kay 2012) 포유류 집단 전체에서(Navarette et al. 2011) 뇌 크기와 내장의 평균 길이 사이에 거래가 전혀 없으므로 이 가설이 틀렸다는 비판이다. 그런데 이 비판이 심히 괴상한 까닭은 비싼 조직 가설은 인간의 진화에서 제기되는 특정한 문제에 대한 가설이기 때문이다. 다시 말하면 인간이 어떻게 에너지에 대

한 중대한 제약을 해결했느냐를 설명하는 가설이다. 전반적인 요점은 이 에너지 제약이 일종의 천장이라는 것이다. 따라서 제약은 대형유인원에서 관찰된 뇌 크기를 초과한 후에 효과를 나타낸다. 이 가설은 새나 남아메리카의 작은 뇌를 가진 영장류에게는 관심을 두지도 않고 관련도 없으며 적용되지도 않는다. 거피(작은 유럽산 물고기로 새끼를 낳는다)를 대상으로 한 정교한 실험에서, 인공적으로 뇌 크기를 크게 만들어서 번식했을 때(놀랍게도 적어도 암컷 거피에게서는 인지 능력도 향상되었다) 거피는 내장의 크기를 줄여 이를 상쇄했다. 그뿐 아니라 한 배에서 낳는 새끼 수도 줄었다(Kotrschal et al. 2013). 두 번째 비판은 사실 진지하게 고려해볼 만하다. 아이슬러(Isler)와 반 샤이크(van Schaik)는 뇌를 크게 발달시키기 위해서는 생활사 과정이 느려져야 하므로, 어느 시점이 되면 번식률이 너무 낮아져서 집단의 개체수를 유지할 수 없게 된다고 주장했다. 또 이런 현상은 유인원에게는 회색 천장과 같아서, 대형유인원의 뇌 크기만큼 뇌를 키우기 전에 번식률이 자연적인 사망률을 따라잡지 못해 자멸할 위험을 초래한다고 덧붙였다. 그들은 또 호미닌 종이 이 회색 천장을 돌파할 수 있었던 것은 공동번식에 적응했기 때문이라고 설명했다. 즉 출산 사이 간격을 근본적으로 줄여 어머니가 첫째 아이에게 수유하는 동안 둘째를 임신할 수 있게 되어, 번식률이 높아지면서 도태율을 상회할 수 있었다는 것이다. 하지만 안타깝게도, 이 주장을 뒷받침하는 자료도 실은 출산율이 집단 유지 수준 이하로 떨어졌음을 보여주지는 않는다. 다시 말해, 번식률과 뇌 크기 사이에는 그들이 주장하는 선형적인 관계가 아니라 점근적인 관계가 성립한다(도태율 이하로 떨어지기 전에 바닥을 치고 다시 상승한다). 만약 인간 종의 자연적인 출산 사이 간격을 예측할 때 현재의 자연적인 출산 사이 간격을 이용하지 않고 이 회귀 곡선을 이용한다고 해도, 인간은 언제나 한계를 상회한다. 본래 데이터 속의 선형적인 관계와 이중로그(즉 점근적 관계)를 혼동한 데서 비롯된 실수다.

5 과거에 고인류학자는 오스트랄로피테쿠스에게서 커다란 송곳니가 사라지고, 호모 속에 이르러 커다란 어금니가 사라진 까닭을 이들이 이전에 적응했던 여러 종류의 식량을 더 이상 먹을 필요가 없어졌거나 송곳니나 어금니의 기능을 대신할 도구를 사용할 수 있게 되었기 때문이라고 주장했다. 하지만 진화적 관점에서, 형질은 단지 필요가 없어졌다고 유실되지 않는다. 명백한 선택이 작용하거나 긍정적 선택을 받은

또 다른 형질의 기계적 요구에 부합하지 않을 때라야 사라진다. 많은 사람의 추측과 달리, 영장류의 (육식동물과 닮지 않은) 송곳니는 음식을 씹는 용도가 아니라 수컷끼리의 경쟁에 무기로만 쓰였다. 커다란 송곳니가 사라진 것은 틀림없이 남성끼리의 경쟁이 감소했기 때문이었다. 그리고 이런 경쟁 감소로 인해 큰 채집 무리 안에서 많은 남성이 서로 연합할 수 있었을 것이다. 또 하나의 설명은 음식을 씹는 동안 송곳니가 턱의 움직임을 방해했다는 것이다. 가뜩이나 채집 환경이 열악해지던 오스트랄로피테쿠스에게 씹는 활동에 제약이 되면 굳이 가지고 있을 이유가 없었을 것이다. 초기 호모 종에게서 나타난 어금니 치열 크기의 감소는 (대단한 수준은 아니었지만), 어쨌든 식단의 변화 못지않게 턱 크기를 축소시켜 주었고, 언어나 말을 통한 의사소통에 필요한 발성 공간을 더 잘 조절해주었을 것이다. 만약 송곳니가 사라진 까닭이 식단의 변화 때문이었다면, 우리는 송곳니가 더 이상 필요 없어진 단순한 이유보다는 기계적 측면에서 큰 어금니가 유리했는지 아니면 불리했는지를 증명해야 할 것이다. 하지만 실제로 음식을 씹는 과정에서 유리한 것과 불리한 것을 가르기는 어렵다.

6 이 소년의 화석이 케냐 북부의 투르카나 호수 가장자리에서 발견되었기 때문에 '투르카나 소년(Turkana Boy)'이라고도 불린다. 물론 케냐 국립박물관 소장품 'WT15000'이라는 번호로도 알려져 있다.

7 평균 식단의 55%에서 영양분을 얻고, 나머지 식단(45%)에서 50%의 영양분을 더 얻는다면, 전반적으로 얻는 영양분은 55%+(45%×1.5)=122.5%가 된다.

8 75만 년에서 20만 년 전, 호모 에렉투스가 점유했던 중국 북부의 저우커우뎬(周口店) 동굴에서 화덕이 이용된 것으로 보이는 불에 탄 퇴적물이 남아 있었다는 주장이 제기되긴 했지만, 나중에 그 퇴적물은 변색된 흙으로 밝혀졌다.

9 겔라다원숭이와 거의 동시에 출현한 맹수는 (물론 사자도 존재했지만) 주로 표범과 하이에나였다. 비록 현재 에티오피아의 고지대에는 표범이 드물지만 하이에나는 지금도 널리고 널렸다(게다가 에티오피아에 서식하는 아종은 덩치도 더 크고 더 포악하다).

6

1 산소는 ^{16}O와 ^{18}O 두 개의 동위원소를 갖는데, 하나가 다른 하나보다 약간 더 무겁

다. 기후가 추워지면, 마치 눈이 쌓이듯 무거운 동위원소는 가벼운 녀석보다 더 잘 쌓인다. 빙핵의 (또는 플랑크톤 잔해 속의) 산소 동위원소(^{18}O) 비율을 통해 기온의 변화를 알 수 있다.

2 이 시기 동안 세 번의 드라이아스 사건이 있었는데, 그때마다 기간은 짧았지만 기후는 급격히 냉각되었다. 거대한 화산 폭발로 인한 핵겨울(독일의 라허제 화산이 가장 격렬하게 활동했다), 북아메리카를 강타한 커다란 운석 또는 북대서양 해류(적도에서 북반구로 따뜻한 물을 옮겨다 주는 해류)의 변화 등 다양한 원인이 있었을 것이다.

3 하나의 공동 조상에서 유래한 후손 종을 가리킨다.

4 여기서 일탈한 몇몇 조상 종도 있었는데, 아프리카에서는 호모 로데시엔시스(Homo rhodesiensis), 스페인에서는 호모 안테세소르(Homo antecessor)가 가장 유명하다. 하지만 우리는 분류학상의 자잘한 곁가지는 무시하기로 하고, 고인류의 원형으로서 호모 하이델베르겐시스에만 집중하자.

5 후기 네안데르탈인은 더 정교한 이른바 샤텔페로니안(Chatelperronian) 문화와 관련이 깊다(프랑스 남부 샤텔페롱의 그로뜨 데 페 유적지에서 처음 발견하였고 그 후의 문화를 가리킨다). 이 시기는 새로운 버전의 르발루아식 돌 다듬기 기법이 특징이다(아래 8번 주석 참고). 하지만 네안데르탈인이 샤텔페로니안 도구 제작자에 포함되느냐에 대해서는 여전히 의견이 엇갈린다.

6 (현대의 수렵-채집인 기준으로) 식단의 45%를 고기와 덩이줄기가 차지했고, 그로 인해 50%의 영양분을 추가로 더 얻었다면, 섭식 시간 비용의 45%에서 45/1.5=30%가 감소하므로, 결과적으로 44-30=14.0%p를 절약하는 셈이다.

7 콜라겐에 함유된 질소 동위원소와 탄소 동위원소는 우리가 먹는 음식에서 유래한 것이다. 음식의 화학적 성분은 뼈에 쌓이기 때문에, 동물의 질소 농도는 그 동물이 먹은 음식에 함유된 양보다 언제나 더 많다. 한 동물이 죽기 몇 해 전 동안 주로 무엇을 먹었는지 알 수 있는 것도 이 때문이다. 탄소 동위원소로는 임의의 동물이 섭취한 먹이가 해양생물이었는지, 육상생물이었는지 또는 담수 환경에 서식했는지도 알 수 있다.

8 르발루아 (프랑스 파리 근교의 르발루아 페레 유적지의 이름에서 유래한) 기법은 후기 구석기시대 돌 다듬는 기술에 나타난 독특한 유형을 말한다. 더욱 정교한 기법으로 만든 '뗀 석기'들이 여기에 포함되는데, 일단 한쪽 끝을 편평하게 다듬은 후에 돌의

가장자리를 수직에 가깝게 박리하듯 쪼갠다. 편평하게 다듬었던 끝 부분까지 뾰족하게 다듬으면 가장자리가 날카롭게 각진 볼록한 모양의 석기가 완성된다. 이 기법은 석기의 크기나 모양을 조절하기가 훨씬 쉽다. 게다가 박리하듯 쪼갠 조각은 창이나 화살 같은 발사체의 촉으로 쓰기에도 적합하다. 이런 날을 '르발루아 촉'이라고 한다.

9 고위도 지방의 야생 염소가 어쩌면 본래 열대 동물이었기 때문인지도 모르겠다. 그래서 밤이면 추위를 피해 동굴을 찾아야 했을 것이다. (Dunbar and Shi 2013)

10 피어스의 계산에서는 약간 더 큰 값이 나왔는데, (논문 심사위원의 권고에 따라) 측정된 신피질 부피가 아닌 두개골 용적에 대한 사회적 뇌 가설 관계를 다시 계산했기 때문이다. 그럼에도 여전히 의미 있는 관계를 도출해냈지만, 뇌의 무관한 영역(가령 뇌간, 중뇌, 소뇌 등)을 포함했기 때문에 오차분산이 더 커졌고, 그로 인해 기울기가 더 낮아지면서 두 종 간의 차이도 줄어들었을 것이다.

7

1 좋건 싫건 간에, 그 과정에서 그들은 매머드를 포함하여 마스터돈, 검치호랑이, 말, 거대한 나무늘보와 같은 아메리카 대륙 전체의 거대 동물들을 전멸시켰을 것이다.

2 그들은 혀 차는 소리와 비슷한 다양한 흡착음을 이용한 언어를 사용했다. 이 언어는 매우 고대의 언어로 간주하는데, 여기서 파생된 다른 모든 언어 족에는 흡착음이 이미 다 사라졌다.

3 요리를 통해 소화율이 50% 증가하고, 섭식 시간에서 12%p는 곧 12×1.5=18%를 의미한다는 전제하에, 뇌 크기와 몸집이 예측한 바에 따라 현생인류는 하루 활동 시간의 88.5%를 섭식에 투자해야 했으므로, 총 섭식 시간은 18/88.5=20%가 된다 (이미 논의했지만, 섭식 시간은 식단의 비율과 거의 맞먹으므로, 식단의 20%를 요리해야 했다는 의미도 된다).

4 비록 대화 집단의 한계가 4명이지만, 우리는 명백히 언어를 이용해 매우 많은 청중을 대상으로 강연을 하기도 한다. 단, 강사가 끊임없이 장광설 늘어놓는 것을 허락하는 문화적 규율을 청중이 동의하는 전제에서만 그렇다. 물론 그런 문화적 규율에 동의

할 수 있으려면 언어를 가져야 한다는 전제가 성립해야 하지만 말이다.

5 현대의 인간은 오른손잡이가 압도적으로 우세하다(물론 고고학적 기록에 따르면 이전에도 죽 그래왔다. 약 150만 년 전에 살았던 나리오코톰 소년 역시 오른손잡이였던 듯하다). 화석 종의 경우에는 도구를 제작한 석공이 돌을 내리친 각도에 따라 오른손잡이인지 왼손잡이인지를 구별한다. (Cashmore et al. 2008)

6 아이엘로는 언어가 진화하는 데 필요한 변화가 훨씬 더 많았을 것이라고 주장했다 (1996). 유인원과 닮은 편평한 가슴, 이동 중에도 흉벽 근육을 움직일 수 있게 해주는 두 발 보행, 호흡과 발성 공간의 조절, 후두의 낮은 위치 등의 특징들이—모두 매우 오래된 특징들이긴 하지만 반드시 갖추고 있어야 했던—언어가 진화하기 이전에 이미 순서대로 자리를 잡았어야 한다는 것이다.

7 설하신경관 주장에 대해서는 반론도 있었다. 그 반론의 근거는 다음과 같다. 오스트랄로피테쿠스 '일부'에서 현생인류 '일부'보다 설하신경관이 더 커졌고, 이런 현상이 겹치면서 결국 이 특정한 오스트랄로피테쿠스도 언어를 가졌다는 것이다. (DaGusta et al. 1999) 물론 몇 가지 이유에서 이 반론은 터무니없다. 우선 첫째, 평균과 편차를 혼동하고 있다. 한 종의 역량을 결정하는 것은 '평균'이다. 둘째, 임의의 한 개체가 음성을 조절할 수 있었다는 것이 언어 공동체를 형성했다는 의미도 아닐뿐더러, 언어란 결국에는 하나의 사회적 현상이다(한 사람 이상이 말을 할 수 있어야 한다). 마지막으로, 흉부 신경, 설골, 외이도 등의 자료가 일관적으로 들려주는 이야기가 어느 정도 실증할 수 있는 것이라는 점을 간과한 반론이다.

8 적어도 유인원 영장류와 같은 조숙성 포유류의 경우에는 그렇다. 설치류를 비롯한 여러 육식동물과 같이 만숙성 포유류는 조산아를 낳으며, 기능적 발달은 보금자리 안에서 완성한다.

9 최근에는 분만의 제약이 아니라 산모의 에너지 비용이 진짜 문제였다는 주장도 제기되었다. (Dunsworth et al. 2012) 즉 인간의 경우 산모가 몸 안에서 태아를 발달시키는 데 필요한 에너지 비용을 충당할 수 없는 시점에 이르렀을 때 출산을 한다는 것이다. 안타깝지만 이 주장도 태아의 발달에 필요한 영양을 공급하는 산모의 에너지 비용이 실은 자궁보다 수유를 통해 대략 1.7배나 더 많이 든다는 사실을 완전히 무시한 설명이다. '수유'는 신생아기를 연장하는 데는 매우 훌륭한 해법이지만, 에너지 면에

서는 매우 비효율적이다. 수유 비용의 약 40%는 원료 에너지와 단백질을 젖으로 바꾸는 과정에서 소실한다. 만약 정말 에너지 제약이 문제였다면, 차라리 임신 기간을 21개월로 유지하고 골반을 더 넓히기 위한 대안적 해법을 찾는 편이 훨씬 더 효과적이었을 것이다.

10 주파선조는 치아 에나멜에 남은 성장선을 나타낸다. 치아는 나무의 '나이테'처럼 에나멜 층이 쌓이면서 성장한다. 각 층은 약 1주일씩의 성장분에 해당한다. 각 층에는 치아 뿌리 표면에 일련의 선(레츠우스 선이라고도 알려진)으로 나타나는데, 이는 현미경으로 관찰할 수 있다.

11 공생자는 서로에게 유리한 공생 관계를 확립한 유기체를 일컫는다. 이러저러한 방식으로 함께 살아가는 두 종의 생물을 일컫기도 하고, 숙주에게 혜택을 제공하면서 (우리의 장 속 박테리아가 그 예다) 숙주의 몸 안에 기거하는 미생물을 뜻하기도 한다. 이와 반대로 병원균은 숙주에게 해롭거나 심지어 치명적일 수 있는 미생물이다 (홍역, 장티푸스, 말라리아를 비롯한 여러 가지 질병을 유발하는 박테리아와 바이러스가 여기에 해당한다).

12 실제로는 약 4만 년 전이었지만, 코카서스 산맥에서 연이어 폭발한 대규모 화산은 유럽 한복판까지 영향을 미쳤다. 어쩌면 이 폭발이 해부학적 현생인류의 유럽 진출을 앞당겼는지도 모른다. 약 1만 년 정도가 지나는 동안 네안데르탈인이 전멸했으니 현생인류로서는 신경 쓸 게 없었을 것이다. 해부학적 현생인류가 러시아 스텝 지역에서 서쪽의 유럽으로 이동해야 했던 시점에, 어쩌면 이 화산의 폭발은 시기를 잘 맞춰준 것인지도 모른다.

13 후기 구석기 혁명이라는 문화적 폭발을 일으킨 것이 현생인류의 큰 뇌였다는 타당한 추측을 고려해볼 때, 네안데르탈인이 현생인류와 맞먹는 크기의 큰 뇌로 무엇을 했는지를 설명해야 한다고 생각한 데서 문제가 시작되었다. 6장에서도 증명했지만, 시각 과정에 너무 많은 부분을 할애한 까닭에 네안데르탈인들의 '실질적' 뇌는 현생인류만큼 크지 않았다. 인지적 측면에서 그들은 여전히 고인류 수준을 벗어나지 못했고, 그러므로 별로 설명할 만한 것도 없었다.

14 상대적으로, 인간의 전두엽이 원숭이와 유인원의 전두엽보다 크지 않았다는 주장도 제기되었다. 뇌의 전체 용적에 대해 전두엽의 크기가 회귀할 때, 인간도 일반적

인 영장류의 회기 직선을 따랐다는 것이다. (Semendeferi et al. 1997; Barton and Venditti 2013) 하지만 회귀 직선은 기울기가 약 1.2인 이중로그 도표인데, 실제로 이것은 전두엽이 커지는 것만큼 상대적으로 뇌도 커졌고, 그것도 지수적으로 커졌음을 의미한다. 어떤 경우든, 뉴런의 수를 그리고 그에 따른 인지 능력을 결정하는 것은 상대적인 뇌가 아니라 절대적인 뇌 크기이므로, 기울기가 같다고 해도 인간이 원숭이나 유인원보다 전두엽의 크기가 절대적으로 커진 후부터는 그 격차가 변하지 않았을 것이다.

15 당시 아이슬란드로 이주해온 초기 이민자 중 상당수가 스칸디나비아나 유럽에서 추방당한 남성이었다. 따라서 여성을 동반하고 왔을 가능성이 별로 없다. 유전적 증거로 보건대, 이주 도중에 여성을 납치하는 일이 비일비재했음을 알 수 있다.

16 역사적 기록을 통해 정확히 무슨 일이 있었는지 알 수 있다. 몽골 족이 그들에게 대항하는 도시를 점령할 때마다 모든 남성을 살해했지만, 여성은 (정중히 말하자면) 몽골 족의 임시 수행단 일원으로 흡수했다.

8

1 스피어스로워는 창의 뭉툭한 끝 부분을 끼워 넣을 수 있는 홈이 한쪽 끝에 달린 막대인데, 창을 던질 때 팔 길이를 확장해주는 효과가 있다. 창을 던지는 동안 엄청난 양의 각운동량을 부여하기 때문에 팔의 힘만으로 던지는 것보다 창을 훨씬 더 빠른 속도로, 상당히 먼 거리까지 던질 수 있다.

2 그 여섯 개의 언어는 다음과 같다. (영국과 미국에서 쓰는) 영어, 랄랑드 어(Laland 또는 로우랜드 어(Lowland)), 스코틀랜드 어(스코틀랜드 남부의 비(非)게일 족의 전통 언어), 카리브 영어(Caribbean English), 블랙 어반 고유어(Black Urban Vernacular, 아프리카계 미국인의 도시 언어), 시에라리온 크리올 어(Sierra Leone creole), 뉴기니 피진 어(New Guinea pidgin)다. 이 언어들은 어휘나 문법 구조 모두가 엄청나게 다르다.

3 친사촌(이종사촌)은 아버지(어머니)의 동성 형제의 자녀를 말하고, 고종사촌(외종사촌)은 아버지(어머니)의 이성 형제의 자녀를 말한다.

4 일방으로 부모 중 어느 한쪽 혈통만을 친족으로 간주하기도 하고, 쌍방 양친 혈통 모

두를 친족으로 간주하기도 한다. 영어에서는 쌍방 친족을 따지지만(양친의 혈통을 구분하지 않고 숙모, 삼촌, 사촌 등의 용어를 사용하지만), 게일 어와 같은 일부 언어에서는 모계와 부계 친척을 지칭하는 용어가 다르다.

5 여성 쪽 혈통을 친척으로 간주하는 모계 사회는 대개 부권에 대한 확신이 낮은(가령 남성이 아내의 자녀가 실제로 자신의 친자인지 확신하지 못하는) 문화와 관련이 있는 듯하다. (Hughes 1988)

6 그 이유는 이렇다. 한 가계도 안에서 조금만 뒤로 거슬러 올라가면 유전적 관련성은 매우 빠르게 낮아진다. 가령 6세대 정도만 거슬러 올라가도 모든 사람이 거의 비슷하게 관련성을 보이지 않는데, 특히 소규모 공동체에서는 더 그렇다. 휴즈는 만약 당신과 내가 현재의 (이제 막 생식기에 접어든) 사춘기 세대와 우리의 혈연 관련성을 계산하려고 할 때도, 매년 이 사춘기 세대의 성원이 달라지기 때문에 현실적으로 관련성을 가늠할 고정적인 기준을 파악하기 어렵다고 주장했다. 따라서 족보가 매우 정교한 해법이라는 것이다. 그는 먼 조상까지 참조할 수 있는 족보는 우리의 혈연관계가 닿아 있는 고정적인 지점을 제공한다는 사실을 입증했다. 무엇보다 그 먼 조상이 실존 인물인지 전설이나 신화 속 인물인지는 중요하지 않다. 달나라 사람을 족보에 올린다고 해도, 그 사람이 정말 아주 멀고 먼 조상이라면 혈연관계가 있든 없든 아무런 문제가 안 된다는 것이다.

7 해밀턴은 혈연선택이 진화의 주요한 힘이라는 사실을 밝혔다. 만약 내가 남동생이나 여동생의 생식에 도움을 준다면, 어떤 유전자가 됐든 그들과 내가 공유하는 유전자는 마치 나 자신이 생식하는 것과 마찬가지로 다음 세대로 전달될 것이다. 해밀턴은 혈족에 대한 이타심의 진화를 설명하기 위해 이런 통찰을 이용했지만, 이 개념은 그 후 현대 진화생물학에서 근본적인 역할을 담당하게 되었다. 일반적으로 사람은 관련성의 정도에 비례해서 친척들에게 도움을 주는데, 관련성은 그 사람이 누구의 후손인지 알면 꽤 정확하게 계산할 수 있다.

8 왕족과 귀족은 일반적으로 조상의 계보가 훨씬 더 과거까지 이어지지만, 이는 그들의 영토에 대한 권리나 특권이 보통 세습에 의존하기 때문이다. 긴 족보는 대개 이런 권리에 대한 지배권을 합법화하기 위해 존재한다는 점에서 특별한 경우다.

9 일부에서는 종교에서 얻을 수 있는 건강상의 이점이 없다고 주장하지만(Boyer

2001), 이는 증거에 위배되어 보인다. 적극적인 종교 활동으로 광범위한 종류의 이점을 얻는다는 증거가 있기 때문이다. (Koenig and Cohen 2002) 그 이점들이 종교 그 자체(신을 믿음으로서)에서 비롯된 것인지 또는 종교와 그 의식에 적극적으로 참여해 얻는 이점인지 구별할 수는 없지만, 전자보다는 후자가 더 중요한 것만은 거의 확실하다. 단지 어느 한 종교의 신도가 되는 것으로는 어떤 효과도 보장할 수 없다. 만약 보이어를 비롯한 몇몇 사람이 그런 맥락에서 종교의 이점이 없다고 주장한 것이라면, 그들이 효과를 발견하지 못한 것도 지극히 당연하다. 종교를 다룬 인지과학은 경험을 바탕으로 한 강력한 감정적이고 경험적인 종교보다는 거의 교리적 종교와 관련된 좀 더 세련된 개념에만 거의 배타적으로 초점을 맞추고 있는 듯 보이기 때문이다.

9

1 중석기시대는 마지막 빙하기가 끝난 후 처음 1000년 동안을 말한다.
2 이 맥락에서 처벌은 2차적 이타주의로 알려져 있다. 무임승객에 대한 처벌은 이미 사회의 더 큰 공익을 위해 헌신할 준비가 된 이타적 구성원에 의해 행해지기 때문이다.
3 날트렉손은 β-엔도르핀이 결합하는 μ-수용체를 자물쇠로 잠그는 역할을 한다. 엔도르핀이 수용체와 결합하지 못하도록 방해해 엔도르핀 효과를 중화하는 것이다. 날트렉손은 완전히 중립적인 효과만 내기 때문에, 일반적으로 엔도르핀이 유발하는 높은 아편 효과와 온건한 무통각증을 차단하고 알코올의 부정적인 효과만을 남겨 놓는다.
4 혹자는 불교처럼 형식적인 신을 갖지 않는 종교를 그 반증 사례로 든다. 하지만 실제로 알고 보면 불교도 다를 바가 없다. 불교도 일련의 행동 규범이 (성자로 알려진 존재가 권고하는 형태로) 있고, 신도는 이런 규범을 (물론 생전의 행동과 결코 무관하지 않은 윤회라고 불리는 냉정한 회계 절차를 조건으로) 실천하는지 자신을 돌아보도록 명령받는다.
5 이것이 반드시 한 사람이 동시에 여러 사람과 같은 깊이의 사랑에 빠진다는 의미는 아니다. 심지어 일부다처 혼이나 일처다부 혼에서도 로맨틱한 관계가 존재할 수 있다. 이 경우에 로맨틱한 관계는 남녀 사이마다 그 강도는 매우 다양할 수 있으며, 임

의의 한 개인 입장에서 어쩌면 그런 관계는 동시다발적으로 성립한다기보다 차례로 성립할 것이다.

6 고환의 크기는 정자 경쟁의 결과다. 여러 수컷이 암컷 한 마리와 짝을 맺을 가능성이 클 때는, 암컷의 생식수관에 더 많은 양의 정자를 남긴 수컷이 새끼의 친부일 확률이 높다. 따라서 난혼 시스템에서 수컷에게는 정자의 양을 늘릴 수 있는 능력이 선택압으로 작용하고, 그에 비례하여 필연적으로 고환의 크기도 커질 수밖에 없다. (Harcourt et al. 1981) 비록 고릴라 수컷이 자신의 하렘에 대한 지배권을 획득하고 유지하려고 서로 싸울 수는 있지만, 일단 집단 내 모든 암컷에 대한 짝짓기 권한을 차지한 후에는 비교적 비용이 많이 드는 고환의 크기에 투자할 필요가 없다.

7 임의의 문화권에서 모든 사람이 흔히 우리가 '사랑에 빠진다'라고 부르는 현상을 경험하는 것도 아니고, 그 감정의 효과도 문화에 따라서는 물론이고 개인에 따라서도 매우 차이가 있는 것도 사실이다. 하지만 그렇다고 '사랑에 빠지는' 관계가 인류 역사 내내 모든 문화권에 존재했고, 따라서 인류의 보편적인 관계라는 사실을 무효로 하지는 않는다.

8 이 주장은 최근에 루카스(Lucas)와 클러턴-브록(Clutton-Brock)이 제기한 것이다 (2013). 하지만 호미닌 여성이 커다란 개별 영역을 가지고 그 안에서 혼자 채집 활동을 했다는 주장은 분명 무의미하다. 더 일반적으로는 그들이 지나치게 단순하게 분석한 영장류 자료는 다른 정교하고 세밀한 분석[Shultz et al. (2012) and Opie et al. (2013)]과도 전혀 일치하지 않는다.

9 큰 사냥감이 고기를 많이 제공해주지만, 작은 사냥감처럼 쉽게 획득할 수 없을 뿐만 아니라, 투자한 시간이나 노력 면에서 식물성 식량을 채집하는 것보다 이득이 적다. 큰 사냥감의 진짜 장점은 그런 사냥감은 위험하기 때문에 남성의 용기와 능력을(그리고 그의 유전자를) 검증하기 위한, 속임수가 끼어들 수 없는 정당한 시험대라는 점이다.

10 이러한 패턴이 지난 세기 전까지만 해도 여성의 수명이 보통 35세를 넘지 않았다는 사실에 기인했다는 주장도 있다. 하지만 이런 주장은 진화론적 관점에서 계산한 연령이 생식기(즉 성숙기를 통과하는) 여성의 사망 연령이지, 태어난 모든 사람의 사망 연령이 아니라는 점을 간과한 주장이다(물론 구석기시대와 역사상 집단의 많은 사람의 사망 연령이 30세밖에 안 되었다는 데는 의심할 여지가 없다). 수렵-채집 사회와 역사상의

집단 모두에서 성숙기까지 생존한 여성은 마치 오래된 교회 묘지에는 잠시 방문하는 곳이라는 걸 확인시켜주려는 듯, 보통 60세까지도 생존한다.

11 또는 오스트랄로피테쿠스 여성의 하루 이동 거리가 열대 지방 침팬지 이동 거리(5 ㎞)의 10분 1이었다면, 그랬을 수도 있다. 하지만 이 가정대로라면 오스트랄로피테쿠스가 하루에 0.5㎞밖에 이동하지 않았다는 말이 되는데, 그건 도저히 믿을 수 없다. 강변 서식지에 사는 개코원숭이도 하루에 보통 1~2㎞를 이동하는데, 하물며 오스트랄로피테쿠스가 그 정도에도 못 미쳤을까.

12 달리 말하면, 여성은 하렘의 남성과 개별적으로 유대를 맺고 있지만 남성은 여성과 특별히 유대를 형성하지 않는다.

13 만약 수컷이 배타적 영역을 확보해 자신의 암컷을 경쟁 수컷들에게서 완전히 떼어 놓을 수 있다면, 암컷에 대한 독점권을 유지할 수 있다. 하지만 수컷이 이런 독점권을 확보하는 데에는 한계가 있다. 암컷의 수가 대충 열두 마리를 넘으면, 이 하렘을 넘보는 수컷의 수도 늘어나고, 결국 하렘 주인은 많은 경쟁 수컷을 다 방어하기 어려워진다. (Andelman 1986, Dunbar 1988).

14 아쉽게도 페루세는 일부일처 혼 남성을 '결혼한 남성'으로 범위를 한정했다. 결국 엄밀한 의미의 일부일처 혼 성향의 남성 비율을 부풀린 것이다. 왜냐하면 서양의 문화적 환경에서는 시대를 막론하고, 결혼한 남성 수에는 일시적으로만 결혼 상태를 유지하는 난혼 성향의 남성도 반드시 포함되기 때문이다.

15 성적 지향 지표(Sexual Orientation Index, 줄여서 SOI)를 말한다. (Penke and Asendorpf 2008).

참고문헌

1 무엇을 설명해야 하는가

Balter, V., Braga, J., Télouk, P., and Thackeray, J. F. Evidence for dietary change but not landscape use in South African early hominins. *Nature* 489:558~60.

Brunet, M., Guy, F., Pilbeam, D., Mackaye, H. et al. (2002). A new hominid from the Upper Miocene of Chad, Central Africa. *Nature* 418:145~51.

De Miguel, C., and Heneberg, M. (2001). Variation in hominin brain size: how much is due to method? *Homo* 52:3~58.

Dunbar, R. I. M. (1993). Coevolution of neocortex size, group size and language in humans. *Behavioral and Brain Sciences* 16:681~735.

Dunbar, R. I. M. (2004). *The Human Story*. London: Faber and Faber.

Dunbar, R. I. M. (2008). Mind the gap:or why humans aren't just great apes. *Proceedings of the British Academy* 154:403~23.

Dunbar, R. I. M., and Shultz, S. (2007). Understanding primate brain evolution. *Philosophical Transactions of the Royal Society, London* 362B:649~58.

Gowlett, J. A. J., Gamble, C., and Dunbar, R. I. M. (2012). Human evolution and the archaeology of the social brain. *Current Anthropology* 53:693~722.

Harrison, T. (2010). Apes among the tangled branches of human origins. *Science* 327:532~34.

Haslam, M., Hernandez-Aguílar, A., Ling, V. et al. (2009). Primate archaeology. *Nature* 460:339~444.

Ingman, M., Kaessmann, H., Pääbo, S., and Gyllensten, U. (2000). Mitochondrial genome variation and the origin of modern humans. *Nature* 408:708~13.

Klein, R. (1999). *The Human Career*, 2nd edition. Chicago:University of Chicago Press.

Krause, J., Fu, Q., Good, J. et al. (2010). The complete mitochondrial DNA genome of an unknown hominin from southern Siberia. *Nature* 464:894~97.

Lahr, M. M., and Foley, R. (1994). Multiple dispersals and modern human origins. *Evolutionary Anthropology* 3:48~60.

Lockwood, C. A., Kimbel, W. H., and Lynch, J. M. (2004). Morphometrics and hominoid phylogeny:support for a chimpanzee-human clade and differentiation among great ape subspecies. *Proceedings of the National Academy of Sciences*, USA 101:4356~60.

McGrew, W. C. (1992). *Chimpanzee Material Culture: Implications for Human Evolution*. Cambridge: Cambridge University Press.

Relethford, J. H. (1995). Genetics and modern human origins. *Evolutionary Anthropology* 4:53~63.

Reno, P., Meindl, R., McCollum, M., and Lovejoy, O. (2003). Sexual dimorphism in *Australopithecus afarensis* was similar to that of modern humans. *Proceedings of the National Academy of Sciences, USA* 100:9404~9.

Ruvolo, M. (1997). Molecular phylogeny of the hominoids: inferences from multiple independent DNA sequence data sets. *Molecular Biology and Evolution* 14:248~65.

Satta, Y., Klein, J., and Takahata, N. (2000). DNA archives and our nearest relative: the trichotomy problem revisited. *Molecular Phylogenetics and Evolution* 14:259~75.

Senut, B., Pickford, M., Gommery, D., Mein, P., Cheboi, K., and Coppens, Y. (2001). First hominid from the Miocene (Lukeino Formation, Kenya). *Comptes Rendus* 332:137~44.

Shultz, S., Nelson, E., and Dunbar, R. I. M. (2012). Hominin cognitive evolution: identifying patterns and processes in the fossil and archaeological record. *Philosophical Transactions of the Royal Society, London* 367B:2130~40.

Steudel-Numbers, K. L. (2006). Energetics in Homo erectus and other early hominins: the consequences of increased lower-limb length. *Journal of Human Evolution* 51:445~53.

Stoneking, M. (1993). DNA and recent human evolution. *Evolutionary Anthropology* 2:60~73.

Swedell, L., and Plummer, T. (2012). Papionin multilevel society as a model for hominin social evolution. *International Journal of Primatology* 33:1165~93.

Tooby, J., and DeVore, I. (1987). The reconstruction of hominid behavioural evolution through strategic modelling. In: W. G. Kinzey (ed.) *The Evolution of Human Behavior: Primate Models*, pp.183~238. New York: State University of New York Press.

Whiten, A., and Byrne, R. W. (eds) (1988). *Machiavellian Intelligence*. Oxford: Oxford University Press.

Whiten, A., Horner, V., and Marshall-Pescini, S. (2003). Cultural panthropology. *Evolutionary Anthropology* 12:92~105.

Wynn, T., and Coolidge, F. L. (2004). The expert Neanderthal mind. *Journal of Human Evolution* 46:467~87.

2 인류의 토대가 된 영장류 사회

Abbott, D. H., Keverne, E. B., Moore, G. F., and Yodyinguad, U. (1986). Social suppression of reproduction in subordinate talapoin monkeys, *Miopithecus talapoin*. In: J. Else and P. C. Lee (eds) *Primate Ontogeny*, pp. 329~41. Cambridge:Cambridge University Press.

Altmann, J. (1980). *Baboon Mothers and Infants*. Cambridge, MA: Harvard University Press.

Apperly, I. A. (2012). What is 'theory of mind'? Concepts, cognitive processes and individual differences. *Quarterly Journal of Experimental Psychology* 65:825~39.

Aron, A., Aron, E. N., and Smollan, D. (1992). Inclusion of other in the self scale and the structure of interpersonal closeness. *Journal of Personality and Social Psychology* 63:596~612.

Berscheid, E. (1994). Interpersonal relationships. *Annual Review of Psychology* 45:79~129.

Berscheid, E., Snyder, M., and Omoto, A. M. (1989). The relationship closeness inventory: assessing the closeness of interpersonal relationships. *Journal of Personality and Social Psychology* 57:792~807.

Bettridge, C., and Dunbar, R. I. M. (2012). Perceived risk and predation in primates: predicting minimum permissible group size. *Folia Primatologica* 83:332~52.

Bowman, L. A., Dilley, S. R., and Keverne, E. B. (1978). Suppression of oestrogen-induced LH surges by social subordination in talapoin monkeys. *Nature* 275:56~58.

Broad, K. D., Curley, J. P., and Keverne, E. B. (2006). Mother-infant bonding and the evolution of mammalian social relationships. *Philosophical Transactions of the Royal Society, London* 361B:2199~214.

Carrington, S. J., and Bailey, A. J. (2009). Are there Theory of Mind regions in the brain? A review of the neuroimaging literature. *Human Brain Mapping* 30:2313~35.

Cartmill, E. A., and Byrne, R. B. (2007). Orangutans modify their gestural signaling according to their audience's comprehension. *Current Biology* 17:1~4.

Cowlishaw, G. (1994). Vulnerability to predation in baboon populations. *Behaviour* 131:293~304.

Crockford, C., Wittig, R. M., Mundry, R., and Zuberbuhler, K. (2012). Wild chimpanzees inform ignorant group members of danger. *Current Biology* 22:142~46.

Curly, J. P., and Keverne, E. B. (2005). Genes, brains and mammal social bonds.

Trends in Ecology and Evolution 20:561~67.

Depue, R. A., and Morrone-Strupinsky, J. V. (2005). A neurobehavioral model of affiliative bonding: implications for conceptualizing a human trait of affiliation. *Behavioral and Brain Sciences* 28:313~95.

Dunbar, R. I. M. (1980). Determinants and evolutionary consequences of dominance among female gelada baboons. *Behavioral Ecology and Sociobiology* 7:253~65.

Dunbar, R. I. M. (1988). *Primate Social Systems.* London: Chapman & Hall.

Dunbar, R. I. M. (1988). Habitat quality, population dynamics and group composition in colobus monkeys (*Colobus guereza*). *International Journal of Primatology* 9:299~329.

Dunbar, R. I. M. (1989). Reproductive strategies of female gelada baboons. In: A. Rasa, C. Vogel and E. Voland (eds) *Sociobiology of Sexual and Reproductive Strategies*, pp. 74~92. London: Chapman & Hall.

Dunbar, R. I. M. (1991). Functional significance of social grooming in primates. *Folia Primatologica* 57:121~31.

Dunbar, R. I. M. (1995). The mating system of Callitrichid primates. I. Conditions for the coevolution of pairbonding and twinning. *Animal Behaviour* 50:1057~70.

Dunbar, R. I. M. (2010). Brain and behaviour in primate evolution. In: P. M. Kappeler and J. Silk (eds) *Mind the Gap: Tracing the Origins of Human Universals*, pp. 315~30. Berlin: Springer.

Dunbar, R. I. M. (2010). The social role of touch in humans and primates: behavioural function and neurobiological mechanisms. *Neuroscience and Biobehavioral Reviews* 34:260~68.

Dunbar, R. I. M., and Dunbar, P. (1988). Maternal time budgets of gelada baboons. *Animal Behaviour* 36:970~80.

Dunbar, R. I. M., and Lehmann, J. (2013) Grooming and cohesion in primates: a comment on Grueter et al. *Evolution and Human Behavior* 34:453~455.

Dunbar, R. I. M., and Shultz, S. (2010). Bondedness and sociality. *Behaviour* 147:775~803.

Fedurek, P., and Dunbar, R. I. M. (2009). What does mutual grooming tell us about why chimpanzees groom? *Ethology* 115:566~75.

Gallagher, H. L., and Frith, C. D. (2003). Functional imaging of 'theory of mind'. *Trends in Cognitive Sciences* 7:77~83.

Granovetter, M. (1973). The strength of weak ties. *American Journal of Sociology* 78:1360~80.

Granovetter, M. (1983). The strength of weak ties: a network theory revisited.

Sociological Theory 1:201~33.

Grueter, C. C., Bissonnette, A., Isler, K., and van Schaik, C. P. (2013). Grooming and group cohesion in primates:implications for the evolution of language. *Evolution and Human Behavior* 34:61~8.

Harcourt, A. H. (1992). Coalitions and alliances: are primates more complex than non-primates? In: A. H. Harcourt and F. B. M. de Waal (eds.) *Coalitions and Alliances in Humans and Other Animals*, pp. 445~72. Oxford: Oxford University Press.

Harcourt, A. H., and Greenberg, J. (2001). Do gorilla females join males to avoid infanticide? A quantitative model. *Animal Behaviour* 62:905~15.

Hare, B., Call, J., Agnetta, B., and Tomasello, M. (2000). Chimpanzees know what conspecifics do and do not see. *Animal Behaviour* 59:771~85.

Hare, B., Call, J., and Tomasello, M. (2001). Do chimpanzees know what conspecifics know? *Animal Behaviour* 61:139~51.

Hill, R. A., and Dunbar, R. I. M. (1998). An evaluation of the roles of predation rate and predation risk as selective pressures on primate grouping behaviour. *Behaviour* 135:411~30.

Hill, R. A., and Lee, P. C. (1998). Predation pressure as an influence on group size in Cercopithecoid primates: implications for social structure. *Journal of Zoology* 245:447~56.

Hill, R. A., Lycett, J., and Dunbar, R. I. M. (2000). Ecological determinants of birth intervals in baboons. *Behavioral Ecology* 11:560~64.

Huelsenbeck, J. P., Ronquist, F., Nielsen, R., and Bollback, J. P. (2001). Bayesian inference of phylogeny and its impact on evolutionary biology. *Science* 294:2310~14.

Isler, K., and van Schaik, C. P. (2006). Metabolic costs of brain size evolution. *Biology Letters* 2:557~60.

Karbowski, J. (2007). Global and regional brain metabolic scaling and its functional consequences. *BMC Biology* 5:18~46.

Keverne, E. B., Martensz, N., and Tuite, B. (1989). Beta-endorphin concentrations in cerebrospinal fluid of monkeys are influenced by grooming relationships. *Psychoneuroendocrinology* 14:155~61.

Kinderman, P., Dunbar, R. I. M., and Bentall, R. P. (1998). Theory-of-mind deficits and causal attributions. *British Journal of Psychology* 89:191~204.

Komers, P. E., and Brotherton, P. N. M. (1997). Female space use is the best predictor of monogamy in mammals. *Proceedings of the Royal Society, London* 264B:1261~70.

Lehmann, J., Korstjens, A. H., and Dunbar, R. I. M. (2007). Group size, grooming and social cohesion in primates. *Animal Behaviour* 74:1617~29.

Lewis, P. A., Birch, A., Hall, A., and Dunbar, R. I. M. (2013). Higher order intentionality tasks are cognitively more demanding: evidence for the social brain hypothesis.

Lewis, P. A., Rezaie, R., Browne, R., Roberts, N., and Dunbar, R. I. M. (2011). Ventromedial prefrontal volume predicts understanding of others and social network size. *NeuroImage* 57:1624~29.

Machin, A., and Dunbar, R. I. M. (2011). The brain opioid theory of social attachment: a review of the evidence. *Behaviour* 148:985~1025.

O' Connell, S., and Dunbar, R. I. M. (2003). A test for comprehension of false belief in chimpanzees. *Evolution and Cognition* 9:131~9.

Opie, C., Atkinson, Q., Dunbar, R. I. M., and Shultz, S. (2013). Male infanticide leads to social monogamy in primates. *Proceedings of the National Academy of Sciences, USA* 110:13328~32.

van Overwalle, F. (2009). Social cognition and the brain: a meta-analysis. *Human Brain Mapping* 30:829~58.

Powell, J., Lewis, P. A., Dunbar, R. I. M., García-Fiñana, M., and Roberts, N. (2010). Orbital prefrontal cortex volume correlates with social cognitive competence. *Neuropsychologia* 48:3554~62.

Roberts, S. B. G., and Dunbar, R. I. M. (2011). The costs of family and friends: an 18-month longitudinal study of relationship maintenance and decay. *Evolution and Human Behavior* 32:186~97.

Roberts, S. B. G., Arrow, H., Lehmann, J., and Dunbar, R. I. M. (2014). Close social relationships: an evolutionary perspective. In: R. I. M. Dunbar, C. Gamble and J. A. J. Gowlett (eds) *Lucy to Language: The Benchmark Papers*, pp. 151~80. Oxford: Oxford University Press.

van Schaik, C. P., and Dunbar, R. I. M. (1990). The evolution of monogamy in large primates:a new hypothesis and some crucial tests. *Behaviour* 115:30~61.

van Schaik, C. P., and Kappeler, P. M. (2003). The evolution of social monogamy in primates. In:Reichard, U. H., and Boesch, C. (eds) *Monogamy: Mating Strategies and Partnerships in Birds, Humans and Other Mammals*, pp. 59~80. Cambridge: Cambridge University Press.

Shultz, S., Opie, C., and Atkinson, Q. D. (2011). Stepwise evolution of stable sociality in primates. *Nature* 479:219~22.

Silk, J. B., Alberts, S. C., and Altmann, J. (2003). Social bonds of female baboons enhance infant survival. *Science* 302:1232~34.

Silk, J. B., Beehner, J. C., Bergman, T. J., et al. (2009). The benefits of social capital: close social bonds among female baboons enhance offspring survival. *Proceedings of the Royal Society, London* 276B:3099~104.

Stiller, J., and Dunbar, R. I. M. (2007). Perspective-taking and memory capacity predict social network size. *Social Networks* 29:93~104.

Sutcliffe, A., Dunbar, R. I. M., Binder, J., and Arrow, H. (2012). Relationships and the social brain: integrating psychological and evolutionary perspectives. *British Journal of Psychology* 103:149~68.

Vrontou, S., Wong, A., Rau, K., Koerber, H., and Anderson, D. (2013). Genetic identification of C fibres that detect massage-like stroking of hairy skin in vivo. *Nature* 493:669~73.

Wittig, R. M., Crockford, C., Lehmann, J. et al. (2008). Focused grooming networks and stress alleviation in wild female baboons. *Hormones and Behavior* 54:170~77.

3 근간을 이루는 틀; 사회적 뇌 가설과 시간 예산 분배 모델

Barrickman, N. L., Bastian, M. L., Isler, K., and van Schaik, C. P. (2007). Life history costs and benefits of encephalization:a comparative test using data from long-term studies of primates in the wild. *Journal of Human Evolution* 54:568~90.

Barton, R. A., and Dunbar, R. I. M. (1997). Evolution of the social brain. In: A. Whiten and R. Byrne (eds) *Machiavellian Intelligence II*, pp. 240~63. Cambridge:Cambridge University Press.

Bergman, T. J., Beehner, J. C., Cheney, D. L., and Seyfarth, R. M. (2003). Hierarchical classification by rank and kinship in baboons. *Science* 302:1234~36.

Bettridge, C., and Dunbar, R. I. M. (2013). Perceived risk and predation in primates: predicting minimum permissible group size. *Folia Primatologica* 88:332~352.

Bettridge, C., Lehmann, J., and Dunbar, R. I. M. (2010). Trade-offs between time, predation risk and life history, and their implications for biogeography: a systems modelling approach with a primate case study. *Ecological Modelling* 221:777~90.

Byrne, R. W., and Corp, N. (2004). Neocortex size predicts deception rate in primates. *Proceedings of the Royal Society, London* 271B:1693~99.

Curry, O., Roberts, S. B. G., and Dunbar, R. I. M. (2013). Altruism in social networks: evidence for a 'kinship premium'. *British Journal of Psychology* 104:283~95.

Deeley, Q., Daly, E., Asuma, R. et al. (2008). Changes in male brain responses to emotional faces from adolescence to middle age. *NeuroImage* 40:389~97.

Dunbar, R. I. M. (1988). *Primate Social Systems*. London:Chapman & Hall.

Dunbar, R. I. M. (1992a). Neocortex size as a constraint on group size in primates. *Journal of Human Evolution* 22:469~93.

Dunbar, R. I. M. (1992b). A model of the gelada socio-ecological system. *Primates* 33:69~83.

Dunbar, R. I. M. (1993). Coevolution of neocortex size, group size and language in humans. *Behavioral and Brain Sciences* 16:681~735.

Dunbar, R. I. M. (1998). The social brain hypothesis. *Evolutionary Anthropology* 6:178~90.

Dunbar, R. I. M. (2008). Mind the gap: or why humans aren't just great apes. *Proceedings of the British Academy* 154:403~23.

Dunbar, R. I. M. (2011). Evolutionary basis of the social brain. In: J. Decety and J. Cacioppo (eds) *Oxford Handbook of Social Neuroscience*, pp. 28~38. Oxford: Oxford University Press.

Dunbar, R. I. M. (2011). Constraints on the evolution of social institutions and their implications for information flow. *Journal of Institutional Economics* 7:345~71.

Dunbar, R. I. M., and Shi, J. (2013). Time as a constraint on the distribution of feral goats at high latitudes. *Oikos* 122:403~10.

Dunbar, R. I. M., and Shultz, S. (2007). Understanding primate brain evolution. *Philosophical Transactions of the Royal Society, London* 362B:649~58.

Dunbar, R. I. M., and Shultz, S. (2010). Bondedness and sociality. *Behaviour* 147:775~803.

Dunbar, R. I. M., Korstjens, A. H., and Lehmann, J. (2009). Time as an ecological constraint. *Biological Reviews of the Cambridge Philosophical Society* 84:413~29.

Elton, S. (2006). Forty years on and still going strong:the use of hominin-cercopithecid comparisons in palaeoanthropology. *Journal of the Royal Anthropological Institute* 12:19~38.

Fay, J. M., Carroll, R., Peterhans, J. C. K., and Harris, D. (1995). Leopard attack on and consumption of gorillas in the Central African Republic. *Journal of Human Evolution* 29:93~99.

Hamilton, M. J., Milne, B. T., Walker, R. S., Burger, O., and Brown, J. H. (2007). The complex structure of hunter-gatherer social networks. *Proceedings of the Royal Society, London* 274B:2195~203.

Hill, R. A., and Dunbar, R. I. M. (2003). Social network size in humans. *Human Nature* 14:53~72.

Hill, R. A., Bentley, A., and Dunbar, R. I. M. (2008). Network scaling reveals consistent fractal pattern in hierarchical mammalian societies. *Biology Letters* 4:748~51.

Joffe, T. H. (1997). Social pressures have selected for an extended juvenile period in primates. *Journal of Human Evolution* 32:593~605.

Joffe, T. H., and Dunbar, R. I. M. (1997). Visual and socio-cognitive information processing in primate brain evolution. *Proceedings of the Royal Society, London* 264B:1303~7.

Kanai, R., Bahrami, B., Roylance, R., and Rees, G. (2012). Online social network size is reflected in human brain structure. *Proceedings of the Royal Society, London* 279:1327~34.

Kelley, J. L., Morrell, L. J., Inskip, C., Krause, J., and Croft, D. P. (2011). Predation risk shapes social networks in fission-fusion populations. *PLoS-One* 6:e24280.

Korstjens, A. H., and Dunbar, R. I. M. (2007). Time constraints limit group sizes and distribution in red and black-and-white colobus monkeys. *International Journal of Primatology* 28:551~75.

Korstjens, A. H., Lehmann, J., and Dunbar, R. I. M. (2010). Resting time as an ecological constraint on primate biogeography. *Animal Behaviour* 79:361~74.

Korstjens, A. H., Verhoeckx, I., and Dunbar, R. I. M. (2006). Time as a constraint on group size in spider monkey. *Behavioural Ecology and Sociobiology* 60:683~94.

Kudo, H., and Dunbar, R. I. M. (2001). Neocortex size and social network size in primates. *Animal Behaviour* 62:711~22.

Layton, R., O' Hara, S., and Bilsborough, A. (2012). Antiquity and social functions of multilevel social organization among human hunter-gatherers. *International Journal of Primatology* 33:1215~45.

Lehmann, J., and Dunbar, R. I. M. (2009). Network cohesion, group size and neocortex size in female-bonded Old World primates. *Proceedings of the Royal Society, London* 276B:4417~22.

Lehmann, J., and Dunbar, R. I. M. (2009). Implications of body mass and predation for ape social system and biogeographical distribution. *Oikos* 118:379~90.

Lehmann, J., Korstjens, A. H., and Dunbar, R. I. M. (2007). Group size, grooming and social cohesion in primates. *Animal Behaviour* 74:1617~29.

Lehmann, J., Korstjens, A. H., and Dunbar, R. I. M. (2007). Fission-fusion social systems as a strategy for coping with ecological constraints:a primate case. *Evolutionary Ecology* 21:613~34.

Lehmann, J., Korstjens, A. H., and Dunbar, R. I. M. (2008a). Time management in great apes: implications for gorilla biogeography. *Evolutionary Ecology Research* 10:517~36.

Lehmann, J., Korstjens, A. H., and Dunbar, R. I. M. (2008b). Time and distribution:a model of ape biogeography. *Ecology, Evolution and Ethology* 20:337~59.

Lehmann, J., Korstjens, A. H., and Dunbar, R. I. M. (2010). Apes in a changing world-the effects of global warming on the behaviour and distribution of African apes. *Journal of Biogeography* 37:2217~31.

Lehmann, J., Lee, P. C., and Dunbar, R. I. M. (2014). Unravelling the evolutionary function of communities. In:R. I. M. Dunbar, C. S. Gamble and J. A. J. Gowlett (eds) *Lucy to Language:The Benchmark Papers*, pp. 245~76. Oxford: Oxford University Press.

Lewis, P. A., Rezaie, R., Browne, R., Roberts, N., and Dunbar, R. I. M. (2011). Ventromedial prefrontal volume predicts understanding of others and social network size. *NeuroImage* 57:1624~29.

Marlowe, F. G. (2005). Hunter-gatherers and human evolution. *Evolutionary Anthropology* 14:54~67.

Mink, J. W., Blumenschine, R. J., and Adams, D. B. (1981). Ratio of central nervous system to body metabolism in vertebrates-its constancy and functional basis. *American Journal of Physiology* 241:R203~12.

O' Donnell, S., Clifford, M., and Molina, Y. (2011). Comparative analysis of constraints and caste differences in brain investment among social paper wasps. *Proceedings of the National Academy of Sciences, USA* 108:7107~12.

Palombit, R. A. (1999). Infanticide and the evolution of pairbonds in nonhuman primates. *Evolutionary Anthropology* 7:117~29.

Passingham, R. E., and Wise, S. P. (2012). *The Neurobiology of the Prefrontal Cortex*. Oxford: Oxford University Press.

Pawłowski, B. P., Lowen, C. B., and Dunbar, R. I. M. (1998). Neocortex size, social skills and mating success in primates. *Behaviour* 135:357~68.

Pérez-Barbería, J., Shultz, S., and Dunbar, R. I. M. (2007). Evidence for intense coevolution of sociality and brain size in three orders of mammals. *Evolution* 61:2811~21.

Powell, J., Lewis, P. A., Roberts, N., García-Fiñana, M., and Dunbar, R. I. M. (2012). Orbital prefrontal cortex volume predicts social network size: an imaging study of individual differences in humans. *Proceedings of the Royal Society, London* 279B:2157~62.

de Ruiter, J., Weston, G., and Lyon, S. M. (2011). Dunbar's number: group size and brain physiology in humans reexamined. *American Anthropologist* 113:557~68

Roberts, S. B. G., and Dunbar, R. I. M. (2011). The costs of family and friends: an 18-month longitudinal study of relationship maintenance and decay. *Evolution and Human Behavior* 32:186~97.

Roberts, S. B. G., Dunbar, R. I. M., Pollet, T., and Kuppens, T. (2009). Exploring variations in active network size: constraints and ego characteristics. *Social*

Networks 31:138~46.

Sallet, J., Mars, R. B., Noonan, M. P., et al. (2011). Social network size affects neural circuits in macaques. *Science* 334:697~700.

Saramäki, J., Leicht, E., López, E., Roberts, S., Reed-Tsochas, F., and Dunbar, R. I. M. (2014):The persistence of social signatures in human communication. *Proceedings of the National Academy of Sciences, USA.*

Sayers, K., and Lovejoy, C. O. (2008). The chimpanzee has no clothes: a critical examination of *Pan troglodytes* in models of human evolution. *Current Anthropology* 49:87~114.

van Schaik, C. P. (1983). Why are diurnal primates living in groups? *Behaviour* 87:91~117.

Shultz, S., and Dunbar, R. I. M. (2006). Chimpanzee and felid diet composition is influenced by prey brain size. *Biology Letters* 2:505~8.

Shultz, S., and Dunbar, R. I. M. (2007). The evolution of the social brain: Anthropoid primates contrast with other vertebrates. *Proceedings of the Royal Society, London* 274B:2429~36.

Shultz, S., and Dunbar, R. I. M. (2010). Encephalisation is not a universal macroevolutionary phenomenon in mammals but is associated with sociality. *Proceedings of the National Academy of Sciences, USA* 107:21582~86.

Shultz, S., and Finlayson, L. V. (2010). Large body and small brain and group sizes are associated with predator preferences for mammalian prey. *Behavioral Ecology* 21:1073~79.

Shultz, S., Noe, R., McGraw, S., and Dunbar, R. I. M. (2004). A communitylevel evaluation of the impact of prey behavioural and ecological characteristics on predator diet composition. *Proceedings of the Royal Society, London* 271B:725~32.

Smith, A. R., Seid, M. A., Jimenez, L., and Wcislo, W. T. (2010). Socially induced brain development in a facultatively eusocial sweat bee *Megalopta genalis* (Halictidae). *Proceedings of the Royal Society, London* 277B:2157~63.

Smuts, B. B., and Nicholson, N. (1989). Dominance rank and reproduction in female baboons. *American Journal of Primatology* 19:229~46.

Tsukahara, T. (1993). Lions eat chimpanzees:the first evidence of predation by lions on wild chimpanzees. *American Journal of Primatology* 29:1~11.

Wellman, B. (2012). Is Dunbar's number up? *British Journal of Psychology.* 103:174~76.

Willems, E., and Hill, R. A. (2009). A critical assessment of two species distribution models taking vervet monkeys (*Cercopithecus aethiops*) as a case study. *Journal of Biogeography* 36:2300~312.

Zhou, W.-X., Sornette, D., Hill, R. A., and Dunbar, R. I. M. (2005). Discrete hierarchical organization of social group sizes. *Proceedings of the Royal Society, London* 272B:439~44.

4 첫 번째 전환점; 오스트랄로피테쿠스

Barrett, L., Gaynor, D., Rendall, D., Mitchell, D., and Henzi, S. P. (2004). Habitual cave use and thermoregulation in chacma baboons (*Papio hamadryas ursinus*). *Journal of Human Evolution* 46:215~22.

Boesch-Achermann, H., and Boesch, C. (1993). Tool use in wild chimpanzees: new light from dark forests. *Current Directions in Psychological Science* 2:18~22.

Boesch, C., and Boesch, H. (1983). Optimization of nut-cracking with natural hammers by wild chimpanzess. *Behaviour* 83:265~86.

Berger, L. (2007). Further evidence for eagle predation of, and feeding damage on, the Taung child. *South African Journal of Science* 103:496~98.

Bettridge, C. M. (2010). *Reconstructing Australopithecine Socioecology Using Strategic Modelling Based on Modern Primates.* DPhil thesis, University of Oxford.

Brain, C. K. (1970). New finds at the Swartkrans australopithecine site. *Nature* 225:1112~19.

Carvalho, S., Biro, D., Cunha, E. et al. (2012). Chimpanzee carrying behaviour and the origins of human bipedality. *Current Biology* 22:R180~81.

Cerling, T., Mbua, E., Kirera, F. et al. (2011). Diet of *Paranthropus boisei* in the early Pleistocene of East Africa. *Proceedings of the National Academy of Sciences, USA* 108:9337~41.

Copeland, S., Sponheimer, M., de Ruiter, J. et al. (2011). Strontium isotope evidence for landscape use by early hominins. *Nature* 474:76~79.

Dezecache, G., and Dunbar, R. I. M. (2012). Sharing the joke:the size of natural laughter groups. *Evolution and Human Behavior* 33:775~79.

Dunbar, R. I. M. (2010). Deacon's dilemma:the problem of pairbonding in human evolution. In:R. I. M. Dunbar, C. Gamble and J. A. G. Gowlett (eds) *Social Brain, Distributed Mind*, pp. 159~79. Oxford: Oxford University Press.

Foley, R. A., and Elton, S. (1995). Time and energy:the ecological context for the evolution of bipedalism. In: E. Strasser, J. Fleagle, A. Rosenberger and H. McHenry (eds) *Primate Locomotion: Recent Advances*, pp. 419~33. New York: Plenum Press.

Hunt, K. D. (1994). The evolution of human bipedality:ecology and functional morphology. *Journal of Human Evolution* 26:183~202.

Klein, R. G. (2000). *The Human Career:Human Biological and Cultural Origins*, 3rd edition. Chicago: Chicago University Press.

Lawrence, K. T., Sosdian, S., White, H. E., and Rosenthal, Y. (2010). North Atlantic climate evolution through the Plio-Pleistocene climate transitions. *Earth and Planetary Science Letters* 300:329~42.

Lehmann, J., and Dunbar, R. I. M. (2009). Implications of body mass and predation for ape social system and biogeographical distribution. *Oikos* 118:379~90.

Lovejoy, C. O. (1981). The origin of man. *Science* 211:341~50.

Lovejoy, C. O. (2009). Reexamining human origins in light of *Ardipithecus ramidus*. *Science* 326:74e1~8.

McGraw, W. S., Cooke, C., and Shultz, S. (2006). Primate remains from African crowned eagle (*Stephanoaetus coronatus*) nests in Ivory Coast's Tai Forest: Implications for primate predation and early hominid taphonomy in South Africa. *American Journal of Physical Anthropology* 131:151~65.

McPherron, S., Alemseged, Z., Marean, C. et al. (2010). Evidence for stonetool-assisted consumption of animal tissues before 3.39 million years ago at Dikika, Ethiopia. *Nature* 466:857~60.

Marlowe, F., and Berbesque, J. (2009). Tubers as fallback foods and their impact on Hadza hunter-gatherers. *American Journal of Physical Anthropology* 140:751~58.

Nelson, E., and Shultz, S. (2010). Finger length ratios (2D:4D) in anthropoids implicate reduced prenatal androgens in social bonding. *American Journal of Physical Anthropology* 141:395~405.

Nelson, E., Rolian, C., Cashmore, L., and Shultz, S. (2011). Digit ratios predict polygyny in early apes, *Ardipithecus*, Neanderthals and early modern humans but not in Australopithecus. *Proceedings of the Royal Society, London* 278B:1556~63.

Pawłowski, B. P., Lowen, C. B., and Dunbar, R. I. M. (1998). Neocortex size, social skills and mating success in primates. *Behaviour* 135:357~68.

Platt, J. R. (1964). Strong inference. *Science* 146:347~53.

Pontzer, H., Raichlen, D. A., Sockol, M. D. (2009). The metabolic costs of walking in humans, chimpanzees and early hominins. *Journal of Human Evolution* 56:43~54.

Reno, P. L., McCollum, M. A., Meindl, R. S., and Lovejoy, C. O. (2010). An enlarged postcranial sample confirms *Australopithecus afarensis* dimorphism was similar to modern humans. *Philosophical Transactions of the Royal Society* 365B:3355~63.

Reno, P. L., Meindl, R. S., McCollum, M. A., and Lovejoy, C. O. (2003). Sexual dimorphism in *Australopithecus afarensis* was similar to that of modern humans. *Proceedings of the National Academy of Sciences, USA* 100:9404~9.

Richmond, B. G., Aiello, L. C., and Wood, B. (2002). Early hominin limb proportions. *Journal of Human Evolution* 43:529~48.

Richmond, B. G., Strait, D. S., and Begun, D. R. (2001). Origin of human bipedalism: the knuckle-walking hypothesis revisited. *Yearbook of Physical Anthropology* 44:70~105.

Ruxton, G. D., and Wilkinson, D. M. (2011). Thermoregulation and endurance running in extinct hominins: Wheeler's models revisited. *Journal of Human Evolution* 61:169~75.

Ruxton, G. D., and Wilkinson, D. M. (2011). Avoidance of overheating and selection for both hair loss and bipedality in hominins. *Proceedings of the National Academy of Sciences, USA* 108:20965~69.

Schmid, P., Churchill, S. E., Nalla, S. et al. (2013). Mosaic morphology in the thorax of *Australopithecus sediba*. *Science* 340.

Sockol, M. D., Raichlen, D. A., and Pontzer, H. (2007). Chimpanzee locomotor energetics and the origin of human bipedalism. *Proceedings of the National Academy of Sciences, USA* 104:12265~69.

Sponheimer, M., and Lee-Thorpe, J. (2003). Differential resource utilization by extant great apes and australopithecines:towards solving the C4 conundrum. *Comparative Biochemistry and Physiology* 136A:27~34.

Sponheimer, M., Lee-Thorpe, J., de Ruiter, D. et al. (2005). Hominins, sedges, and termites: new carbon isotope data from the Sterkfontein valley and Kruger National Park. *Journal of Human Evolution* 48:301~12.

Tsukahara, T. (1993). Lions eat chimpanzees: the first evidence of predation by lions on wild chimpanzees. *American Journal of Primatology* 29:1~11.

Ungar, P. S., and Sponheimer, M. (2011). The diets of early hominins. *Science* 334:190~93.

Ungar, P. S., Grine, F. E., and Teaford, M. F. (2006). Diet in early Homo: a review of the evidence and a new model of adaptive versatility. *Annual Review of Anthropology* 35:209~28.

Wheeler, P. E. (1984). The evolution of bipedality and loss of functional body hair in hominids. *Journal of Human Evolution* 13:91~98.

Wheeler, P. E. (1985). The loss of functional body hair in man: the influence of thermal environment, body form and bipedality. *Journal of Human Evolution* 14:23~28.

Wheeler, P. E. (1991). The thermoregulatory advantages of hominid bipedalism in open equatorial environments:the contribution of increased convective heat loss and cutaneous evaporative cooling. *Journal of Human Evolution* 21:107~15.

Wheeler, P. E. (1991). The influence of bipedalism on the energy and water budgets of early hominids. *Journal of Human Evolution* 21:117~36.

Wheeler, P. E. (1992). The thermoregulatory advantages of large body size for hominids foraging in savannah environments. *Journal of Human Evolution* 23:351~62.

Wheeler, P. E. (1992). The influence of the loss of functional hair on the water budgets of early hominids. *Journal of Human Evolution* 23:379~88.

Wheeler, P. E. (1993). The influence of stature and body form on hominid energy and water budgets:a comparison of Australopithecus and early Homo physiques. *Journal of Human Evolution* 24:13~28.

5 두 번째 전환점; 초기 호모

Aiello, L. C., and Wells, J. (2002). Energetics and the evolution of the genus *Homo*. *Annual Review of Anthropology* 31:323~38.

Aiello, L. C., and Wheeler, P. (1995). The expensive tissue hypothesis:the brain and the digestive system in human evolution. *Current Anthropology* 36:199~221.

Allen, K. L., and Kay, R. F. (2012). Dietary quality and encephalization in platyrrhine primates. *Proceedings of the Royal Society, London* 279B:715~21.

Alperson-Afil, N. (2008). Continual fire-making by hominins at Gesher Benot Ya'aqov, Israel. *Quaternary Science Reviews* 27:1733~39.

Bailey, D., and Geary, D. (2009). Hominid Brain Evolution. *Human Nature* 20:67~79.

Barbetti, M., Clark, J. D., Williams, F. M., and Williams, M. A. J. (1980). Palaeomagnetism and the search for very ancient fireplaces in Africa. Results from a million-year-old Acheulian site in Ethiopia. *Anthropologie* 18:299~304.

Behrensmeyer, A. K., Todd, N. E., Potts, R., and McBrinn, G. E. (1997). Late Pliocene faunal turnover in the Turkana Basin, Kenya and Ethiopia. *Science* 278:1589~94.

Bellomo, R. V. (1994). Methods of determining early hominid behavioural activities associated with the controlled use of fire at FxJj20 Main, Koobi Fora, Kenya. *Journal of Human Evolution* 27:173~95.

Berna, F., Goldberg, P., Horwitz, L. K. et al. (2012). Microstratigraphic evidence of in situ fire in the Acheulean strata of Wonderwerk Cave, Northern Cape Province, South Africa. *Proceedings of the National Academy of Sciences, USA* 109:E1215~20.

Binford, L. R., and Ho, C. K. (1985). Taphonomy at a distance: Zhoukoudian, 'the cave home of Beijing man'? *Current Anthropology* 26:413~42.

Brain, C. K., and Sillen, A. (1988). Evidence from the Swartkrans cave for the earliest use of fire. *Nature* 336:464~66.

Brown, K. S., Marean, C. W., Herries, A. I. R. et al. (2009). Fire as an engineering tool of early modern humans. *Science* 325:859~62.

Carmody, R. N., and Wrangham, R. W. (2009). The energetic significance of cooking. *Journal of Human Evolution* 57:379~91.

Clark, J. D., and Harris, J. W. K. (1985). Fire and its roles in early hominid lifeways. *African Archaeological Review* 3:3~27.

Coqueugniot, H., Hublin, J.-J., Veillon, F., Houët, F., and Jacob, T. (2004). Early brain growth in *Homo erectus* and implications for cognitive ability. *Nature* 431:299~302.

Cordain, L., Miller, J. B., Eaton, S. B., Mann, N., Holt, S. H. A., and Speth, J. D. (2000). Plant-animal subsistence ratios and macronutrient energy estimations in worldwide hunter-gatherer diets. *American Journal of Clinical Nutrition* 71:682~92.

Davila Ross, M., Allcock, B., Thomas, C., and Bard, K. A. (2011). Aping expressions? Chimpanzees produce distinct laugh types when responding to laughter of others. *Emotion* 11:1013~20.

Davila Ross, M., Owren, M. J., and Zimmermann, E. (2009). Reconstructing the evolution of laughter in great apes and humans. *Current Biology*, 19, 1~6.

deMenocal, P. B. (2004). African climate change and faunal evolution during the Pliocene/Pleistocene. *Earth and Planetary Science Letters* 220:3~24.

De Miguel, C., and Heneberg, M. (2001). Variation in hominin brain size: how much is due to method? *Homo* 52:3~58.

Dezecache, G., and Dunbar, R. I. M. (2012). Sharing the joke:the size of natural laughter groups. *Evolution and Human Behavior* 33:775~9.

Dunbar, R. I. M. (2000). Male mating strategies:a modelling approach. In: P. Kappeler (ed.) *Primate Males*, pp. 259~68. Cambridge: Cambridge University Press.

Dunbar, R. I. M. (2012). Bridging the bonding gap:the transition from primates to humans. *Philosophical Transactions of the Royal Society, London* 367B:1837~46.

Dunbar, R. I. M., and Gowlett, J. A. J. (2013). Fireside chat:the impact of fire on hominin socioecology. In: R. I. M. Dunbar, C. Gamble and J. A. J. Gowlett (eds) *The Lucy Project:The Benchmark Papers*, pp. 277~96. Oxford: Oxford University Press.

Dunbar, R. I. M., and Shultz, S. (2007). Understanding primate brain evolution.

Philosophical Transactions of the Royal Society, London 362B:649~58.

Dunbar, R. I. M., Baron, R., Frangou, A. et al. (2012). Social laughter is correlated with an elevated pain threshold. *Proceedings of the Royal Society, London* 279B:1161~67.

Dunbar, R. I. M., Marriot, A., and Duncan, N. (1997). Human conversational behaviour. *Human Nature* 8:231~46.

Gonzalez-Voyer, A., Winberg, S., and Kolm, N. (2009). Social fishes and single mothers:brain evolution in African cichlids. *Proceedings of the Royal Society, London* 276B:161~67.

Goren-Inbar N., Alperson N., Kislev, M. E. et al. (2004). Evidence of hominin control of fire at Gesher Benot Ya'aqov, Israel. *Science* 304:725~27.

Goudsbloom, J. (1995). *Fire and Civilisation*. Harmondsworth: Penguin.

Gowlett, J. A. J. (2006). The early settlement of northern Europe: fire history in the context of climate change and the social brain. *Comptes Rendus Palevol* 5:299~310

Gowlett, J. A. J. (2010). Firing up the social brain. In:R. I. M. Dunbar, C. Gamble and J. A. J. Gowlett (eds) *Social Brain and Distributed Mind*, pp. 345~70. Oxford: Oxford University Press.

Gowlett, J. A. J., and Wrangham, R. W. (2013). Earliest fire in Africa: towards convergence of archaeological evidence and the cooking hypothesis. *Azania* 48:5~30.

Gowlett, J. A. J., Hallos, J., Hounsell, S., Brant, V., and Debenham, N. C. (2005). Beeches Pit-archaeology, assemblage dynamics and early fire history of a Middle Pleistocene site in East Anglia, UK. *Eurasian Prehistory* 3:3~38.

Gowlett, J. A. J., Harris, J. W. K., Walton, D., and Wood, B. A. (1981). Early archaeological sites, hominid remains and traces of fire from Chesowanja, Kenya. *Nature* 294:125~29.

Hallos J. (2005). '15 Minutes of Fame':exploring the temporal dimension of Middle Pleistocene lithic technology. *Journal of Human Evolution* 49:155~79.

Hartwig, W., Rosenberger, A., Norconk, M., and Owl, M. (2011). Relative brain size, gut size, and evolution in New World Monkeys. *Anatomical Record* 294:2207~21.

Isler, K., and van Schaik, C. P. (2009). The expensive brain:a framework for explaining evolutionary changes in brain size. *Journal of Human Evolution* 57:392~400.

Isler, K., and van Schaik, C. P. (2012). How our ancestors broke through the gray ceiling. *Current Anthropology* 53:S453~65.

Klein, R. G. (2000). *The Human Career:Human Biological and Cultural Origins*, 3rd edition. Chicago: Chicago University Press.

Kotrschal, A., Rogell, B., Bundsen, A. et al. (2013). Artificial selection on relative brain size in the guppy reveals costs and benefits of evolving a larger brain. *Current Biology* 23:1~4.

Larson, S. G. (2007). Evolutionary transformation of the hominin shoulder. *Evolutionary Anthropology* 16:172~87.

Lehmann, J., Korstjens, A. H., and Dunbar, R. I. M. (2007). Group size, grooming and social cohesion in primates. *Animal Behaviour* 74:1617~29.

Leonard, W. R., Robertson, M. L., Snodgrass, J. J., and Kuzawa, C. W. (2003). Metabolic correlates of hominid brain evolution. *Comparative Biochemistry and Physiology* 136A:5~15.

Ludwig, B. (2000). New evidence for the possible use of controlled fire from ESA sites in the Olduvai and Turkana basins. *Journal of Human Evolution* 38:A17.

de Lumley, H. (2006). Il y a 400,000 ans: la domestication du feu, un formidable moteur d'hominisation. In: H. de Lumley (ed.) *Climats, Cultures et Sociétés aux Temps Préhistoriques, de l'Apparition des Hominidés Jusqu'au Néolithique. Comptes Rendus Palevol* 5:149~54.

McKinney, C. (2001). The uranium-series age of wood from Kalambo Falls. Appendix D in: J. D. Clark (ed.) 2001. *Kalambo Falls*, Vol. 3, pp. 665~74. Cambridge: Cambridge University Press.

Maslin, M. A., and Trauth, M. H. (2009). Plio-Pleistocene East African pulsed climate variability and its influence on early human evolution. In: F. E. Grine, J. G. Fleagle and R. E. Leakey (eds.) *The First Humans: Origin and Early Evolution of the Genus Homo*, pp. 151~58. Berlin: Springer.

Morwood, M., Soejono, R., Roberts, R. et al. Archaeology and age of a new hominin from Flores in eastern Indonesia. *Nature* 431:1087~91. http://www.nature.com/nature/journal/v431/n7012/abs/nature02956.html-a8(2004).

Navarette, A., van Schailk, C. P., and Isler, K. (2011). Energetics and the evolution of human brain size. *Nature* 480:91~93.

Niven, J. E., and Laughlin, S. B. (2008). Energy limitation as a selective pressure on the evolution of sensory systems. *Journal of Experimental Biology* 211:1792~804.

Osaka City University (2011). Catalogue of Fossil Hominids Database. http://gbs.ur-plaza.osaka-cu.ac.jp/kaseki/index.html

Pawtowski, B. P., Lowen, C. B., and Dunbar, R. I. M. (1998). Neocortex size, social skills and mating success in primates. *Behaviour* 135:357~68.

Plavcan, J. M. (2012). Body size, size variation, and sexual size dimorphism in early *Homo. Current Anthropology* 53:S409~23.

Preece, R. C., Gowlett, J. A. J., Parfitt, S. A., Bridgland, D. R., and Lewis, S. G.

(2006). Humans in the Hoxnian: habitat, context and fire use at Beeches Pit, West Stow, Suffolk, UK. *Journal of Quaternary Science* 21:485~96.

Provine, R. (2000). *Laughter.* Harmondsworth:Penguin Books.

Richmond, B. G., Aiello, L. C., and Wood, B. (2002). Early hominin limb proportions. *Journal of Human Evolution* 43:529~48.

Roach, N. T., Venkadesan, M., Rainbow, M. J., and Lieberman, D. E. (2013). Elastic energy storage in the shoulder and the evolution of high-speed throwing in *Homo. Nature* 498:483~87.

Roebroeks, W., and Villa, P. (2011). On the earliest evidence for habitual use of fire in Europe. *Proceedings of the National Academy of Sciences, USA* 108:5209~14.

Rolland, N. (2004). Was the emergence of home bases and domestic fire a punctuated event? A review of the Middle Pleistocene record in Eurasia. *Asian Perspectives* 43:248~80.

Shipman, P., and Walker, A. (1989). The costs of becoming a predator. *Journal of Human Evolution* 18:373~92.

Shultz, S., and Dunbar, R. I. M. (2010). Social bonds in birds are associated with brain size and contingent on the correlated evolution of life-history and increased parental investment. *Biological Journal of the Linnean Society* 100:111~23.

Shultz, S., and Dunbar, R. I. M. (2010). Encephalisation is not a universal macroevolutionary phenomenon in mammals but is associated with sociality. *Proceedings of the National Academy of Sciences, USA* 107:21582~86.

Shultz, A., and Maslin, M. (2013). Early human speciation, brain expansion and dispersal influenced by African climate pulses. *PLoS One* 8:e76750.

Simpson, S. W., Quade, J., Levin, N. E. et al. (2008). A female *Homo erectus* pelvis from Gona, Ethiopia. *Science* 322:1089~92.

Speth, J. D. (1991). Protein selection and avoidance strategies of contemporary and ancestral foragers:unresolved issues. *Philosophical Transactions of the Royal Society, London* 334:265~70.

Ungar, P. S. (2012). Dental evidence for the reconstruction of diet in African early *Homo. Current Anthropology* 53:S318~29.

Weiner S., Xu Q., Goldberg P., Lui J., and Bar-Yosef, O. (1998). Evidence for the use of fire at Zhoukoudian, China. *Science* 281:251~53.

Williams, D. F., Peck, J., Karabanov, E. B. et al. (1997). Lake Baikal record of continental climate response to orbital insolation during the past 5 million years. *Science* 278:1114~17.

Wood, B., and Collard, M. (1999). The human genus. *Science* 284:65~71.

Wrangham, R. W. (2010). *Catching Fire: How Cooking Made Us Human.* New York: Basic Books.

Wrangham, R. W., and Conklin-Brittain, N. (2003). Cooking as a biological trait. *Comparative Biochemistry and Physiology* A, 136:35~46.

Wrangham, R. W., and Peterson, D. (1996). *Demonic Males:Apes and the Origins of Human Violence.* New York: Houghton Mifflin.

Wrangham, R. W., Jones, J. H., Laden, G., Pilbeam, D., and Conklin-Brittain, N. (1999). The raw and the stolen:cooking and the ecology of human origins. *Current Anthropology* 40:567~94.

Wrangham, R. W., Wilson, M. L., and Muller, M. N. (2006). Comparative rates of violence in chimpanzees and humans. *Primates* 47:14~26.

Wu, X., Schepartz, L. A., Falk, D., and Liu, W. (2006). Endocranial cast of Hexian *Homo erectus* from South China. *American Journal of Physical Anthropology* 130:445~54.

6 세 번째 전환점; 고인류

Bailey, D., and Geary, D. (2009). Hominid brain evolution. *Human Nature* 20:67~79.

Beals, K. L., Courtland, L. S., Dodd, S. M. et al.(1984). Brain size, cranial morphology, climate, and time machines. *Current Anthropology* 25:301~30.

Bergman (2013). Speech-like vocalized lip-smacking in geladas. *Current Biology* 23:R268~69.

Arsuaga, J. L., Bermúdez de Castro, J. M., and Carbonell, E. (eds.) (1997). The Sima de los Huesos hominid site. *Journal of Human Evolution* 33:105~421.

Balzeau, A., Holloway, R. L., and Grimaud-Hervé, D. (2012). Variations and asymmetries in regional brain surface in the genus *Homo. Journal of Human Evolution* 62:696~706.

Bruner, E., Manzi, G., and Arsuaga, J. L. (2003). Encephalization and allometric trajectories in the genus *Homo*: evidence from the Neandertal and modern lineages. *Proceedings of the National Academy of Sciences, USA* 100:15335~40.

Carbonell, E., and Mosquera, A. (2006). The emergence of a symbolic behaviour:the sepulchral pit of Sima de los Huesos, Sierra de Atapuerca, Burgos, Spain. *Comptes Rendus Palevol* 5:155~60.

Churchill, S. E. (1998). Cold adaptation, heterochrony, and Neandertals. *Evolutionary Anthropology* 7:46~61.

Cohen, E., Ejsmond-Frey, R., Knight, N., and Dunbar, R. I. M. (2010). Rowers' high: behavioural synchrony is correlated with elevated pain thresholds.

Biology Letters 6:106~8.

Dunbar, R. I. M. (2011). On the evolutionary function of song and dance. In: N. Bannan (ed.) *Music, Language and Human Evolution*, pp. 201~14. Oxford: Oxford University Press.

Dunbar, R. I. M., and Shi, J. (2013). Time as a constraint on the distribution of feral goats at high latitudes. *Oikos* 122:403~10.

Dunbar, R. I. M., Kaskatis, K., MacDonald, I., and Barra, V. (2012). Performance of music elevates pain threshold and positive affect. *Evolutionary Psychology* 10:688~702.

Foley, R. A., and Lee, P. C. (1989). Finite social space, evolutionary pathways, and reconstructing hominid behavior. *Science* 243:901~6.

Gunz, P., Neubauer, S., Golovanova, L. et al. (2012). A uniquely modern human pattern of endocranial development. Insights from a new cranial reconstruction of the Neandertal newborn from Mezmaiskaya. *Journal of Human Evolution* 62:300~13.

Gustison, M. L., le Roux, A., and Bergman, T. J. (2012). Derived vocalizations of geladas (*Theropithecus gelada*) and the evolution of vocal complexity in primates. *Philosophical Transactions of the Royal Society, London* B 367B:1847~59.

Holmes, J. A., Atkinson, T., Darbyshire, D. P. F. et al. (2010). Middle Pleistocene climate and hydrological environment at the Boxgrove hominin site (West Sussex, UK) from ostracod records. *Quaternary Science Reviews* 29:1515~27.

Joffe, T., and Dunbar, R. I. M. (1997). Visual and socio-cognitive information processing in primate brain evolution. *Proceedings of the Royal Society, London* 264B:1303~7.

Kirk, E. C. (2006). Effects of activity pattern on eye size and orbital aperture size in primates. *Journal of Human Evolution* 51:159~70.

Klein, R. G. (2000). *The Human Career:Human Biological and Cultural Origins*, 3rd edition. Chicago: Chicago University Press.

Krings, M., Stone, A., Schmitz, R. W., Krainitzki, H., Stoneking, M., and Paabo, S. (1997). Neandertal DNA sequences and the origin of modern humans. *Cell* 90:19~30.

Lalueza-Fox, C., Rosas, A., Estalrrich, A. et al. (2010). Genetic evidence for patrilocal mating behaviour among Neandertal groups. *Proceedings of the National Academy of Sciences, USA* 108:250~53.

McNeill, W. H. (1995). *Keeping in Time Together:Dance and Drill in Human History*. Cambridge, MA:Harvard University Press.

Maslin, M. A., and Trauth, M. H. (2009). Plio-Pleistocene East African pulsed climate variability and its influence on early human evolution. In: F. E. Grine,

J. G. Fleagle and R. E. Leakey (eds) *The First Humans: Origin and Early Evolution of the Genus Homo*, pp. 151~58. Berlin: Springer.

Mithen, S. (2005). *The Singing Neanderthals: The Origins of Music, Language, Mind and Body*. Cambridge, MA: Harvard University Press.

Niven, L., Steele, T., Rendu, W. et al. (2012). Neandertal mobility and largegame hunting: the exploitation of reindeer during the Quina Mousterian at Chez-Pinaud Jonzac (Charente-Maritime, France). *Journal of Human Evolution* 63:624~35.

Noonan, J. P., Coop, G., Kudaravalli, S. et al. (2006). Sequencing and analysis of Neanderthal genomic DNA. *Science* 314:1113~18.

Osaka City University (2011). *Catalogue of Fossil Hominids Database*. http://gbs.ur-plaza.osaka-cu.ac.jp/kaseki/index.html.

Pearce, E., and Dunbar, R. I. M. (2012). Latitudinal variation in light levels drives human visual system size. *Biology Letters* 8:90~93.

Pearce, E., Stringer, C., and Dunbar, R. I. M. (2013). New insights into differences in brain organisation between Neanderthals and anatomically modern humans. *Proceedings of the Royal Society, London* 280B.

Reed, K. E. (1997). Early hominid evolution and ecological change through the African Plio-Pleistocene. *Journal of Human Evolution* 32:289~322.

Reed, K. E., and Russak, S. M. (2009). Tracking ecological change in relation to the emergence of *Homo* near the Plio-Pleistocene boundary. In: F. E. Grine, J. G. Fleagle and R. E. Leakey (eds) *The First Humans: Origin and Early Evolution of the Genus Homo*, pp. 159-71. Berlin: Springer.

Reich, R., Green, R., Kircher, M. et al. (2010). Genetic history of an archaic hominin group from Denisova cave in Siberia. *Nature* 468:1053~60.

Rhodes, J. A., and Churchill, S. E. (2009). Throwing in the Middle and Upper Paleolithic: inferences from an analysis of humeral retroversion. *Journal of Human Evolution* 56:1~10.

Richards, M. P., and Trinkaus, E. (2009). Isotopic evidence for the diets of European Neanderthals and early modern humans. *Proceedings of the National Academy of Sciences, USA* 106:16034~39.

Richards, M. P., Pettitt, P. B., Trinkaus, E., Smith, F. H., Paunović; M., and Karavanić I. (2000). Neanderthal diet at Vindija and Neanderthal predation: the evidence from stable isotopes. *Proceedings of the National Academy of Sciences, USA* 97:7663~66.

Richards, M. P., Jacobi R., Cook, J., Pettitt, P. B., and Stringer, C. B. (2005). Isotope evidence for the intensive use of marine foods by Late Upper Palaeolithic humans. *Journal of Human Evolution* 49:390~94.

Roach, N. T., Venkadesan, M., Rainbow, M. J., and Lieberman, D. E. (2013). Elastic energy storage in the shoulder and the evolution of high-speed throwing in *Homo. Nature* 498:483~87.

Roberts, M. B., Stringer, C. B., and Parfitt, S. A. (1994). A hominid tibia from Middle Pleistocene sediments at Boxgrove, UK. *Nature* 369:311~13.

Roberts, S. B. G., Dunbar, R. I. M., Pollet, T., and Kuppens, T. (2009). Exploring variations in active network size:constraints and ego characteristics. *Social Networks* 31:138~46.

Saladié, P., Huguet, R., Rodríguez-Hidalgo, A. et al. (2012). Intergroup cannibalism in the European Early Pleistocene: the range expansion and imbalance of power hypotheses. *Journal of Human Evolution* 63:682~95.

Schmitt, D., Churchill, S. E., and Hylander, W. L. (2003). Experimental evidence concerning spear use in Neandertals and early modern humans. *Journal of Archaeological Science* 30:103~14.

Sutcliffe, A., Dunbar, R. I. M., Binder, J., and Arrow, H. (2012). Relationships and the social brain: integrating psychological and evolutionary perspectives. *British Journal of Psychology* 103:149~68.

Thieme, H. (1998). The oldest spears in the world: Lower Palaeolithic hunting weapons from Schöningen, Germany. In: E. Carbonell, J. M. Bermudez de Castro, J. L. Arsuaga and X. P. Rodriguez (eds) *Los Primeros Pobladores de Europa [The First Europeans:Recent Discoveries and Current Debate]*, pp. 169~93. Aldecoa: Burgos.

Thieme, H. (2005). The Lower Palaeolithic art of hunting:the case of Schöningen 13 II~4, Lower Saxony, Germany. In: C. S. Gamble and M. Porr (eds) *The Hominid Individual in Context:Archaeological Investigations of Lower and Middle Palaeolithic Landscapes, Locales and Artefacts*, pp. 115~32. London: Routledge.

Vallverdú, J., Allué, E., Bischoff, J. L. et al. (2005). Short human occupations in the Middle Palaeolithic level I of the Abric Romaní rock-shelter (Capellades, Barcelona, Spain). *Journal of Human Evolution* 48:157~74.

Vaquero, M., and Pastó, I. (2001). The definition of spatial units in Middle Palaeolithic sites: the hearth related assemblages. *Journal of Archaeological Science* 28:1209~20.

Vaquero, M., Vallverdú, J., Rosell, J., Pastó, I., and Allué, E. (2001). Neandertal behavior at the Middle Palaeolithic site of Abric Romani, Capellades, Spain. *Journal of Field Archaeology* 28:93~114.

Weaver, T. D., and Hublin, J.-J. (2009). Neandertal birth canal shape and the evolution of human childbirth. *Proceedings of the National Academy of Sciences, USA* 106:8151~56

Wilkins, J., Schoville, B. J., Brown, K. S., and Chazan, M. (2012). Evidence for early hafted hunting technology. *Science* 338:942~46.

Zollikofer, C. P. E., Ponce de León, M. S., Vandermeersch, B., and Lévêque, F. (2002). Evidence for interpersonal violence in the St Césaire Neanderthal. *Proceedings of the National Academy of Sciences, USA* 99:6444~48.

7 네 번째 전환점; 현생인류

Aiello, L. C. (1996). Terrestriality, bipedalism, and the origin of language. In: G. Runciman, J. Maynard-Smith and R. I. M. Dunbar (eds) *Evolution of Social Behaviour Patterns in Primates and Man*, pp. 269~89. Oxford: Oxford University Press.

Aiello, L. C., and Dunbar, R. I. M. (1993). Neocortex size, group size and the evolution of language. *Current Anthropology* 34:184~93.

Aiello, L. C., and Wheeler, P. (2003). Neanderthal thermoregulation and the glacial climate. In: T. H. van Andel and W. Davies (eds.) *Neanderthals and Modern Humans in the European Landscape During the Late Glaciation.* Cambridge: Cambridge University Press.

Arensburg, B., Tillier, A. M., Vandermeersch, B., Duday, H., Schepartz, L. A., and Rak, Y. (1989). A Middle Palaeolithic human hyoid bone. *Nature* 338, 758~60.

Atkinson, Q. D., Gray, R. D., and Drummond, A. J. (2009). Bayesian coalescent inference of major human mitochondrial DNA haplogroup expansions in Africa. *Proceedings of the Royal Society, London* 276B:367~73.

Bailey, D., and Geary, D. (2009). Hominid Brain Evolution. *Human Nature* 20:67~79.

Balzeau, A., Holloway, R. L., and Grimaud-Hervé, D. (2012). Variations and asymmetries in regional brain surface in the genus *Homo. Journal of Human Evolution* 62:696~706.

Barton, R. A., and Venditti, C. (2013). Human frontal lobes are not relatively large. *Proceedings of the National Academy of Sciences, USA* to come 111:942~947.

Bruner, E., Manzi, G., and Arsuaga, J. L. (2003). Encephalization and allometric trajectories in the genus Homo:Evidence from the Neandertal and modern lineages. *Proceedings of the National Academy of Sciences, USA* 100:15335~40.

Burke, A. (2012). Spatial abilities, cognition and the pattern of Neanderthal and modern human dispersals. *Quaternary International* 247:230~35.

Caspari, R., and Lee, S.-H. (2004). Older age becomes common late in human evolution. *Proceedings of the National Academy of Sciences, USA* 101:10895~900.

Comas, I., Coscolla, M., Luo, T. et al. (2013). Out-of-Africa migration and Neolithic coexpansion of *Mycobacterium tuberculosis* with modern humans. *Nature Genetics* 45:1176~82.

Cowlishaw, C., and :Dunbar, R. I. M. (2000). *Primate Conservation Biology.* Chicago IL: Chicago University Press.

DaGusta, D., Gilbert, W. H., and Turner, S. P. (1999). Hypoglossal canal size and hominid speech. *Proceedings of the National Academy of Sciences, USA* 96:1800~804.

Deacon, T. W. (1995). *The Symbolic Species:The Coevolution of Language and the Human Brain.* Harmondsworth: Allen Lane.

Dean, C., Leakey, M. G., Reid, D. et al. (2001). Growth processes in teeth distinguish modern humans from Homo erectus and earlier hominins. *Nature* 414:628~31.

Dobson, S. D. (2009). Socioecological correlates of facial mobility in nonhuman anthropoids. *American Journal of Physical Anthropology* 139:413~20.

Dobson, S. D. (2012). Face to face with the social brain. *Philosophical Transactions of the Royal Society* 367B:1901~8.

Dobson, S. D., and Sherwood, C. C. (2011). Correlated evolution of brain regions involved in producing and processing facial expressions in anthropoid primates. *Biology Letters* 7:86~88.

Dunbar, R. I. M. (2012). Bridging the bonding gap:the transition from primates to humans. *Philosophical Transactions of the Royal Society, London* 367B:1837~46.

Dunbar, R. I. M., and Shi, J. (2013). Time as a constraint on the distribution of feral goats at high latitudes. *Oikos* 122:403~10.

Dunsworth, H. M., Warrener, A. G., Deacon, T., Ellison, P. T., and Pontzer, H. (2012). Metabolic hypothesis for human altriciality. *Proceedings of the National Academy of Sciences, USA* 109:15212~16.

Enard, W., Przeworski, M., Fisher, S. E. et al. (2002). Molecular evolution of FOXP2, a gene involved in speech and language. *Nature* 418:869~72.

Féblot-Augustins, J. (1993). Mobility strategies in the Late Middle Palaeolithic of central Europe and western Europe: elements of stability and variability. *Journal of Anthropological Archaeology* 12:211~65.

Finlay, B. L., Darlington, R. B., and Nicastro, N. (2001). Developmental structure in brain evolution. *Behavioral and Brain Sciences* 24:263~308.

Finlayson, C. (2010). *The Humans Who Went Extinct: Why Neanderthals Died Out and We Survived.* Oxford: Oxford University Press.

Fisher, S. E., and Marcus, G. F. (2006). The eloquent ape: genes, brains and the evolution of language. *Nature Reviews Genetics* 7:9~20.

Freeberg, T. M. (2006). Social complexity can drive vocal complexity. *Psychological Science* 17:557~61.

Goebel, T., Waters, M.R., and O'Rourke, D. H. (2008). The late Pleistocene dispersal of modern humans in the Americas. *Science* 319:1497~502.

Haesler, S., Rochefort, C., Georgi, B., Licznerski, P., Osten, P., and Scharff, C. (2007). Incomplete and inaccurate vocal imitation after knockdown of FoxP2 in songbird basal ganglia nucleus Area X. *PLoS Biology* 5:e321.

Helgason, A., Hickey, E., Goodacre, S. et al. (2001). mtDNA and the islands of the North Atlantic:estimating the proportions of Norse and Gaelic ancestry. *American Journal of Human Genetics* 68:723~37.

Helgason, A., Sigurðardóttir, S., Gulcher, J. R., Ward, R., and Stefánsson, K. (2000). mtDNA and the origin of the Icelanders: deciphering signals of recent population history. *American Journal of Human Genetics* 66:999~1016.

Henn, B., Gignoux, C., Jobin, M. et al. (2011). Hunter-gatherer genomic diversity suggests a southern African origin for modern humans. *Proceedings of the National Academy of Sciences, USA* 108:5154~62.

Horan, R. D., Bulte, E., and Shogren, J. F. (2005). How trade saved humanity from biological exclusion: an economic theory of Neanderthal extinction. *Journal of Economic Behavior and Organization* 58:1~29.

Ingman, M., Kaessmann, H., Pääbo, S., and Gyllensten, U. (2000). Mitochondrial genome variation and the origin of modern humans. *Nature, London* 408:708~13.

Joffe, T. H. (1997). Social pressures have selected for an extended juvenile period in primates. *Journal of Human Evolution* 32:593~605.

Jungers, W. L., Pokempner, A., Kay, R. F., and Cartmill, M. (2003). Hypoglossal canal size in living hominoids and the evolution of human speech. *Human Biology* 75:473~84.

Kay, R. F., Cartmill, M., and Balow, M. (1998). The hypoglossal canal and the origin of human vocal behaviour. *Proceedings of the National Academy of Sciences, USA* 95:5417~19.

Klein, R. G. (2000). *The Human Career:Human Biological and Cultural Origins*, 3rd edition. Chicago:Chicago University Press.

Krause, J., Lalueza-Fox, C., Orlando, L. et al. (2007). The derived *FoxP2* variant of modern humans was shared with Neanderthals. *Current Biology* 17:1908~12.

Lahr, M. M., and Foley, R. (1994). Multiple dispersals and modern human origins. *Evolutionary Anthropology* 3:48~60.

Lewis, P. A., Rezaie, R., Browne, R., Roberts, N., and Dunbar, R. I. M. (2011). Ventromedial prefrontal volume predicts understanding of others and social network size. *NeuroImage* 57:1624~29.

McComb, K., and Semple, S. (2005). Coevolution of vocal communication and sociality in primates. *Biology Letters* 1:381~85.

MacLarnon, A., and Hewitt, G. (1999). The evolution of human speech: the role of enhanced breathing control. *American Journal of Physical Anthropology* 109:341~63.

Martín-González, J., Mateos, A., Goikoetxea, I., Leonard, W., and Rodríguez, J. (2012). Differences between Neandertal and modern human infant and child growth models. *Journal of Human Evolution* 63:140~49.

Martinez, I., Rosa, M., Jarabo, P. et al. (2004). Auditory capacities in Middle Pleistocene humans from the Sierra de Atapuerca in Spain. *Proceedings of the National Academy of Sciences, USA* 101:9976~81.

Noble, W., and Davidson, I. (1991). The evolutionary emergence of modern human behaviour. I. Language and its archaeology. *Man* 26:222~53.

Osaka City University (2011). Catalogue of Fossil Hominids Database. http://gbs.ur-plaza.osaka-cu.ac.jp/kaseki/index.html

Powell, J., Lewis, P. A., Dunbar, R. I. M., García-Fiñana, M., and Roberts, N. (2010). Orbital prefrontal cortex volume correlates with social cognitive competence. *Neuropsychologia* 48:3554~62.

Richards, M. P., and Trinkaus, E. (2009). Isotopic evidence for the diets of European Neanderthals and early modern humans. *Proceedings of the National Academy of Sciences, USA* 38:16034~39.

Semendeferi, K., Damasio, H., Frank, R., and Van Hoesen, G. W. (1997). The evolution of the frontal lobes: a volumetric analysis based on threedimensional reconstructions of magnetic resonance scans of human and ape brains. *Journal of Human Evolution* 32:375~88.

Slimak, L., and Giraud, Y. (2007). Circulations sur plusieurs centaines de kilomètres durant le Paléolithique moyen. Contribution à la connaissance des sociétés néandertaliennes. *Comptes Rendus Palevol* 6:359~68.

Smith, T. M., Tafforeau, P., Reid, D. J. et al. (2007). Earliest evidence of modern human life history in North African early Homo sapiens. *Proceedings of the National Academy of Sciences, USA* 104:6128~33.

Stedman, H. H., Kozyak, B. W., Nelson, A. et al. (2004). Myosin gene mutation correlates with anatomical changes in the human lineage. *Nature* 428:415~18.

Stoneking, M. (1993). DNA and recent human evolution. *Evolutionary Anthropology* 2:60~73.

Shultz, A., and Maslin, M. (2013). Early human speciation, brain expansion and dispersal influenced by African climate pulses. *PLoS One* 8:e76750.

Thomas, M. G., Stumpf, M. P. H., and Härke, H. (2006). Evidence for an apartheid-like social structure in early Anglo-Saxon England. *Proceedings of the Royal*

Society, London 273B:2651~57.

Toups, M. A., Kitchen, A., Light, J. E., and Reed, D. L. (2011). Origin of clothing lice indicates early clothing use by anatomically modern humans in Africa. *Molecular Biology and Evolution* 28:29~32.

Uomini, N. T. (2009). The prehistory of handedness: archaeological data and comparative ethology. *Journal of Human Evolution* 57:411~19.

Uomini, N., and Meyer, G. (2013). Shared brain lateralization patterns in language and Acheulean stone tool production: a functional transcranial Doppler ultrasound study. *PLoS One* 8:e72693.

Williams, A., and Dunbar, R. I. M. (2013). Big brains, meat, tuberculosis, and the nicotinamide switches: co-evolutionary relationships with modern repercussions? *International Journal of Tryptophan Research* 3:73~88.

Zerjal, T., Xue, Y., Bertorelle, G. et al.(2003). The genetic legacy of the Mongols. *American Journal of Human Genetics* 72:717~21.

8 사고의 시작; 동류의식, 언어, 문화는 어떻게 탄생했나?

Bader, N. O., and Lavrushin Y. A. (eds) (1998). *Upper Palaeolithic Site Sungir (graves and environment)* (*Posdnepaleolitischeskoje posselenije Sungir*). Moscow: Scientific World.

Bailey, D., and Geary, D. (2009). Hominid Brain Evolution. *Human Nature* 20:67~69.

Boyer, P. (2001). *Religion Explained:The Human Instincts That Fashion Gods, Spirits and Ancestors.* London: Weidenfeld & Nicholson.

Burton-Chellew, M., and Dunbar, R. I. M. (2011). Are affines treated as biological kin? A test of Hughes' hypothesis. *Current Anthropology* 52:741~46.

Cashmore, L., Uomini, N., and Chapelain, A. (2008). The evolution of handedness in humans and great apes: a review and current issues. *Journal of Anthropological Science* 86:7~35.

Conard, N. J. (2003). Palaeolithic ivory sculptures from southwestern Germany and the origins of figurative art. *Nature* 426:830~83.

Curry, O., and Dunbar, R. I. M. (2013). Do birds of a feather flock together? The relationship between similarity and altruism in social networks. *Human Nature* 24:336~47.

Curry, O., Roberts, S., and Dunbar, R. I. M. (2013). Altruism in social networks: evidence for a 'inship premium' *British Journal of Psychology* 104:283~95.

D'Errico, F., Henshilwood, C., Vanhaeren, M., and van Niekerk, K. (2005).

Nassarius kraussianus shell beads from Blombos Cave: evidence for symbolic behaviour in the Middle Stone Age. *Journal of Human Evolution* 48:3~24.

Deacon, T. W. (1995). *The Symbolic Species: The Coevolution of Language and the Human Brain.* Harmondsworth: Allen Lane.

Dunbar, R. I. M. (1993). Coevolution of neocortex size, group size, and language in humans. *Behavioral Brain Sciences* 16:681~735.

Dunbar, R. I. M. (1995). On the evolution of language and kinship. In: J. Steele and S. Shennan (eds) *The Archaeology of Human Ancestry: Power, Sex and Tradition,* pp. 380-96. London: Routledge.

Dunbar, R. I. M. (1996). *Grooming, Gossip and the Evolution of Language.* London: Faber & Faber.

Dunbar, R. I. M. (2008). Mind the gap:or why humans aren't just great apes. *Proceedings of the British Academy* 154:403~23.

Dunbar, R. I. M. (2009). Why only humans have language. In: R. Botha and C. Knight (eds) *The Prehistory of Language,* pp. 12~35. Oxford: Oxford University Press.

Dunbar, R. I. M. (2013). The origin of religion as a small scale phenomenon. In: S. Clark and R. Powell (eds) *Religion, Intolerance and Conflict: A Scientific and Conceptual Investigation,* pp. 48~66. Oxford: Oxford University Press.

Fincher, C. L., and Thornhill, R. (2008). Assortative sociality, limited dispersal, infectious disease and the genesis of the global pattern of religion diversity. *Proceedings of the Royal Society, London* 275B:2587~94.

Fincher, C. L., Thornhill, R., Murray, D. R., and Schaller, M. (2008). Pathogen prevalence predicts human cross-cultural variability in individualism/collectivism. *Proceedings of the Royal Society, London* 275B:1279~85.

Frankel, B. G., and Hewitt, W. E. (1994). Religion and well-being among Canadian university students: the role of faith groups on campus. *Journal of the Scientific Study of Religion* 33:62~73.

Hamilton, W. D. (1964). The genetical evolution of social behaviour. I, II. *Journal of Theoretical Biology* 7:1~52.

Henshilwood, C. S., d'Errico, F., van Niekerk, K. L. et al. (2011). A 100,000-Year-Old Ochre-Processing Workshop at Blombos Cave, South Africa. *Science* 334:219~22.

Henshilwood, C. S., d'Errico, F., Yates, R. et al. (2002). Emergence of modern human behavior: Middle Stone Age engravings from South Africa. *Science* 295:1278~80.

Hughes, A. (1988). *Kinship and Human Evolution.* Oxford: Oxford University Press.

Klein, R. G. (2000). *The Human Career: Human Biological and Cultural Origins*, 3rd edition. Chicago: Chicago University Press.

Koenig, H. G., and Cohen, H. J. (eds) (2002). *The Link Between Religion and Health: Psychoneuroimmunology and the Faith Factor.* Oxford University Press: Oxford.

Kudo, H., and Dunbar, R. I. M. (2001). Neocortex size and social network size in primates. *Animal Behaviour* 62:711~22.

Layton, R., O'Hara, S., and Bilsborough, A. (2012). Antiquity and social functions of multilevel social organization among human hunter-gatherers. *International Journal of Primatology* 33:1215~45.

Lehmann, J., Lee, P. C., and Dunbar, R. I. M. (2013). Unravelling the evolutionary function of communities. In: R. I. M. Dunbar, C. Gamble and J. A. J. Gowlett (eds) *Lucy to Language: The Benchmark Papers*, pp. 245~76. Oxford: Oxford University Press.

Lewis-Williams, D. (2002). *The Mind in the Cave*. London: Thames & Hudson.

Mesoudi, A., Whiten, A., and Dunbar, R. I. M. (2006). A bias for social information in human cultural transmission. *British Journal of Psychology* 97: 405~23.

Mickes, L., Darby, R. S., Hwe, V. et al. (2013). Major memory for microblogs. *Memory and Cognition* 41:481~89.

Miller, G. (1999). Sexual selection for cultural displays. In R. I. M. Dunbar, C. Knight and C. Power (eds) *The Evolution of Culture*, pp. 71~91. Edinburgh: Edinburgh University Press.

Nettle, D. (1999). *Linguistic Diversity.* Oxford: Oxford University Press.

Nettle, D., and Dunbar, R. I. M. (1997). Social markers and the evolution of reciprocal exchange. *Current Anthropology* 38:93~9.481~89.

Osaka City University (2011). Catalogue of Fossil Hominids Database. http://gbs.ur-plaza.osaka-cu.ac.jp/kaseki/index.html

Palmer, C. T. (1991). Kin selection, reciprocal altruism and information sharing among Maine lobstermen. *Ethology and Sociobiology* 12:221~35.

Redhead, G., and Dunbar, R. I. M. (2013). The functions of language: an experimental study. *Evolutionary Psychology* 11:845~54.

Rouget, G. (1985). *Music and Trance: A Theory of the Relations Between Music and Possession.* Chicago: University of Chicago Press.

Silk, J. B. (1980). Adoption and kinship in Oceania. *American Anthropologist* 82:799~820.

Silk, J. B. (1990). Which humans adopt adaptively and why does it matter? *Ethology and Sociobiology* 11:425~26.

Thornhill, R., Fincher, C. L., and Aran, D. (2009). Parasites, democratization, and the liberalization of values across contemporary countries. *Biology Reviews* 84:113~31.

Wiessner, P. (2002). Hunting, healing, and hxaro exchange: a long-term perspective on !Kung (Ju/'hoansi) large-game hunting. *Evolution and Human Behavior* 23:1~30.

9 다섯 번째 전환점; 신석기시대 그리고 그 후

Andelman, S. (1986). Ecological and social determinants of cercopithecine mating patterns. In: D. I. Rubenstein and R. W. Wrangham (eds) *Ecological Aspects of Social Evolution*, pp. 201~16. Princeton NJ: Princeton University Press.

Atkinson, Q. D., and Bourrat, P. (2011). Beliefs about God, the afterlife and morality support the role of supernatural policing in human cooperation. *Evolution and Human Behavior* 32:41~49.

Bourrat, P., Atkinson, Q. D., and Dunbar, R. I. M. (2011). Supernatural punishment and individual social compliance across cultures. *Religion, Brain and Behavior* 1:119~34.

Bowles, S. (2009). Did warfare among ancestral hunter-gatherers affect the evolution of human social behaviors? *Science* 324:1293~98.

Bowles, S. (2011). Cultivation of cereals by the first farmers was not more productive than foraging. *Proceedings of the National Academy of Sciences, USA* 108:4760~65.

Bugos, P., and McCarthy, L. (1984). Ayoreo infanticide: a case study. In: G. Hausfater and S. B. Hrdy (eds) *Infanticide:Comparative and Evolutionary Perspectives*, pp. 503~20. Hawthorne: Aldine de Gruyter.

Caspari, R., and Lee, S.-H. (2004). Older age becomes common late in human evolution. *Proceedings of the National Academy of Sciences, USA* 101:10895~900.

Cohen, M. N., and Crane-Kramer, G. (2007). *Ancient Health: Skeletal Indicators of Agricultural and Economic Intensification*. Gainesville, FL: University Press of Florida.

Coward, F., and Dunbar , R. I. M. (2013). Communities on the edge of civilisation. In: R. I. M. Dunbar, C. Gamble and J. A. J. Gowlett (eds.) *Lucy to Language: The Benchmark Papers*, pp. 380~405. Oxford: Oxford University Press.

Curry, O., and Dunbar, R. I. M. (2011). Altruism in networks: the effect of connections. *Biology Letters* 7:651~3.

Curry, O., and Dunbar, R. I. M. (2013). Do birds of a feather flock together? The relationship between similarity and altruism in social networks. *Human*

Nature 24:336~47.

Curry, O., and Dunbar, R. I. M. (2013). Sharing a joke: the effects of a similar sense of humor on affiliation and altruism. *Evolution and Human Behavior* 34:125~29.

Daly, M., and Wilson, M. (1981). Abuse and neglect of children in evolutionary perspective. In: R. D. Alexander and D. W. Tinkle (eds) *Natural Selection and Social Behavior*, pp. 405~16. New York: Chiron Press.

Daly, M., and Wilson, M. (1984). A sociobiological analysis of human infanticide. In: G. Hausfater and S. B. Hrdy (eds) *Infanticide: Comparative and Evolutionary Perspectives*, pp. 487~502. New York: Aldine de Gruyter.

Daly, M., and Wilson, M. (1985). Child abuse and other risks of not living with both parents. *Ethology and Sociobiology* 6:197~210.

Daly, M., and Wilson, M. (1988). Evolutionary psychology and family homicide. *Science* 242:519~24.

Diamond, J. (2002). Evolution, consequences and future of plant and animal domestication. *Nature* 418:700~7.

Dietrich, O., Heun, M., Notroff, J., Schmidt, K., and Zarnkow, M. (2012). The role of cult and feasting in the emergence of Neolithic communities. New evidence from Göbekli Tepe, south-eastern Turkey. *Antiquity* 86:674~95.

Dunbar, R. I. M. (2000). Male mating strategies: a modelling approach. In: P. Kappeler (ed.) *Primate Males*, pp. 259~68. Cambridge: Cambridge University Press.

Dunbar, R. I. M. (2010). Deacon's dilemma: the problem of pairbonding in human evolution. In: R. I. M. Dunbar, C. Gamble and J. A. J. Gowlett (eds.) *Social Brain, Distributed Mind*, pp. 159~79. Oxford: Oxford University Press.

Dunbar, R. I. M. (2012). *The Science of Love and Betrayal*. London: Faber & Faber.

Dunbar, R. I. M. (2012). Social cognition on the internet: testing constraints on social network size. *Philosophical Transactions of the Royal Society, London* 367B:2192~201.

Dunbar, R. I. M. (2013). The origin of religion as a small scale phenomenon. In: S. Clark and R. Powell (eds) *Religion, Intolerance and Conflict: A Scientific and Conceptual Investigation*, pp. 48~66. Oxford: Oxford University Press.

Dunbar, R. I. M., Lehmann, J., Korstjens, A. H., and Gowlett, J. A. J. (2014). The road to modern humans: time budgets, fission-fusion sociality, kinship and the division of labour in hominin evolution. In: R. I. M. Dunbar, C. Gamble and J. A. J. Gowlett (eds) *Lucy to Language: The Benchmark Papers*, pp. 333~55. Oxford: Oxford University Press.

Ember, C. R., Adem, T. A., and Skoggard, I. (2013). Risk, uncertainty, and violence in Eastern Africa: a regional comparison. *Human Nature* 24:33~58.

Fehr, E., and Gächter, S. (2002). Altruistic punishment in humans. *Nature* 415:137~40.

Fibiger, L., Ahlström, T., Bennike, P., and Schulting, R. J. (2013). Patterns of violence-related skull trauma in Neolithic southern Scandinavia. *American Journal of Physical Anthropology* 150:190~202.

Fisher, H. E., Aron, A., and Brown, L. L. (2006). Romantic love: a mammalian brain system for mate choice. *Philosophical Transactions of the Royal Society, London* 361B:2173~86.

Harcourt, A. H., Harvey, P. H., Larson, S. G., and Short, R. V. (1981). Testis weight, body weight and breeding system in primates. *Nature* 293:55~57.

Henrich, J., Ensminger, J., McElreath, R. et al. (2010). Markets, religion, community size, and the evolution of fairness and punishment. *Science* 327:1480~84.

Hewlett, B. S. (1988). Sexual selection and paternal investment among Aka pygmies. In: L. Betzig, M. Borgerhoff-Mulder and P. Turke (eds) *Human Reproductive Behaviour*, pp. 263~75. Cambridge: Cambridge University Press.

Jankowiak, W. R., and Fischer, E. F. (1992). A cross-cultural perspective on romantic love. *Ethnology* 31:149~55.

Johnson, A. W., and Earle, T. K. (2001). *The Evolution of Human Societies: From Foraging Group to Agrarian State*, 2nd edition. Palo Alto, CA: Stanford University Press.

Johnson, D. D. P. (2005). God's punishment and public goods: a test of the supernatural punishment hypothesis in 186 world cultures. *Human Nature* 16:410~46.

Johnson, D. D. P., and Bering, J. (2009). Hand of God, mind of man. In: J. Schloss and M. J. Murray (eds), *The Believing Primate: Scientific, Philosophical, and Theological Reflections on the Origin of Religion*, pp. 26~44. Oxford: Oxford University Press.

Knott, C. D., and Kahlenberg, S. M. (2007). Orangutans in perspective: forced copulations and female mating resistance. In: C. J. Campbell, A. Fuentes, K. C. MacKinnon, M. Panger and S. K. Bearder (2007). *Primates in Perspective*, pp. 290~305. New York: Oxford University Press.

Lehmann, J., Korstjens, A. H., and Dunbar, R. I. M. (2007). Fission-fusion social systems as a strategy for coping with ecological constraints: a primate case. *Evolutionary Ecology* 21:613~34.

Lukas, D., and Clutton-Brock, T. H. (2013). The evolution of social monogamy in mammals. *Science* 341:526-30.

Manning, J. T. (2002). *Digit Ratio: A Pointer to Fertility, Health, and Behavior*. New Brunswick, NJ: Rutgers University Press.

Mesnick, S. L. (1997). Sexual alliances:evidence and evolutionary implications. In:

P. A. Gowaty (ed.) *Feminism and Evolutionary Biology*, pp. 207~60. London: Chapman & Hall.

Munro, N. D., and Grosman L. (2010). Early evidence (ca. 12,000 B.P.) for feasting at a burial cave in Israel. *Proceedings of the National Academy of Sciences, USA* 107:15362~66.

Naroll, R. (1956). A preliminary index of social development. *American Anthropologist* 58:687~715.

Nelson, E., Rolian, C., Cashmore, L., and Shultz, S. (2011). Digit ratios predict polygyny in early apes, *Ardipithecus*, Neanderthals and early modern humans but not in Australopithecus. *Proceedings of the Royal Society, London* 278B:1556~63.

Nettle, D., and Dunbar, R. I. M. (1997). Social markers and the evolution of reciprocal exchange. *Current Anthropology* 38:93~99.

Norenzayan, A., and Shariff, A. F. (2008). The origin and evolution of religious prosociality. *Science* 322:58~62.

Opie, C., Atkinson, Q. D., Dunbar, R. I. M., and Shultz, S. (2013). Male infanticide leads to social monogamy in primates. *Proceedings of the National Academy of Sciences, USA* 110:13328~32.

Palchykov, V., Kaski, K., Kertész, J., Barabási, A.-L., and Dunbar, R. I. M. (2012). Sex differences in intimate relationships. *Scientific Reports* 2:320.

Palchykov, V., Kertész, J., Dunbar, R. I. M., and Kaski, K. (2013). Close relationships: a study of mobile communication records. *Journal of Statistical Physics* 151:735~44.

Pérusse, D. (1993). Cultural and reproductive success in industrial societies: testing the relationship at the proximate and ultimate levels. *Behavioral and Brain Sciences* 16:267~322.

Putnam, R. D. (2000). *Bowling Alone: The Collapse and Revival of American Community*. New York: Simon and Schuster.

Reno, P. L., Meindl, R. S, McCollum, M. A., and Lovejoy, C. O. (2003). Sexual dimorphism in *Australopithecus afarensis* was similar to that of modern humans. *Proceedings of the National Academy of Sciences, USA* 100:9404~9

Roberts, S. B. G., and Dunbar, R. I. M. (2011). The costs of family and friends: an 18-month longitudinal study of relationship maintenance and decay. *Evolution and Human Behavior* 32:186~97.

Roberts, S. B. G., and Dunbar, R. I. M. (2011). Communication in social networks: effects of kinship, network size and emotional closeness. *Personal Relationships* 18:439~52.

Roes, F. L., and Raymond, M. (2003). Belief in moralizing gods. *Evolution and Human Behavior* 24:126~35.

van Schaik, C. P., and Dunbar, R. I. M. (1991). The evolution of monogamy in large primates: a new hypothesis and some critical tests. *Behaviour* 115:30~62.

Sosis, R., and Alcorta, C. (2003). Signaling, solidarity, and the sacred: the evolution of religious behavior. *Evolutionary Anthropology* 12:264~74.

Stanford, D., and Bradley, B. (2002). Ocean trails and prairie paths? Thoughts about Clovis origins. In: N. G. Jablonski (ed.) *The First Americans: The Pleistocene Colonization of the New World*, pp. 255~71. San Francisco: California Academy of Sciences.

Sutcliffe, A., Dunbar, R. I. M., Binder, J., and Arrow, H. (2012). Relationships and the social brain: integrating psychological and evolutionary perspectives. *British Journal of Psychology* 103:149~68.

Ulijaszek, S. J. (1991). Human dietary change. *Philosophical Transactions of the Royal Society, London* 334B:271~79.

Voland, E., and Engel, C. (1989). Women's reproduction and longevity in a premodern population (Ostfriesland, Germany, 18th century). In: A. E. Rasa, C. Vogel and E. Voland (eds.) *The Sociobiology of Sexual and Reproductive Strategies*, pp. 194~205. London: Chapman & Hall.

Walker, R. S., and Bailey, D. H. (2013). Body counts in lowland South American violence. *Evolution and Human Behavior* 34:29~34.

Watts, D. P. (1989). Infanticide in mountain gorillas: new cases and a reconsideration of the evidence. *Ethology* 81:1~18.

Wilson, M., and Mesnick, S. L. (1997). An empirical test of the bodyguard hypothesis. In: P. A. Gowaty (ed.) *Feminism and Evolutionary Biology*. London: Chapman & Hall.

찾아보기

멸종하거나, 진화하거나

1판 1쇄 발행 2015년 11월 30일
1판 2쇄 발행 2016년 11월 10일

_____

지은이 로빈 던바
옮긴이 김학영
펴낸이 김동업

_____

펴낸곳 반니
주소 서울시 강남구 삼성로 512
전화 02-6004-6881 팩스 02-6004-6951
전자우편 book@banni.kr
출판등록 2006년 12월 18일(제2006-000186호)

_____

ISBN 978-11-85435-57-2   93470

_____

_____

이 도서의 국립중앙도서관 출판예정도서목록(CIP)은 서지정보유통지원시스템 홈페이지
(http://seoji.nl.go.kr)와 국가자료공동목록시스템(http://www.nl.go.kr/kolisnet)에서
이용하실 수 있습니다. (CIP제어번호 : CIP2015030294)